V. Nollau/L. Partzsch/R. Storm/C. Lange

Wahrscheinlichkeitsrechnung und Statistik in Beispielen und Aufgaben

Wahrscheinlichkeitsrechnung und Statistik in Beispielen und Aufgaben

Von Prof. Dr. Volker Nollau
Dr. Lothar Partzsch
Dr. Regina Storm
Technische Universität Dresden

Prof. Dr. Claus Lange
Hochschule für Technik und Wirtschaft
Dresden (FH)

B. G. Teubner Verlagsgesellschaft
Stuttgart · Leipzig 1997

Gedruckt auf chlorfrei gebleichtem Papier.

Die Deutsche Bibliothek – CIP-Einheitsaufnahme

Wahrscheinlichkeitsrechnung und Statistik in Beispielen und Aufgaben / von Volker Nollau ... –
Stuttgart ; Leipzig : Teubner, 1997

ISBN-13: 978-3-8154-2073-7 e-ISBN-13: 978-3-322-87374-3
DOI: 10.1007/978-3-322-87374-3

Umschlaggestaltung: E. Kretschmer, Leipzig

Vorwort

Anliegen dieses Lehr- und Aufgabenbuches ist es, Studierenden der Wirtschafts-, Ingenieur- und Naturwissenschaften eine Einführung in die Wahrscheinlichkeitsrechnung und mathematische Statistik durch Beispiele und Aufgaben in die Hand zu geben.

Der Aufbau des vorliegenden Buches trägt diesem Anliegen Rechnung und folgt damit einem modernen und vielfältig erprobten Konzept. Nach jeweils kurz gefaßten thematischen Einführungen zu Begriffen, Definitionen und Aussagen werden diese anschließend sehr ausführlich an Beispielen erläutert und Verfahren und ,,Rechenwege" praxisnah demonstriert. Anschließend werden dem Leser am Ende jeden Abschnitts zahlreiche Übungsaufgaben zur Verfügung gestellt, deren Lösungen am Ende des Buches (zur möglichen ,,Selbstkontrolle" für Studierende) angegeben sind.

Im einzelnen werden Methoden der beschreibenden Statistik für ein- und zweidimensionale Daten sowie für Zeitreihen in der Wahrscheinlichkeitsrechnung dargestellt. Ihnen folgt die Behandlung von zufälligen Ereignissen und Wahrscheinlichkeiten (einschließlich der Grundlagen der Kombinatorik), Zufallsgrößen und ihre Verteilungen sowie Gesetze der großen Zahlen und Grenzwertsätze. Die anschließenden Kapitel zur mathematischen Statistik beinhalten Punkt- und Intervallschätzungen (insbesondere Konfidenzintervalle) sowie statistische Tests wie z. B. Signifikanztests bei Normalverteilungen und für Wahrscheinlichkeiten, Anpassungs- und Unabhängigkeitstests. Die zum Verständnis der Beispiele und zum Lösen der Übungsaufgaben erforderlichen Tafeln befinden sich in einem Anhang.

Das nun vorliegende Lehr- und Aufgabenbuch entstand im Ergebnis langjähriger Lehrtätigkeit für Studierende wirtschaftswissenschaftlicher, ingenieurtechnischer und naturwissenschaftlicher Fachrichtungen an der Technischen Universität Dresden und der Hochschule für Technik und Wirtschaft Dresden (FH). Außerdem konnten wir auch auf die Erfahrungen mit Aufgabensammlungen zurückgreifen, die über viele Jahre am Institut für Mathematische Stochastik der TU Dresden - auch durch uns - erarbeitet wurden.

Den Kollegen dieses Institutes, die uns bei der Auswahl der Aufgaben und Beispiele mit Rat und Tat zur Seite standen, sei an dieser Stelle gedankt. Unser besonderer Dank gilt Frau M. Schönherr, Frau Dipl.-Math. Ch. Weber und Herrn Dipl.-Math. (FH) J. Rudl, die das gesamte Manuskript mit dem Textverarbeitungssystem LaTeX druckreif gestalteten.

Der B. G. Teubner Verlagsgesellschaft - insbesondere Herrn Lektor J. Weiß - danken wir für eine angenehme und konstruktive Zusammenarbeit.

Schließlich sei betont, daß wir für Hinweise und Bemerkungen aus dem Kreis der Leser und Nutzer dieses Buches stets dankbar sind.

Dresden, im Mai 1997

Volker Nollau
Lothar Partzsch
Regina Storm
Claus Lange

Inhalt

Kapitel 1

Beschreibende Statistik

1.1 Beschreibende Statistik für eindimensionale Daten

1.1.1 Grundbegriffe

Die beschreibende (deskriptive) Statistik dient der Aufbereitung und Auswertung von erhobenem Datenmaterial.

Unter einer **statistischen Einheit** (**Untersuchungseinheit, Merkmalsträger**) versteht man das Einzelobjekt einer statistischen Untersuchung. Das kann z. B. eine Person, ein Werkstück, ein Baum oder ein weitgehend beliebiges anderes Objekt sein.

Als **statistische Masse** (**Grundgesamtheit**) bezeichnet man die Gesamtheit von statistischen Einheiten (mit übereinstimmenden Eigenschaften). Zum Beispiel können alle Studenten einer Hochschule eine solche statistische Masse sein. Wichtig im Hinblick auf die beurteilende (schließende, induktive) Statistik ist der Begriff der **Stichprobe**, der zunächst ganz einfach eine Teilmenge der statistischen Masse bezeichnen soll.

Die interessierende Eigenschaft einer statistischen Einheit heißt **Merkmal**. Alter, Gewicht, Größe, Haarfarbe oder auch die Note im Fach Statistik eines Studenten sind Beispiele für verschiedene Merkmale. Unterscheidbar sind offensichtlich quantitative und qualitative Merkmale. Mögliche Werte, die ein Merkmal annehmen kann oder die einem Merkmal zugeordnet werden, nennt man **Merkmalsausprägungen**. Ein Merkmal heißt **diskret**, falls es endlich oder abzählbar unendlich viele Merkmalsausprägungen $a_1, a_2, \ldots$ annehmen kann (z. B. die Augenzahl beim Würfeln, die Anzahl der Studenten in einer Vorlesung). Ein Merkmal heißt **stetig**, wenn es beliebige Werte aus einem Intervall (a, b), $-\infty < a < b < \infty$, annehmen kann. Stetige Merkmale sind z. B.

die Größe und das Alter einer Person, die Temperatur, der Benzinverbrauch eines PKW.
Die Charakterisierung der Merkmale erfordert mitunter die Einführung einer Skalierung. Man spricht von einer **metrischen Skalierung** des Merkmals, wenn seine Merkmalsausprägungen reelle Zahlen sind (z. B. die Messungen von Gewicht, Länge, Reparaturdauer, Niederschlagsmenge). Eine **ordinale Skalierung** des Merkmals liegt vor, wenn die Merkmalsausprägungen in eine bestimmte Rangordnung gebracht werden können (z. B. Qualitätsurteile der Form "A ist besser als B"). Merkmale heißen **nominal skaliert**, wenn den Merkmalsausprägungen Zahlen zugeordnet werden, die ausschließlich eine Unterscheidungsfunktion besitzen (Zum Beispiel hat das Merkmal Familienstand die Ausprägungen 1=ledig, 2=verheiratet, 3=geschieden, 4=verwitwet).
Die bei statistischen Untersuchungen konkret beobachteten Ausprägungen des Merkmals X sind die **Beobachtungswerte (Stichprobenwerte, Meßwerte)** $x_1, x_2, \ldots, x_n$ (Stichprobe vom Umfang n).
Unter einer **Urliste (Beobachtungsreihe)** versteht man die im Rahmen einer statistischen Untersuchung ermittelten Beobachtungswerte $x_1, x_2, \ldots, x_n$.

Beispiel 1.1.1: Noten im Fach "Statistik"
Urliste der Noten von 10 Studenten: 1, 3, 1, 2, 5, 4, 3, 2, 1, 3
(d. h., $x_1 = 1,\ x_2 = 3,\ \ldots,\ x_{10} = 3;\ n = 10$). ∎

Eine der Größe nach geordnete Urliste $x_{(1)} \le x_{(2)} \le \ldots \le x_{(n)}$ heißt **Variationsreihe**.

Zu Beispiel 1.1.1: Variationsreihe: 1, 1, 1, 2, 2, 3, 3, 3, 4, 5
(d. h., $x_{(1)} = 1,\ x_{(2)} = 1,\ \ldots,\ x_{(9)} = 4,\ x_{(10)} = 5;\ n = 10$). ∎

1.1.2 Häufigkeitsverteilung eines diskreten Merkmals

Gegeben sei ein diskretes Merkmal mit k Merkmalsausprägungen $a_1, a_2, \ldots, a_k$ $(a_1 < a_2 < \ldots < a_k)$ und n Beobachtungswerten $x_1, x_2, \ldots, x_n$.
Die Anzahl der Beobachtungswerte mit der Merkmalsausprägung a_j, $j = 1, 2, \ldots, k$, heißt **absolute Häufigkeit** $H_n(a_j)$ der Merkmalsausprägung a_j. Das Verhältnis der absoluten Häufigkeit $H_n(a_j)$ zum Stichprobenumfang n heißt **relative Häufigkeit**:

$$h_n(a_j) = \frac{1}{n} H_n(a_j),$$

und es gilt

$$0 \le h_n(a_j) \le 1, \qquad \sum_{j=1}^{k} h_n(a_j) = 1.$$

Die **Häufigkeitstabelle** für ein diskretes Merkmal hat folgende Gestalt:

Merkmals- ausprägung a_j	absolute Häufigkeit $H_n(a_j)$	relative Häufigkeit $h_n(a_j)$
a_1	$H_n(a_1)$	$h_n(a_1)$
$\vdots$	$\vdots$	$\vdots$
a_k	$H_n(a_k)$	$h_n(a_k)$

Zu Beispiel 1.1.1: Häufigkeitstabelle:

$a_j = j$	$H_{10}(a_j)$	$h_{10}(a_j)$
1	3	0.3
2	2	0.2
3	3	0.3
4	1	0.1
5	1	0.1

■

Weiter bezeichne für $j = 1, \ldots, k$

$$\sum_{i=1}^{j} H_n(a_i) = H_n(a_1) + H_n(a_2) + \ldots + H_n(a_j)$$

die **absolute Summenhäufigkeit** und

$$\sum_{i=1}^{j} h_n(a_i) = h_n(a_1) + h_n(a_2) + \ldots + h_n(a_j)$$

die **relative Summenhäufigkeit.**

Als **empirische Verteilungsfunktion** F_n eines diskreten Merkmals wird die relative Summenhäufigkeit derjenigen Merkmalsausprägungen bezeichnet, die kleiner oder gleich x sind, d. h.

$$F_n(x) = \sum_{j:a_j \leq x} h_n(a_j) \qquad (-\infty < x < \infty).$$

Anschaulich ist F_n eine rechtsseitig stetige Treppenfunktion mit (möglichen) Sprungpunkten $a_1, a_2, \ldots, a_k$, den dazugehörigen Sprunghöhen $h_n(a_1)$, $h_n(a_2)$, $\ldots$, $h_n(a_k)$ und den Eigenschaften

$$\begin{aligned} F_n(x) &= 0 \quad \text{für } x < a_1 \qquad \text{und} \\ F_n(x) &= 1 \quad \text{für } x \geq a_k. \end{aligned}$$

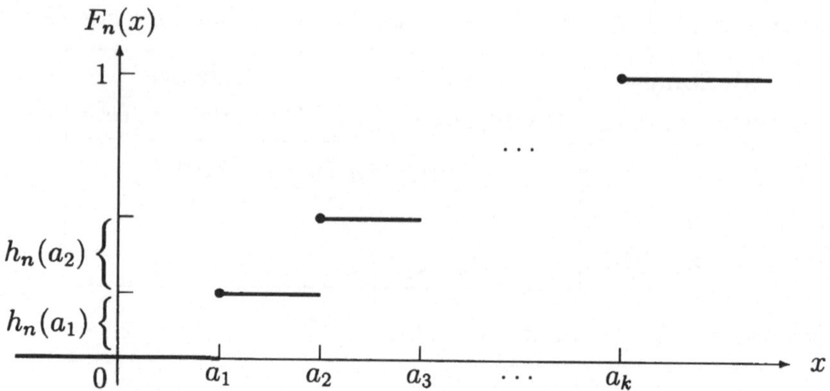

Fig. 1.1: Empirische Verteilungsfunktion F_n eines diskreten Merkmals

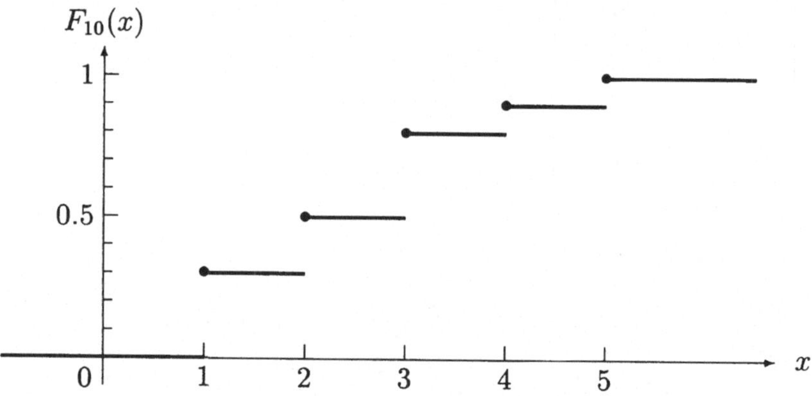

Fig. 1.2: Empirische Verteilungsfunktion für die Daten aus Beispiel 1.1.1

Neben der empirischen Verteilungsfunktion als grafischer Darstellungsmöglichkeit finden für diskrete Merkmale **Stabdiagramme** Verwendung. Hier werden über den Merkmalsausprägungen die zugehörigen relativen (oder auch die absoluten) Häufigkeiten abgetragen (s. Fig. 1.3 und 1.4).

1.1.3 Häufigkeitsverteilung eines stetigen Merkmals

Gegeben seien n Beobachtungswerte (Stichprobenwerte) $x_1, x_2, \ldots, x_n$ eines stetigen Merkmals. Die Differenz $\tilde{R} = x_{(n)} - x_{(1)}$ mit $x_{(n)} = \max\limits_{i=1,\ldots,n} x_i$ und $x_{(1)} = \min\limits_{i=1,\ldots,n} x_i$ (vgl. 1.1.1) heißt **Spannweite**. Für die tabellarische und grafische Darstellung ist es im Falle großer Stichprobenumfänge n sinnvoll, die gegebenen n Beobachtungswerte zu m **Klassen** $K_1, K_2, \ldots, K_m$ $(m < n)$ zusammenzufassen. Für eine Klasse $K_j = [x_{u,j}, x_{o,j})$ bezeichne $x_{u,j}$ bzw. $x_{o,j}$ die **unte-**

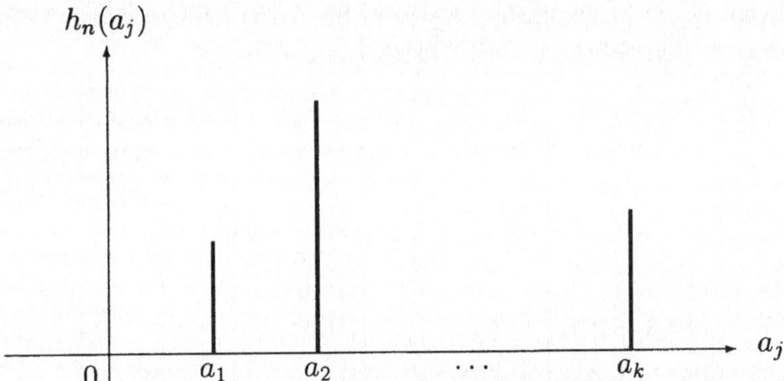

Fig. 1.3: Stabdiagramm für ein diskretes Merkmal

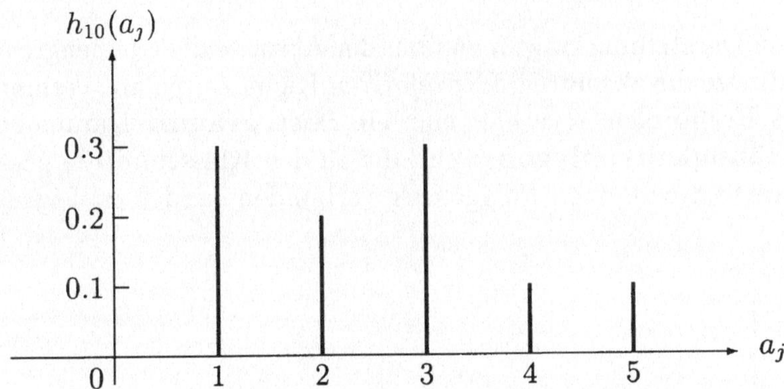

Fig. 1.4: Stabdiagramm für die Daten aus Beispiel 1.1.1

re bzw. **obere Klassengrenze**. Der Abstand $x_{o,j} - x_{u,j}$ heißt **Klassenbreite** und $u_j = \frac{1}{2}(x_{u,j} + x_{o,j})$ **Klassenmitte** der Klasse K_j. Die **absolute Klassenhäufigkeit** H_j der j-ten Klasse K_j $(j = 1, 2, \ldots, m)$ bezeichne die Anzahl der Beobachtungswerte in der Klasse K_j. Die **relative Klassenhäufigkeit** der Klasse K_j ist $h_j = \frac{1}{n} H_j$.
Die Klassenbildung erfolgt durch Unterteilung der Spannweite in eine geeignete Anzahl von Klassen i. allg. gleicher Breite ("Faustregeln": m liegt zwischen 4 und 20; es gilt $m \leq 5 \lg n$ oder $m \leq \sqrt{n}$).

Beispiel 1.1.2: Die Messung des Durchmessers von $n = 20$ Dichtungsringen ergab folgende Beobachtungswerte (in mm):

5.1, 4.8, 5.2, 5.7, 4.7, 4.9, 4.9, 5.1, 5.3, 5.5,

5.1, 5.6, 5.5, 5.0, 4.8, 4.9, 5.2, 4.6, 4.8, 4.7.

Ablesbar sind unmittelbar $x_{(20)} = 5.7$ und $x_{(1)} = 4.6$. Die Spannweite ist demnach $\tilde{R} = 1.1$, und entsprechend obiger Regeln wird $m = 4$ gewählt.

Für die Klassen $K_1 = [4.55, 4.85)$, $K_2 = [4.85, 5.15)$, $K_3 = [5.15, 5.45)$, $K_4 = [5.45, 5.75)$ ergibt sich folgende **Häufigkeitstabelle**:

Klasse K_j	Klassengrenzen $[x_{u,j}, x_{o,j})$	Klassenmitte u_j	Beobachtungswerte pro Klasse (Strichliste)	absolute Klassenhäufigkeit H_j	relative Klassenhäufigkeit h_j
K_1	[4.55, 4.85)	4.7	𝍸 |	6	0.30
K_2	[4.85, 5.15)	5.0	𝍸 ||	7	0.35
K_3	[5.15, 5.45)	5.3	|||	3	0.15
K_4	[5.45, 5.75)	5.6	||||	4	0.20

■

Zur grafischen Darstellung trägt man über der Abszisse die Klassengrenzen und über der Ordinate die absoluten oder relativen Häufigkeiten ab. Verbindet man die Werte zu Rechtecken, so erhält man ein **Histogramm**. Daraus bestimmbar ist ein **Häufigkeitspolygon**, wenn die zu den Klassenmitten gehörenden Häufigkeitswerte durch einen Polygonzug verbunden werden (s. Fig. 1.5).

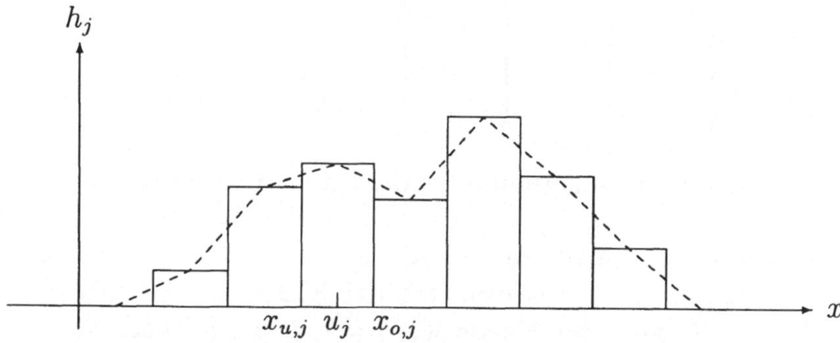

Fig. 1.5: Histogramm und Häufigkeitpolygon

Sind die Klassenbreiten nicht gleich, ersetzt man die relativen Klassenhäufigkeiten h_j durch $r_j = \frac{h_j}{x_{o,j} - x_{u,j}}$ für alle $j = 1, 2, \ldots, m$.
Die relativen Summenhäufigkeiten erhält man durch Summation der relativen Klassenhäufigkeiten analog dem diskreten Fall.
Die **empirische Verteilungsfunktion** F_n für die in Klassen $K_1, K_2, \ldots, K_m$ eingeteilten Beobachtungswerte eines Merkmals ist gleich der relativen Summenhäufigkeit derjenigen Klassen K_j, deren obere Klassengrenzen kleiner oder gleich x sind. Es gilt:

$$F_n(x) = \sum_{j: x_{o,j} \leq x} h_j \qquad (-\infty < x < \infty).$$

Fig. 1.6 zeigt die empirische Verteilungsfunktion. Ihre Eigenschaften sind analog dem diskreten Fall.

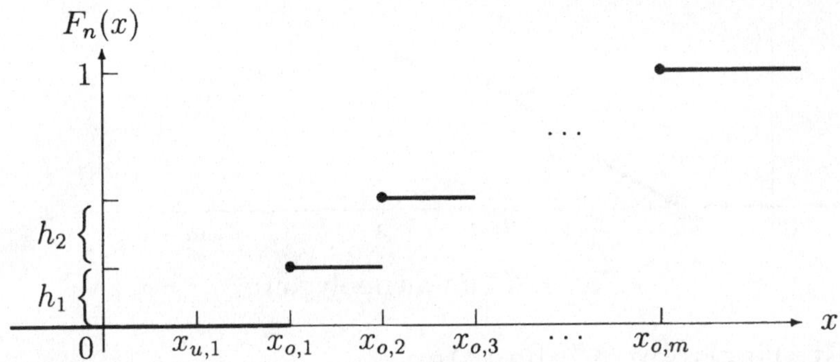

Fig. 1.6: Empirische Verteilungsfunktion bei Klasseneinteilung

Liegt keine Klasseneinteilung vor, so heißt die Funktion F_n:

$$x \to F_n(x) = \frac{1}{n} \cdot \left(\begin{array}{l} \text{Anzahl der Werte aus der Stichprobe,} \\ \text{die kleiner oder gleich } x \text{ sind} \end{array} \right)$$

empirische Verteilungsfunktion der Stichprobe $x_1, x_2, \ldots, x_n$ vom Umfang n (s. Fig. 1.7).

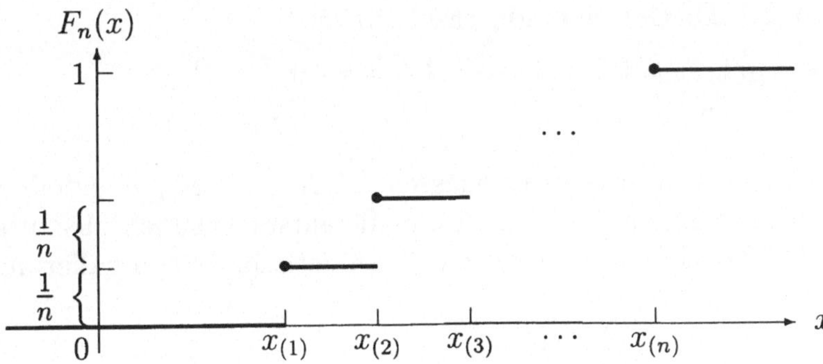

Fig. 1.7: Empirische Verteilungsfunktion einer Stichprobe

Ein **Summenpolygon** $\tilde{F}_n$ entsteht durch die Verbindung der Punkte $\big(x_{u,1}, F_n(x_{u,1})\big), \big(x_{o,1}, F_n(x_{o,1})\big), \ldots, \big(x_{o,m}, F_n(x_{o,m})\big)$ in Fig. 1.6 durch einen Polygonzug (s. Fig. 1.8).

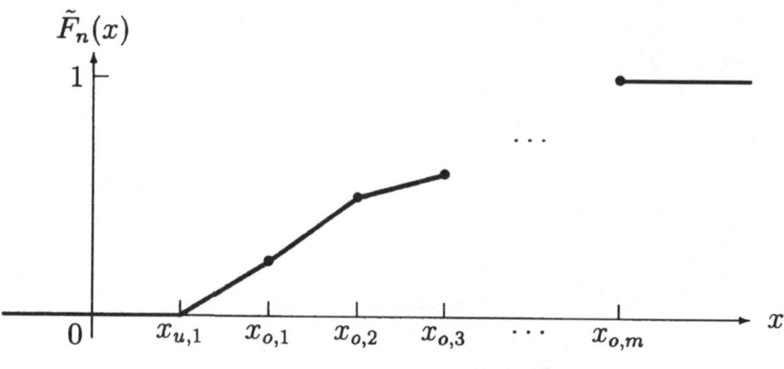

Fig. 1.8: Summenpolygon

1.1.4 Statistische Maßzahlen

Zur Beschreibung der zentralen Lage eines Merkmals aus einer Stichprobe dienen **Mittelwerte**.

Das **arithmetische Mittel (Mittelwert, Durchschnittswert)** einer Stichprobe $x_1, \ldots, x_n$ vom Umfang n ist definiert durch

$$\bar{x} = \frac{1}{n}\sum_{i=1}^{n} x_i.$$

Für ein diskretes Merkmal mit k Merkmalsausprägungen gilt

$$\bar{x} = \frac{1}{n}\sum_{j=1}^{k} a_j H_n(a_j).$$

Zu Beispiel 1.1.1: Der Notendurchschnitt ist

$$\begin{aligned}\bar{x} &= \tfrac{1}{10}(1+3+1+2+5+4+3+2+1+3)\\ &= \tfrac{1}{10}(1\cdot 3+2\cdot 2+3\cdot 3+4\cdot 1+5\cdot 1) = 2.5.\end{aligned}$$

■

Sind die Beobachtungswerte in m Klassen $K_1, K_2, \ldots, K_m$ eingeteilt (Sprechweise: **gruppierte Daten**) und sind nur die entsprechenden absoluten Klassenhäufigkeiten bekannt, so gilt für das arithmetische Mittel näherungsweise

$$\bar{x} \approx \bar{x}_M = \frac{1}{n}\sum_{j=1}^{m} u_j H_j.$$

Zu Beispiel 1.1.2: Der mittlere Durchmesser von Dichtungsringen (gruppierte Daten aus obiger Häufigkeitstabelle) ist (näherungsweise):

$$\bar{x}_M = \tfrac{1}{20}(4.7\cdot 6+5.0\cdot 7+5.3\cdot 3+5.6\cdot 4) = 5.075.$$

Bemerkung: Der exakte, aus $x_1, \ldots, x_{20}$ ermittelte Wert beträgt $\bar{x} = 5.070$. ■

Um bestimmte Beobachtungswerte im Vergleich zu anderen mit größeren oder kleineren Wertigkeiten (oder Anteilen) in die Mittelung eingehen zu lassen, benutzt man das **gewogene arithmetische Mittel**

$$\bar{x}_w = \sum_{i=1}^{n} w_i x_i,$$

wobei für die Gewichte $w_1, w_2, \ldots, w_n$ gilt:

$$0 \leq w_i \leq 1, \qquad \sum_{i=1}^{n} w_i = 1.$$

Liegt für ein Merkmal X eine Variationsreihe $x_{(1)} \leq x_{(2)} \leq \ldots \leq x_{(n)}$ vor, so heißt der mittlere Wert $\tilde{x}_{0.5}$ der Variationsreihe **Median**:

$$\tilde{x}_{0.5} = \begin{cases} x_{\left(\frac{n+1}{2}\right)} & \text{für} \quad n \text{ ungerade} \\ \frac{1}{2}\left[x_{\left(\frac{n}{2}\right)} + x_{\left(\frac{n}{2}+1\right)}\right] & \text{für} \quad n \text{ gerade} \end{cases}$$

Anschaulich bedeutet dies, daß oberhalb und unterhalb von $\tilde{x}_{0.5}$ gleichviele Beobachtungswerte liegen.

Beispiel 1.1.3:
Die Variationsreihe 3, 4, 4, 5, 6, 8, 8, 8, 10 hat den Median 6,
die Variationsreihe 5, 5, 7, 9, 11, 12, 15, 18 hat den Median $\frac{1}{2}(9+11) = 10$.

■

Der **Median für gruppierte Daten** ergibt sich wie folgt:

a) Bestimmung der Klasse K_i, die den Median enthält:

$$\sum_{j=1}^{i-1} h_j < 0.5 \qquad \text{und} \qquad \sum_{j=1}^{i} h_j \geq 0.5,$$

b) $$\tilde{x}_{0.5} = x_{u,i} + \frac{0.5 - \sum_{j=1}^{i-1} h_j}{h_i}(x_{o,i} - x_{u,i}).$$

Zu Beispiel 1.1.2: Aus der Häufigkeitstabelle erhält man den Median für gruppierte Daten:

a) K_2, denn $h_1 = 0.3 < 0.5$ und $h_1 + h_2 = 0.30 + 0.35 = 0.65 > 0.5$,

b) $\tilde{x}_{0.5} = 4.85 + \frac{0.5-0.3}{0.35} \cdot 0.3 = 5.0214$.

■

Zur Verallgemeinerung des Medianbegriffes verwendet man **q-Quantile** ($0 < q < 1$):

$$\tilde{x}_q = \begin{cases} x_{(\text{ent}[nq]+1)} & \text{, falls } nq \text{ keine ganze Zahl} \\ \frac{1}{2}\left(x_{(nq)} + x_{(nq+1)}\right), & \text{falls } nq \text{ eine ganze Zahl} \end{cases} .$$

Dabei ist ent$[nq]$ diejenige größte ganze Zahl, die kleiner oder gleich nq ist. Der Median ist speziell das 0.5–Quantil. Das 0.25–Quantil heißt **unteres Quartil**, und das 0.75–Quantil heißt **oberes Quartil**.

Zu Beispiel 1.1.2: Das untere bzw. obere Quartil ($n = 20$) der zunächst zu bestimmenden Variationsreihe lautet

$$\begin{aligned} \tilde{x}_{0.25} &= \tfrac{1}{2}(x_{(5)} + x_{(6)}) &= \tfrac{1}{2}(4.8 + 4.8) &= 4.8 \qquad \text{bzw.} \\ \tilde{x}_{0.75} &= \tfrac{1}{2}(x_{(15)} + x_{(16)}) &= \tfrac{1}{2}(5.2 + 5.3) &= 5.25. \end{aligned}$$

■

Als **Modalwert (Modus)** x_{mod} für ein diskretes Merkmal mit den Ausprägungen $a_1, \ldots, a_k$ bezeichnet man diejenige Merkmalsausprägung, welche die größte Häufigkeit in der Beobachtungsreihe besitzt, d. h., es gilt:

$$H_n(x_{\text{mod}}) \geq H_n(a_j) \qquad \text{für alle } a_1, a_2, \ldots, a_k.$$

Der Modalwert ist i. allg. nicht eindeutig.

Beispiel 1.1.4:
Die Variationsreihe 2, 2, 5, 7, 9, 9, 9, 10, 11, 12 besitzt den Modalwert $x_{\text{mod}} = 9$ (unimodal),
die Variationsreihe 3, 5, 8, 10, 12, 15, 16 besitzt keinen Modalwert,
die Variationsreihe 2, 4, 4, 6, 7, 7, 9, 11 hat $x_{\text{mod}} = 4$ und $x_{\text{mod}} = 7$ als Modalwerte (bimodal).

■

Im Fall gruppierter Daten ist der Modalwert als Klassenmitte u_i der Klasse mit der größten Häufigkeit H_i anzusehen.

Wenn die Merkmalsausprägungen relative Änderungen sind, verwendet man anstelle des arithmetischen Mittels das **geometrische Mittel**

$$\bar{x}_g = \sqrt[n]{x_1 \cdot x_2 \cdot \ldots \cdot x_n}$$

mit den Beobachtungswerten $x_1, x_2, \ldots, x_n$ ($x_i > 0$ für alle $i = 1, \ldots, n$).

Beispiel 1.1.5: Ein Betrieb steigert seine Produktion im 2. Jahr auf 105% des Vorjahres, im 3. Jahr auf 103% des Vorjahres, im 4. Jahr auf 104% des Vorjahres und im 5. Jahr auf 106% des Vorjahres.
Die durchschnittliche Steigerung beträgt

$$\bar{x}_g = \sqrt[4]{1.05 \cdot 1.03 \cdot 1.04 \cdot 1.06} = 1.0449,$$

die durchschnittliche jährliche Zuwachsrate 4.49%. ∎

Abweichungen der Beobachtungswerte vom Mittel werden durch **Streuungsmaße** beschrieben.
Als **Spannweite** einer Stichprobe $x_1, x_2, \dots, x_n$ bezeichnet man

$$\tilde{R} = x_{(n)} - x_{(1)}.$$

Zu Beispiel 1.1.1: Die Spannweite ist $\tilde{R} = 5 - 1 = 4$. ∎

Die Spannweite $\tilde{R}$ ist wenig aussagekräftig, wenn z. B. $x_{(1)}$ oder $x_{(n)}$ sehr stark von den übrigen Werten abweichen oder wenn n sehr groß ist. In diesen Fällen ist die Betrachtung des **Quartilabstandes** $\tilde{x}_{0.75} - \tilde{x}_{0.25}$ geeigneter. Im Intervall zwischen unterem und oberem Quartil liegen mindestens 50% der Beobachtungswerte.

Zu Beispiel 1.1.2: Der Quartilabstand ist $\tilde{x}_{0.75} - \tilde{x}_{0.25} = 5.25 - 4.8 = 0.45$. ∎

Ein weiteres Streuungsmaß ist die **mittlere absolute Abweichung vom Median**:

$$d = \frac{1}{n}\sum_{i=1}^{n} \left| x_i - \tilde{x}_{0.5} \right|.$$

Zu Beispiel 1.1.2: Mit $\tilde{x}_{0.5} = \frac{1}{2}(x_{(10)} + x_{(11)}) = 5.05$ ergibt sich

$$\begin{aligned} d &= \tfrac{1}{20}\left(|5.1 - 5.05| + |4.8 - 5.05| + \ldots + |4.7 - 5.05|\right) \\ &= \tfrac{1}{20} \cdot 5.2 = 0.26. \end{aligned}$$

∎

Sind die Daten gruppiert gegeben, so gilt näherungsweise

$$d \approx \frac{1}{n}\sum_{j=1}^{m} \left| u_j - \tilde{x}_{0.5} \right| H_j.$$

Im folgenden ist der quadratische Abstand der Beobachtungswerte vom arithmetischen Mittel Grundlage der Betrachtungen. Die **empirische Streuung (Varianz)** einer Stichprobe $x_1, \ldots, x_n$ ist gegeben durch

$$s^2 = \frac{1}{n-1} \sum_{i=1}^{n} (x_i - \bar{x})^2 .$$

Bei der Berechnung von s^2 benutzt man vorteilhafterweise

$$s^2 = \frac{1}{n-1} \left(\sum_{i=1}^{n} x_i^2 - n\bar{x}^2 \right) .$$

Für ein diskretes Merkmal mit k Merkmalsausprägungen gilt dann

$$s^2 = \frac{1}{n-1} \sum_{j=1}^{k} (a_j - \bar{x})^2 H_n(a_j) = \frac{1}{n-1} \left(\sum_{j=1}^{k} a_j^2 H_n(a_j) - n\bar{x}^2 \right) .$$

Zu Beispiel 1.1.1: Für die Streuung erhält man mit der Häufigkeitstabelle:

$$s^2 = \tfrac{1}{9} (1^2 \cdot 3 + 2^2 \cdot 2 + 3^2 \cdot 3 + 4^2 \cdot 1 + 5^2 \cdot 1 - 10 \cdot 2.5^2) = 1.833.$$

■

Für gruppierte Daten (d. h., man kennt nur die Klassenmitten und die Klassenhäufigkeiten) ist die empirische Streuung i. allg. nur näherungsweise durch s_*^2 bestimmbar:

$$s_*^2 = \frac{1}{n-1} \sum_{j=1}^{m} (u_j - \bar{x}_M)^2 H_j .$$

Da häufig der Fall $s_*^2 \geq s^2$ eintritt, kann man mitunter, falls alle Klassen von gleicher Breite b sind, mit der **Sheppardschen Korrektur**

$$s_{**}^2 = s_*^2 - \frac{b^2}{12}$$

eine verbesserte Näherung für s^2 erhalten.

Zu Beispiel 1.1.2: Die Streuung (gruppierte Daten aus der Häufigkeitstabelle) ist:

$$s_*^2 = \tfrac{1}{19} \Big[(4.7 - 5.075)^2 \cdot 6 + (5.0 - 5.075)^2 \cdot 7 + (5.3 - 5.075)^2 \cdot 3 + (5.6 - 5.075)^2 \cdot 4 \Big] = 0.1125.$$

Mittels der Sheppardschen Korrektur erhält man:

$$s_{**}^2 = 0.1125 - \frac{0.3^2}{12} = 0.1050$$

Bemerkung: Der exakte, aus $x_1, \ldots, x_{20}$ ermittelte Wert beträgt $s^2 = 0.1022$. ■

Die Wurzel aus der Streuung s^2 heißt **empirische Standardabweichung**:

$$s = \sqrt{\frac{1}{n-1}\sum_{i=1}^{n}(x_i - \bar{x})^2}.$$

Diese Maßzahl besitzt gegenüber s^2 den Vorteil, daß sie die gleiche Maßeinheit wie die Beobachtungswerte besitzt.
Der Quotient aus Standardabweichung s und arithmetischem Mittel $\bar{x}(\neq 0)$ wird **Variationskoeffizient** genannt:

$$v = \frac{s}{\bar{x}}.$$

Er dient zum Vergleich der Variabilität verschiedener Meßreihen.

Neben Mittelwerten und Streuungsmaßen werden zur Charakterisierung einer Stichprobe $x_1, \ldots, x_n$ weitere statistische Maßzahlen verwendet.

Die **empirische Schiefe** g_1 einer Stichprobe ist

$$g_1 = \frac{\frac{1}{n}\sum_{i=1}^{n}(x_i - \bar{x})^3}{\sqrt{\left(\frac{1}{n}\sum_{i=1}^{n}(x_i - \bar{x})^2\right)^3}}.$$

Dabei zeigt $g_1 = 0$ an, daß die Verteilung der Stichprobenwerte symmetrisch ist, während $g_1 < 0$ bzw. $g_1 > 0$ auf eine "linksschiefe" bzw. "rechtsschiefe" Verteilung hinweist (s. Fig. 1.9).

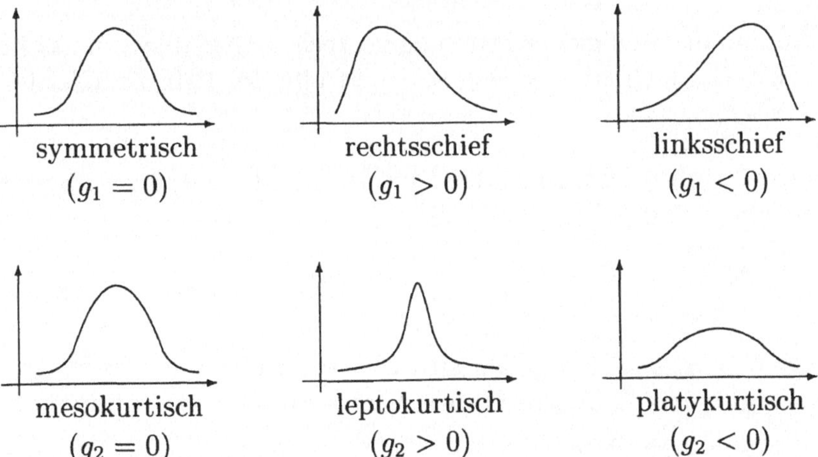

Fig. 1.9: Prinzipskizzen geglätteter Häufigkeitspolygone zu Schiefe und Exzeß

Die Steilheit der Verteilung der Stichprobenwerte charakterisiert der **Exzeß (Kurtosis, Wölbung)** g_2:

$$g_2 = \frac{\frac{1}{n}\sum_{i=1}^{n}(x_i-\bar{x})^4}{\left[\frac{1}{n}\sum_{i=1}^{n}(x_i-\bar{x})^2\right]^2} - 3.$$

Für $g_2 = 0$ spricht man von einer mesokurtischen, für $g_2 > 0$ von einer leptokurtischen und für $g_2 < 0$ von einer platykurtischen Verteilung (s. Fig. 1.9).

Beispiel 1.1.6: Für die Stichprobe $x_1 = 2$, $x_2 = 0$, $x_3 = 3$, $x_4 = 4$, $x_5 = 2$, $x_6 = 3$, $x_7 = 8$, $x_8 = 6$, $x_9 = 5$, $x_{10} = 7$ ist $g_1 = 0.1359$ und $g_2 = -0.9464$. ■

Für gruppierte Daten mit den Klassenmitten u_j und den absoluten Klassenhäufigkeiten H_j gilt näherungsweise

$$g_1 \approx \frac{\frac{1}{n}\sum_{j=1}^{m}(u_j-\bar{x}_M)^3 H_j}{\sqrt{\left(\frac{1}{n}\sum_{j=1}^{m}(u_j-\bar{x}_M)^2 H_j\right)^3}}$$

sowie

$$g_2 \approx \frac{\frac{1}{n}\sum_{j=1}^{m}(u_j-\bar{x}_M)^4 H_j}{\left[\frac{1}{n}\sum_{j=1}^{m}(u_j-\bar{x}_M)^2 H_j\right]^2} - 3.$$

Eine unimodale Häufigkeitsverteilung ist rechtsschief (bzw. linksschief), wenn $\bar{x} > \tilde{x}_{0.5} > x_{\text{mod}}$ (bzw. $\bar{x} < \tilde{x}_{0.5} < x_{\text{mod}}$) gilt. Im Fall der Gleichheit ist sie symmetrisch.

Das **(empirische) Moment der Ordnung** $\boldsymbol{r}$ ($r = 1, 2, \dots$) bezüglich einer reellen Zahl c ist gegeben durch

$$\frac{1}{n}\sum_{i=1}^{n}(x_i - c)^r.$$

Mit $c = 0$ bzw. $c = \bar{x}$ ergeben sich die **(empirischen) Anfangsmomente** bzw. die **(empirischen) zentralen Momente der Ordnung** $\boldsymbol{r}$

$$\hat{m}_r = \frac{1}{n}\sum_{i=1}^{n}x_i^r \quad \text{bzw.} \quad \hat{\mu}_r = \frac{1}{n}\sum_{i=1}^{n}(x_i-\bar{x})^r.$$

Speziell für $r = 1$ ist $\hat{m}_1 = \bar{x}$ und $\hat{\mu}_1 = 0$, und es gilt

$$g_1 = \frac{\hat{\mu}_3}{\hat{\mu}_2^{\frac{3}{2}}} \quad \text{und} \quad g_2 = \frac{\hat{\mu}_4}{\hat{\mu}_2^2} - 3.$$

Aufgaben

Aufgabe 1.1.1 Überlegen Sie sich mindestens 3 Beispiele für statistische Massen bzw. Einheiten sowie einige dazugehörige (für statistische Untersuchungen interessierende) Merkmale mit ihren Merkmalsausprägungen.
Wie werden für diese Beispiele Urlisten ermittelt, und welche Gestalt könnten sie beispielsweise haben?

Aufgabe 1.1.2 Sind die im folgenden genannten Merkmale diskret oder stetig:

a) Kraftstoffverbrauch eines PKW auf 100 km,
b) Anzahl der Kunden an einem Bankschalter pro Woche,
c) Anzahl der Regentage im Juli,
d) Zeitdauer eines Regenschauers,
e) Rechnungsbetrag eines Handwerkers,
f) Wohnfläche eines nach Katalog gekauften Fertigteilhauses,
g) Anzahl der Flaschen Bier, die ein Student pro Woche trinkt,
h) Menge Parfüm, welches eine Studentin pro Tag verbraucht,
i) Reparaturdauer eines Fernsehers,
j) Hektarertrag eines Kartoffelfeldes?

Aufgabe 1.1.3 Welche Skalierung gehört zu den folgenden Merkmalen:

a) Temperatur,
b) "Sterne"-Einteilung der Hotels (z. B. 4-Sterne-Hotel),
c) Beruf,
d) Studienrichtung,
e) Ozongehalt der Luft,
f) Dienstgrad bei der Polizei,
g) Fahrpreis bei der Eisenbahn,
h) Handelsklasse bei Obst oder Gemüse,
i) Breite eines Werkstücks,
j) Haarfarbe,
k) Religionszugehörigkeit,
l) Lebensdauer einer Fernsehbildröhre,
m) Gewinn einer Firma?

Aufgabe 1.1.4 Bei der Untersuchung der Auslastung einer Telefonzelle am Stadtrand wird an 5 aufeinanderfolgenden Tagen jeweils für den Zeitraum einer Stunde zwischen 8 Uhr und 16 Uhr die Anzahl der Telefonkunden registriert:

1, 1, 2, 0, 6, 4, 3, 1, 0, 0, 3, 4, 3, 2, 2, 1, 1, 2, 3, 3,
0, 0, 0, 4, 3, 2, 1, 2, 6, 3, 3, 3, 0, 4, 1, 2, 2, 6, 2, 2.

a) Ist das betrachtete Merkmal diskret oder stetig?

b) Welche Merkmalsausprägungen könnte es annehmen, welche hat es angenommen?

c) Bestimmen Sie die absoluten und relativen Häufigkeiten der Merkmalsausprägungen sowie die entsprechenden Summenhäufigkeiten, und fassen Sie alle ermittelten Kenngrößen in einer Häufigkeitstabelle zusammen.

d) Stellen Sie die Häufigkeitsverteilung der Telefonkunden durch ein Stabdiagramm und durch die empirische Verteilungsfunktion grafisch dar.

e) Das weitere Betreiben der Telefonzelle soll nur dann erfolgen, wenn wenigstens in 60% aller Stunden zwischen 8 Uhr und 16 Uhr vier oder mehr Kunden kommen.

   Ist mit einer Schließung zu rechnen?

Aufgabe 1.1.5 Der Besitzer eines kleinen Lebensmittelgeschäftes möchte wissen, ob es sich lohnt, vom Großhandel täglich frische Milch in Flaschen zu beziehen oder nur H–Milch anzubieten. Dazu notierte er 100 Tage lang die Anzahl verkaufter Flaschen Frischmilch und erhielt folgende Urliste:

3, 4, 0, 0, 2, 3, 3, 1, 2, 2, 2, 5, 4, 5, 7, 7, 8, 8, 3, 3,
6, 7, 3, 2, 1, 7, 5, 5, 4, 1, 3, 8, 7, 5, 5, 4, 3, 3, 4, 4,
3, 3, 3, 2, 5, 5, 4, 3, 3, 3, 3, 4, 8, 7, 7, 5, 4, 1, 1, 3,
0, 0, 1, 0, 1, 0, 4, 3, 2, 1, 2, 1, 4, 0, 0, 1, 1, 1, 5, 0,
0, 2, 2, 3, 1, 3, 6, 6, 7, 6, 3, 4, 3, 2, 3, 1, 5, 3, 3, 2.

a) Geben Sie die Häufigkeitstabelle an.

b) Stellen Sie die empirische Verteilungsfunktion grafisch dar.

c) Wie wird sich der Ladenbesitzer hinsichtlich eines weiteren Frischmilchangebotes entscheiden, wenn er mindestens an 70% der Verkaufstage wenigstens 2 Flaschen verkaufen muß?

Aufgabe 1.1.6 Stellen Sie für die gruppierten Daten des Beispiels 1.1.2 Histogramm, Häufigkeitspolygon, empirische Verteilungsfunktion und Summenpolygon anhand der Fig. 1.5, 1.6 und 1.8 grafisch dar.

Aufgabe 1.1.7 Eine Textilfirma analysiert vor Beginn eines neuen Produktionsvorhabens die Größenverteilung eines gewissen Kundenkreises. Dabei wurden u. a. auch die Körpergrößen (in cm) einer Gruppe von 30 Studenten ermittelt:

180, 176, 167, 180, 177, 166, 160, 176, 176, 164,
182, 165, 175, 172, 172, 173, 179, 166, 162, 168,
170, 177, 183, 179, 172, 166, 163, 176, 177, 181.

a) Bestimmen Sie für die Klasseneinteilung

$$[160, 165),\ [165, 170),\ [170, 175),\ [175, 180),\ [180, 185)$$

die absoluten und die relativen Klassenhäufigkeiten sowie die relativen Summenhäufigkeiten.

b) Zeichnen Sie für die gruppierten Daten Histogramm, Häufigkeitspolygon, Summenpolygon und empirische Verteilungsfunktion.

c) Kann die Textilfirma auf Grund der statistischen Erhebung auch weiterhin davon ausgehen, ein Drittel ihrer Produktion für Größen von mindestens 175 cm herzustellen?

Aufgabe 1.1.8 Über die Zuverlässigkeitsuntersuchung spezieller Kühlaggregate eines Herstellers wurde in einer Zeitschrift eine Häufigkeitstabelle für gruppierte Daten veröffentlicht. Es wurden Anzahlen von Kühlaggregaten ermittelt, die in bestimmte Lebensdauerklassen fallen:

Klasse	Lebensdauer in Stunden	Anzahl
K_1	$[0, 100)$	2
K_2	$[100, 200)$	0
K_3	$[200, 300)$	18
K_4	$[300, 500)$	49
K_5	$[500, 1000)$	169
K_6	$[1000, 1500)$	98
K_7	$[1500, 2000)$	87
K_8	$[2000, 2500)$	44
K_9	$[2500, 3000)$	32
K_{10}	$[3000, 4000)$	1

a) Bestimmen Sie alle Kenngrößen, die zur Lösung von b) benötigt werden. Dabei ist zu beachten, daß die Klassenbreiten nicht gleich sind.

b) Stellen Sie Histogramm, Häufigkeitspolygon, Summenpolygon und empirische Verteilungsfunktion grafisch dar.

c) Kann auf Grund der erhobenen Daten etwas gegen die Werbung des Herstellers eingewendet werden, daß maximal 4% seiner Produkte weniger als 300 Stunden funktionieren?

Aufgabe 1.1.9 Berechnen und interpretieren Sie die Kenngrößen arithmetisches Mittel $\bar{x}$, Median $\tilde{x}_{0,5}$, Modalwert x_{mod}, Spannweite $\tilde{R}$, Quartilabstand $\tilde{x}_{0,75} - \tilde{x}_{0,25}$, Streuung s^2, Standardabweichung s, Variationskoeffizient v, Schiefe g_1 und Exzeß g_2

a) für die Daten aus Aufgabe 1.1.4,

b) für die Daten aus Aufgabe 1.1.5,

c) für die Einzeldaten (d. h. 180, 176,...,181) aus Aufgabe 1.1.7.

Aufgabe 1.1.10 Berechnen Sie, falls möglich, die in Aufgabe 1.1.9 genannten Parameter, zumindest jedoch arithmetisches Mittel $\bar{x}_M$, Median $\tilde{x}_{0,5}$ und Streuung s_*^2

a) für die gruppierten Daten der in Aufgabe 1.1.7 a) ermittelten Häufigkeitstabelle,

b) für die gruppierten Daten aus Aufgabe 1.1.8.

Aufgabe 1.1.11 Vergleichen Sie die erhaltenen Resultate für die Parameter aus den Aufgaben 1.1.9 c) und 1.1.10 a), d. h. einerseits exakt unter Verwendung der Einzeldaten und andererseits näherungsweise unter Verwendung der gruppierten Daten ermittelt.
Veranschaulichen Sie sich dabei nochmals die Ausführungen des Abschnitts über die statistischen Maßzahlen.
Überlegen Sie, ob die Sheppardsche Korrektur in den Aufgaben 1.1.10 a) und b) zur Verbesserung der Streuung s_*^2 anwendbar ist.

Aufgabe 1.1.12 Eine Buslinie in einer Großstadt soll hinsichtlich ihrer Wirtschaftlichkeit auf der Grundlage einiger statistischer Erhebungen analysiert werden. Wichtig dafür war die Erfassung der Anzahlen H_j von Fahrgästen innerhalb eines bestimmten Zeitraumes, die den Bus über bestimmte Entfernungszonen $K_j, j = 1, 2, ..., 5$ (Angaben in km) benutzten. Sie sind in folgender Häufigkeitstabelle (Klassen, absolute Klassenhäufigkeiten) zusammengestellt:

Entfernungszonen K_j in km	$[0,5)$	$[5,10)$	$[10,15)$	$[15,20)$	$[20,25)$
Anzahl der Fahrgäste H_j	15	32	46	22	5

a) Vervollständigen Sie die Häufigkeitstabelle mit den für die Lösung von b) und c) erforderlichen Kenngrößen.

b) Stellen Sie die empirische Verteilungsfunktion der Daten grafisch dar.

c) Berechnen und interpretieren Sie arithmetisches Mittel, Median und Modalwert der Daten.

d) Welche Aussage über die Schiefe der Häufigkeitsverteilung läßt sich aus den unter c) gewonnenen Parametern erhalten (ohne die Schiefe selbst zu berechnen)?

Aufgabe 1.1.13 Die Endnote im Fach Statistik wird für einen Studiengang einer Hochschule ermittelt, indem zwei Kurzklausuren mit je 12.5% Anteil, die Zwischenprüfung mit 25% Anteil und die Abschlußprüfung mit 50% Anteil eingehen.
Welches Mittel ist zur Berechnung heranzuziehen?
Welche Endnote erhält ein Student mit den Noten 4 und 3 in den Kurzklausuren, der Note 2 in der Zwischenprüfung und der Note 4 in der Abschlußprüfung?

Aufgabe 1.1.14 Ein Fahrradhersteller konnte seine Umsätze von 1990 im Jahre 1991 auf 107% gegenüber dem Vorjahr steigern. In den darauffolgenden Jahren 1992–1995 gelang dies gegenüber dem Vorjahr jeweils um 102%, 108%, 111% und 105%.
Ermitteln Sie die durchschnittliche jährliche Steigerung und die durchschnittliche jährliche Zuwachsrate.

Aufgabe 1.1.15 Eine Reinigungsfirma hat mit einem Chef und 9 Angestellten insgesamt 10 Mitarbeiter, und sie sucht dringend neue. Der Chef schreibt in die Stellenangebotsanzeige, daß die 10 Mitarbeiter durchschnittlich 4000 DM verdienen. Als ein Interessent vorspricht, wird ihm ein Gehalt von 3000 DM geboten, welches alle anderen 9 Angestellten auch verdienen.
Wieviel verdient der Chef?
Welcher Lageparameter hätte beim Interessenten keine falschen Hoffnungen erweckt?

1.2 Beschreibende Statistik für zweidimensionale Daten

1.2.1 Zweidimensionale Häufigkeitsverteilungen

Für zwei Merkmale X und Y mit den Merkmalsausprägungen a_1, a_2, ..., a_K bzw. $b_1, b_2, \ldots, b_L$ liege eine Stichprobe vom Umfang n, bestehend aus den Beobachtungspaaren $(x_1, y_1), (x_2, y_2), \ldots, (x_n, y_n)$, vor. Von Interesse sind dabei (zweidimensionale) Darstellungen für das Merkmalspaar (X, Y) und Maßzahlen für Zusammenhänge zwischen X und Y (z. B. X die Inflationsrate und Y die Arbeitslosenquote).
Es bezeichne H_{kl} die absolute Häufigkeit der Merkmalsausprägung (a_k, b_l) in der Stichprobe und $h_{kl} = \frac{1}{n}H_{kl}$ die zugehörige relative Häufigkeit. Die **zweidimensionale Häufigkeitstabelle** (**$K \times L$–Kontingenztafel**) hat dann die Form

$X \setminus Y$	b_1	b_2	$\ldots$	b_L
a_1	H_{11}	H_{12}	$\ldots$	H_{1L}
a_2	H_{21}	H_{22}	$\ldots$	H_{2L}
$\vdots$	$\vdots$	$\vdots$	$\ddots$	$\vdots$
a_K	H_{K1}	H_{K2}	$\ldots$	H_{KL}

Durch Bildung der Zeilensummen bzw. der Spaltensummen

$$H_{k.} = \sum_{l=1}^{L} H_{kl} \qquad \text{bzw.} \qquad H_{.l} = \sum_{k=1}^{K} H_{kl}$$

in der Häufigkeitstabelle erhält man die (absoluten) **Randhäufigkeiten** der Merkmalsausprägung a_k bez. X bzw. b_l bez. Y.

Bemerkungen:

1. Obige Häufigkeitstabelle und der Begriff der Randhäufigkeit wurden mit den absoluten Häufigkeiten erklärt, selbstverständlich ist das analog mit den relativen Häufigkeiten möglich.

2. Für $K = L = 2$ erhält man speziell eine **Vierfeldertafel**.

3. Für stetige Merkmale X und Y entsteht eine Kontingenztafel, wenn man die Wertepaare $(x_1, y_1), \ldots, (x_n, y_n)$ in K (bez. X) bzw. L (bez. Y) Klassen einteilt. H_{kl} bezeichnet dann die absolute Klassenhäufigkeit als Anzahl der Wertepaare (x_i, y_i), die in der k–ten Klasse bez. X und gleichzeitig in der l–ten Klasse bez. Y liegen.

Beispiel 1.2.1: Für Vergleichszwecke wurden $n = 50$ Studenten nach ihren Noten in Mathematik (Merkmal X) und in Statistik (Merkmal Y) befragt. Die Ergebnisse sind als Stichprobe in folgender Urliste festgehalten:

(4,2), (3,3), (1,2), (2,2), (4,5), (2,2), (3,2), (1,2), (4,4), (2,5),
(4,4), (2,1), (2,1), (5,3), (1,1), (2,2), (3,1), (3,4), (1,3), (3,5),
(1,3), (2,1), (3,3), (3,1), (4,5), (3,4), (3,3), (3,3), (3,3), (4,1),
(5,3), (4,4), (3,2), (4,1), (5,4), (2,2), (4,4), (2,3), (4,2), (3,2),
(2,1), (2,3), (2,4), (4,3), (4,3), (4,4), (3,4), (3,3), (3,3), (3,5).

Die Häufigkeitstabelle lautet dann:

$X \setminus Y$	1	2	3	4	5	$H_{k.}$
1	1	2	2	0	0	5
2	4	4	2	1	1	12
3	2	3	7	3	2	17
4	2	2	2	5	2	13
5	0	0	2	1	0	3
$H_{.l}$	9	11	15	10	5	50

Ablesbar ist z. B., daß es 5 mal die Note 1 in Mathematik und 15 mal die Note 3 in Statistik gab. ∎

Die relative Häufigkeit, mit der die Merkmalsausprägung a_k von X bei denjenigen statistischen Einheiten auftritt, die bez. Y die Ausprägung b_l aufweisen, heißt **bedingte relative Häufigkeit**:

$$h_1(a_k \mid b_l) = \frac{H_{kl}}{H_{.l}}.$$

Völlig analog ist die Interpretation von

$$h_2(b_l \mid a_k) = \frac{H_{kl}}{H_{k.}}.$$

Zu Beispiel 1.2.1: Die relative Häufigkeit, daß ein Student mit der Note 2 in Mathematik zu denen gehört, die in Statistik die Note 5 hatten, ist

$$h_1(a_2 \mid b_5) = \frac{H_{25}}{H_{.5}} = \frac{1}{5}.$$

∎

Als grafische Darstellung zweidimensionaler Häufigkeitsverteilungen sind neben Verallgemeinerungen einiger o. g. Darstellungen im eindimensionalen Fall vor allem **Streuungsdiagramme** gebräuchlich. Alle Wertepaare (x_i, y_i), $i = 1, 2, \ldots, n$, der Stichprobe werden als Punkte in das Koordinatensystem eingetragen.

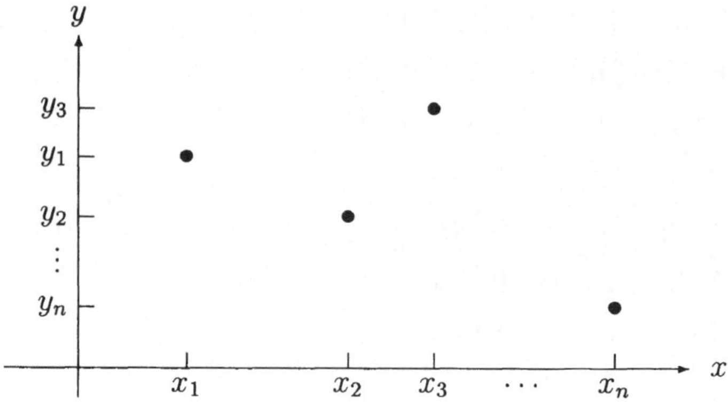

Fig. 1.10: Streuungsdiagramm

1.2.2 Statistische Maßzahlen

Statistische Maßzahlen bzw. **Kenngrößen** zweidimensionaler Häufigkeitsverteilungen für die Merkmale X und Y sind zunächst alle jeweils für X und Y getrennt berechneten Maßzahlen (analog Abschnitt 1.1.4):

$$\begin{aligned}
\bar{x} &= \tfrac{1}{n}\sum_{i=1}^{n} x_i &&= \tfrac{1}{n}\sum_{k=1}^{K} a_k H_{k.}, \\
\bar{y} &= \tfrac{1}{n}\sum_{i=1}^{n} y_i &&= \tfrac{1}{n}\sum_{l=1}^{L} b_l H_{.l}, \\
s_X^2 &= \tfrac{1}{n-1}\sum_{i=1}^{n}(x_i-\bar{x})^2 &&= \tfrac{1}{n-1}\sum_{k=1}^{K}(a_k-\bar{x})^2 H_{k.}, \\
s_Y^2 &= \tfrac{1}{n-1}\sum_{i=1}^{n}(y_i-\bar{y})^2 &&= \tfrac{1}{n-1}\sum_{l=1}^{L}(b_l-\bar{y})^2 H_{.l}.
\end{aligned}$$

Zu Beispiel 1.2.1: Die arithmetischen Mittel, Streuungen und Standardabweichungen der Merkmale X und Y sind mit den Randhäufigkeiten bestimmbar:

$$\begin{aligned}
\bar{x} &= \tfrac{1}{50}(1\cdot 5+2\cdot 12+3\cdot 17+4\cdot 13+5\cdot 3) = 2.94, \\
\bar{y} &= \tfrac{1}{50}(1\cdot 9+2\cdot 11+3\cdot 15+4\cdot 10+5\cdot 5) = 2.82,
\end{aligned}$$

$$\begin{aligned} s_X^2 &= \tfrac{1}{49}\Big[(1-2.94)^2\cdot 5 + (2-2.94)^2\cdot 12 + (3-2.94)^2\cdot 17 \\ &\qquad + (4-2.94)^2\cdot 13 + (5-2.94)^2\cdot 3\Big] = 1.1596, \\ s_X &= 1.0768, \\ s_Y^2 &= \tfrac{1}{49}\Big[(1-2.82)^2\cdot 9 + (2-2.82)^2\cdot 11 + (3-2.82)^2\cdot 15 \\ &\qquad + (4-2.82)^2\cdot 10 + (5-2.82)^2\cdot 4\Big] = 1.4414, \\ s_Y &= 1.2006. \end{aligned}$$

■

1.2.3 Abhängigkeitsmaße

Bravais–Pearsonscher Korrelationskoeffizient

Zur Beschreibung von Stärke und Richtung der gegenseitigen Abhängigkeit zweier metrisch skalierter Merkmale X und Y anhand einer Stichprobe vom Umfang n mit den Wertepaaren $(x_1, y_1), \ldots, (x_n, y_n)$ verwendet man den **(empirischen) Bravais–Pearsonschen Korrelationskoeffizienten**

$$r_{XY} = \frac{s_{XY}}{s_X \cdot s_Y} = \frac{\sum_{i=1}^{n}(x_i-\bar{x})(y_i-\bar{y})}{\sqrt{\sum_{i=1}^{n}(x_i-\bar{x})^2 \sum_{i=1}^{n}(y_i-\bar{y})^2}}$$

mit der **empirischen Kovarianz**

$$s_{XY} = \frac{1}{n-1}\sum_{i=1}^{n}(x_i-\bar{x})(y_i-\bar{y}) = \frac{1}{n-1}\left(\sum_{i=1}^{n} x_i y_i - n\bar{x}\bar{y}\right).$$

Dabei gilt $-1 \le r_{XY} \le 1$.
Der Wert von r_{XY} beschreibt Stärke und Richtung des (linearen) Zusammenhangs von X und Y (s. Fig. 1.11).
Mitunter findet anstelle des Korrelationskoeffizienten das **(empirische) Bestimmtheitsmaß** $B_{XY} = r_{XY}^2$ Verwendung. Hier gilt $0 \le B_{XY} \le 1$.

Beispiel 1.2.2: Von 24 Personen wurden die Merkmale Körpergröße X (in cm) und Gewicht Y (in kp) erfaßt:

(169,65), (189,100), (155,48), (172,66), (170,72), (177,80),
(160,48), (177,75), (178,76), (176,69), (180,78), (166,55),
(192,101), (176,76), (155,44), (172,67), (167,70), (177,65),
(170,56), (173,59), (177,80), (188,105), (167,54), (174,70).

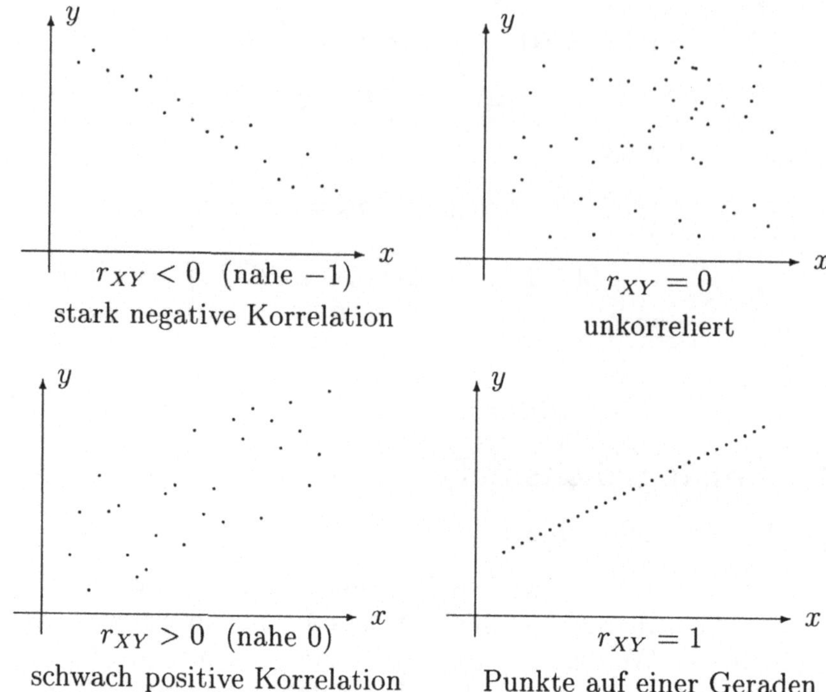

Fig. 1.11: Beschreibung von Zusammenhängen durch den Bravais–Pearsonschen Korrelationskoeffizienten r_{XY}

Dann ergeben sich die Mittelwerte

$$\begin{aligned}\bar{x} &= \tfrac{1}{24}(2 \cdot 155 + 160 + 166 + 2 \cdot 167 + \ldots + 192) &&= 173.2,\\ \bar{y} &= \tfrac{1}{24}(44 + 2 \cdot 48 + 54 + 55 + \ldots + 105) &&= 70.0,\end{aligned}$$

die Streuungen bzw. Standardabweichungen

$$\begin{aligned}s_X^2 &= \tfrac{1}{23}\Big[(155 - 173.2)^2 \cdot 2 + (160 - 173.2)^2 + \ldots + (192 - 173.2)^2\Big]\\ &= 88.7,\\ s_X &= 9.4,\\ s_Y^2 &= \tfrac{1}{23}\Big[(44 - 70)^2 + (48 - 70)^2 \cdot 2 + (54 - 70)^2 + \ldots + (105 - 70)^2\Big]\\ &= 253.4,\\ s_Y &= 15.9,\end{aligned}$$

die Kovarianz

$$s_{XY} = \tfrac{1}{23}(3030) = 131.7,$$

der Korrelationskoeffizient

$$r_{XY} = \frac{131.7}{9.4 \cdot 15.9} = 0.88$$

und das Bestimmtheitsmaß

$$B_{XY} = 0.7744.$$

Der Wert $r_{XY} = 0.88$ ist dahingehend zu interpretieren, daß Körpergröße und Gewicht als Merkmale X und Y in obiger Stichprobe stark positiv korrelieren. ∎

Rangkorrelationskoeffizient von Spearman

Rangkorrelationskoeffizienten gestatten es, im Unterschied zum bisher behandelten Fall, auch für ordinal skalierte Merkmale die Abhängigkeit von Merkmalen zu beschreiben.
Für eine Stichprobe $(x_1, y_1), \ldots, (x_n, y_n)$ werden **Rangzahlen** R_i (bezüglich $x_1, \ldots, x_n$) und R'_i (bezüglich $y_1, \ldots, y_n$) folgendermaßen eingeführt: Dem größten Stichprobenwert von $x_1, \ldots, x_n$ wird die Rangzahl 1, dem zweitgrößten die Rangzahl 2, usw., dem kleinsten die Rangzahl n zugeordnet.
Bezüglich $y_1, \ldots, y_n$ verfährt man analog.
Der **Rangkorrelationskoeffizient von Spearman** ist dann

$$r_{S_p} = 1 - \frac{6 \cdot \sum_{i=1}^{n} (R_i - R'_i)^2}{(n-1)n(n+1)}.$$

Die Interpretation des erhaltbaren Wertes zwischen -1 und 1 erfolgt analog zum Bravais–Pearsonschen–Korrelationskoeffizienten.

Beispiel 1.2.3: Die Lehrer für Physik und Chemie wollen für die Festlegung von Noten für die Mitarbeit feststellen, ob ein Zusammenhang bei den mündlichen Leistungen ihrer 10 Schüler in beiden Fächern besteht. Jeder ordnet die Schüler der Leistung nach, indem der beste die Rangzahl 1, der zweitbeste die Rangzahl 2 usw., der schlechteste die Rangzahl 10 erhält (s. Tabelle):

Schüler Nr. i	1	2	3	4	5	6	7	8	9	10
R_i	4	2	3	7	5	6	1	9	10	8
R'_i	3	4	5	8	2	7	1	10	9	6

Also ist

$$r_{S_p} = 1 - \frac{6 \cdot [(4-3)^2 + (2-4)^2 + \ldots + (8-6)^2]}{9 \cdot 10 \cdot 11} = 0.84,$$

woraus zu schließen ist, daß die mündlichen Leistungen der 10 Schüler in den Fächern Physik und Chemie stark positiv korrelieren. ∎

Kontingenzkoeffizient

Ein Maß für die Stärke des Zusammenhangs zweier nominal skalierter Merkmale X und Y ist der **Kontingenzkoeffizient**

$$C = \sqrt{\frac{\chi^2}{n+\chi^2}}$$

mit

$$\chi^2 = \sum_{k=1}^{K}\sum_{l=1}^{L} \frac{\left(H_{kl} - \frac{H_{k.} \cdot H_{.l}}{n}\right)^2}{\frac{H_{k.} \cdot H_{.l}}{n}},$$

wobei sich die Werte $H_{kl}, H_{k.}$ und $H_{.l}$ aus der Kontingenztafel (vgl. 1.2.1) ergeben.
Wenn der Kontingenzkoeffizient den Wert Null annimmt, so ist dies gleichbedeutend damit, daß zwischen X und Y keine Abhängigkeit besteht. Je stärker die Abhängigkeit zwischen X und Y ist, umso größer ist C, wobei

$$C \leq C_{\max} = \sqrt{\frac{\min(K,L)-1}{\min(K,L)}} < 1$$

gilt. Der **normierte Kontingenzkoeffizient**

$$C_{\text{korr}} = \frac{C}{C_{\max}}$$

nimmt dann Werte zwischen 0 und 1 an.

Beispiel 1.2.4: Untersucht werden soll der Zusammenhang der Merkmale "Teilnahme an Grippeschutzimpfung" X und "Grippeerkrankung" Y, für die folgende Häufigkeitstabelle ermittelt wurde:

$X \setminus Y$	Grippe	keine Grippe	$H_{k.}$
Impfung	40	458	498
keine Impfung	259	243	502
$H_{.l}$	299	701	1000

Wegen

$$\begin{aligned}\chi^2 &= \frac{\left(40 - \frac{498 \cdot 299}{1000}\right)^2}{\frac{498 \cdot 299}{1000}} + \frac{\left(458 - \frac{498 \cdot 701}{1000}\right)^2}{\frac{498 \cdot 701}{1000}} + \frac{\left(259 - \frac{502 \cdot 299}{1000}\right)^2}{\frac{502 \cdot 299}{1000}} \\ &\quad + \frac{\left(243 - \frac{502 \cdot 701}{1000}\right)^2}{\frac{502 \cdot 701}{1000}} \\ &= 79.647 + 33.972 + 79.013 + 33.702 = 226.334\end{aligned}$$

ist

$$\begin{aligned} C &= \sqrt{\frac{266.334}{1000 + 226.334}} = 0.43 \qquad \text{bzw.} \\ C_{\text{korr}} &= 0.43 \cdot \sqrt{\frac{2}{2-1}} = 0.61. \end{aligned}$$

Es besteht demnach ein zu erwartender Zusammenhang zwischen vorbeugender Grippeschutzimpfung und tatsächlicher Grippeerkrankung. ■

1.2.4 Regressionsrechnung

Durch die **Regressionsrechnung** kann die Abhängigkeit eines (metrisch skalierten) Merkmals Y von einem (metrisch skalierten) Merkmal X aufgrund einer Stichprobe vom Umfang n bestehend aus den Wertepaaren $(x_1, y_1), \ldots,$ (x_n, y_n) funktional beschrieben werden, deren grafische Darstellung als Streuungsdiagramm gegeben ist.

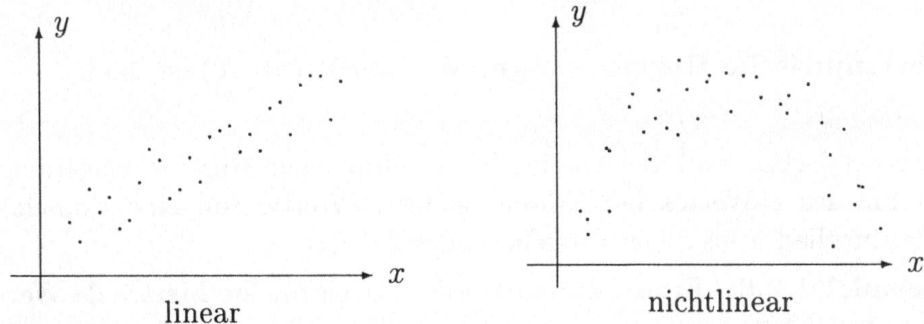

Fig. 1.12: Linearer bzw. nichtlinearer Zusammenhang zwischen zwei Merkmalen

Lineare Regression

Die Aufgabe der **linearen Regression** ist die Herleitung einer **linearen Funktion** (**Regressionsgerade, Ausgleichsgerade**) $y = a + bx$, die dem Streuungsdiagramm "am besten angepaßt" ist.
Nach der **Methode der kleinsten Quadrate** (von C. F. Gauß) ist die Regressionsgerade dem Streuungsdiagramm "am besten angepaßt", wenn die Koeffizienten a und b so bestimmt werden, daß die Summe der quadratischen Abweichungen

$$Q(a, b) = \sum_{i=1}^{n} [y_i - (a + bx_i)]^2$$

minimal wird.

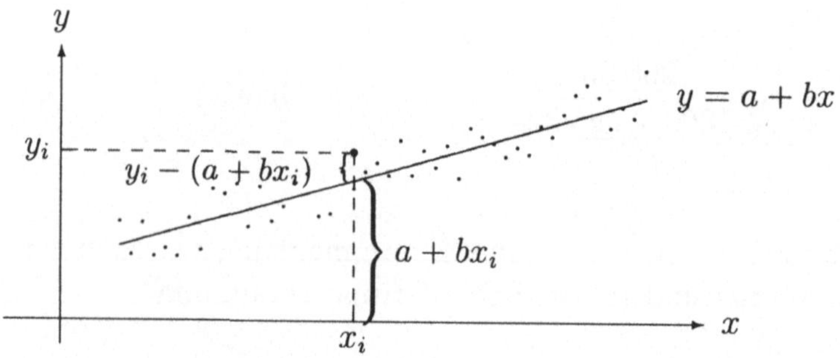

Fig. 1.13: Streuungsdiagramm mit Regressionsgerade

Dann ergeben sich für b bzw. a die Werte (**empirische Regressionskoeffizienten**):

$$\hat{b} = \frac{\sum_{i=1}^{n} (x_i - \bar{x})(y_i - \bar{y})}{\sum_{i=1}^{n} (x_i - \bar{x})^2} = \frac{s_{XY}}{s_X^2} \quad \text{bzw.} \quad \hat{a} = \bar{y} - \hat{b}\bar{x}.$$

Die **empirische Regressionsgerade** (von Y bez. X) ist dann

$$\hat{y} = \hat{a} + \hat{b}x.$$

Interpretierbar sind der Anstieg $\hat{b}$ der empirischen Regressionsgeraden als Zunahme des y-Wertes bei Erhöhung des x–Wertes um eine Einheit und das Absolutglied $\hat{a}$ als zu $x = 0$ gehörender $\hat{y}$–Wert.

Beispiel 1.2.5: Ermittelt wurden die Daten für die Merkmale Werbungskosten und Absatz:

x_i	1.0	1.1	1.2	1.5	2.0	2.2	2.5	3.2	4.0	5.0
y_i	200	200	210	260	300	360	400	460	510	620

mit x_i – Werbungskosten je Kunde in 1000 DM,
y_i – Absatz je Kunde in 1000 DM.

Wegen

$$\bar{x} = 2.37 \quad \text{und} \quad \bar{y} = 352$$

ist

$$\hat{a} = 97.661 \quad \text{und} \quad \hat{b} = 107.316.$$

Die Regressionsgerade

$$\hat{y} = 97.661 + 107.316\,x$$

bringt dann die lineare Abhängigkeit des Merkmals Absatz von dem Merkmal

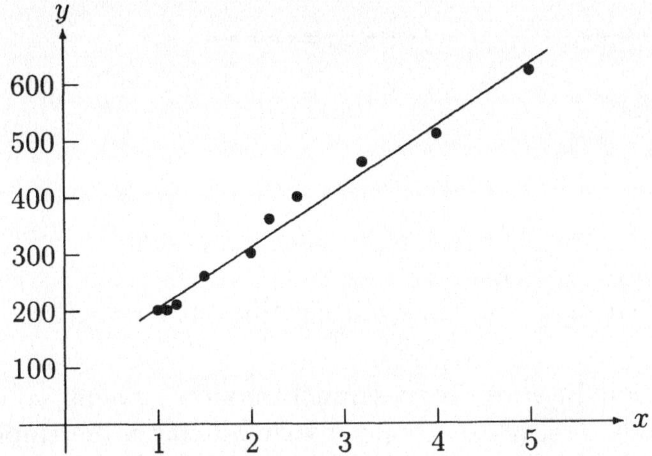

Fig. 1.14: Streuungsdiagramm mit Regressionsgerade zu Beispiel 1.2.5

Werbungskosten zum Ausdruck. Steigen die Werbungskosten um 1000 DM, so steigt der Absatz um 107 316 DM. Ohne Werbung beträgt der Absatz 97 661 DM. ■

Ein Maß für die Anpassung der Regressionsgeraden an die Punkte (x_i, y_i) im Streuungsdiagramm ist die **Reststreuung (Streuung um die Regressionsgerade)**:

$$\begin{aligned} \hat{s}^2 &= \frac{1}{n-2}\sum_{i=1}^{n}(y_i - \hat{y}_i)^2 \qquad \text{mit} \\ \hat{y}_i &= \hat{a} + \hat{b}x_i \qquad (i = 1, \ldots, n). \end{aligned}$$

Zu Beispiel 1.2.5: Die Reststreuung beträgt

$$\begin{aligned} \hat{s}^2 &= \tfrac{1}{8}\Big((200 - 204.977)^2 + (200 - 215.709)^2 + \ldots \\ &\quad + (620 - 634.241)^2\Big) = 423.8. \end{aligned}$$

■

Nichtlineare Regression

Zeigt das Streuungsdiagramm ein nichtlineares Verhalten, verwendet man zur Anpassung häufig Polynome oder Exponentialfunktionen.
Wird z. B. eine Parabel

$$y = a + bx + cx^2$$

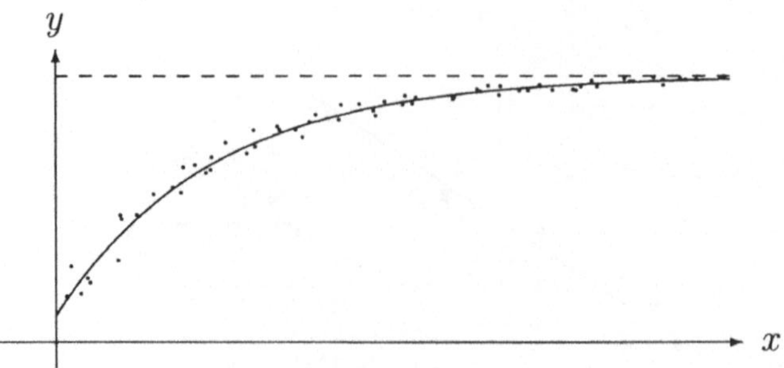

Fig. 1.15: Streuungsdiagramm mit nichtlinearem Verhalten

als Ansatz für die **nichtlineare Regressionsfunktion** gewählt, so ergeben sich mit der Stichprobe $(x_1, y_1), \ldots, (x_n, y_n)$ vom Umfang n die empirischen Regressionskoeffizienten $\hat{a}$, $\hat{b}$ bzw. $\hat{c}$ als die Lösungen von

$$\begin{aligned}
\sum_{i=1}^{n} y_i - \hat{a}n - \hat{b}\sum_{i=1}^{n} x_i - \hat{c}\sum_{i=1}^{n} x_i^2 &= 0 \\
\sum_{i=1}^{n} x_i y_i - \hat{a}\sum_{i=1}^{n} x_i - \hat{b}\sum_{i=1}^{n} x_i^2 - \hat{c}\sum_{i=1}^{n} x_i^3 &= 0 \\
\sum_{i=1}^{n} x_i^2 y_i - \hat{a}\sum_{i=1}^{n} x_i^2 - \hat{b}\sum_{i=1}^{n} x_i^3 - \hat{c}\sum_{i=1}^{n} x_i^4 &= 0.
\end{aligned}$$

Die **empirische Regressionsfunktion** (**Regressionsparabel**) lautet dann

$$\hat{y} = \hat{a} + \hat{b}x + \hat{c}x^2.$$

Beispiel 1.2.6: Bei einem Versuch werden für einen frei fallenden Körper die Merkmale X (Zeit) und Y (zurückgelegte freie Wegstrecke) beobachtet:

x_i	0.10	0.15	0.25	0.31	0.39	0.46	0.51	0.57	0.65	0.69
y_i	0.08	0.11	0.31	0.50	0,80	1.03	1.21	1.60	2.07	2.38

Damit ergibt sich das lineare Gleichungssystem

$$\begin{aligned}
10.09 - 10.00\,\hat{a} - 4.08\,\hat{b} - 2.04\,\hat{c} &= 0 \\
5.56 - 4.08\,\hat{a} - 2.04\,\hat{b} - 1.13\,\hat{c} &= 0 \\
3.25 - 2.04\,\hat{a} - 1.13\,\hat{b} - 0.66\,\hat{c} &= 0
\end{aligned}$$

und als dessen Lösung

$$\hat{a} = -0.06, \quad \hat{b} = 0.13 \quad \text{und} \quad \hat{c} = 4.98$$

sowie die Regressionsparabel

$$\hat{y} = -0.06 + 0.13\,x + 4.98\,x^2.$$

■

Wird z. B. eine Exponentialfunktion

$$y = ae^{bx} \qquad (a > 0)$$

als Ansatz für eine nichtlineare Regressionsfunktion gewählt, so erhält man durch die Transformation

$$y^* = \ln y \quad \text{und} \quad a^* = \ln a$$

eine lineare Regressionsfunktion

$$y^* = a^* + bx.$$

Die empirischen Regressionskoeffizienten sind dann (vgl. oben)

$$\hat{b} = \frac{\sum_{i=1}^{n} (x_i - \bar{x}) \left(\ln y_i - \frac{1}{n} \sum_{i=1}^{n} \ln y_i \right)}{\sum_{i=1}^{n} (x_i - \bar{x})^2} \quad \text{bzw.}$$

$$\hat{a} = e^{\hat{a}^*} \quad \text{mit} \quad \hat{a}^* = \frac{1}{n} \sum_{i=1}^{n} \ln y_i - \hat{b}\bar{x}.$$

Beispiel 1.2.7: An zehn verschiedenen Sommertagen wurden die Durchschnittstemperatur x_i und die Zunahme y_i der Stickoxidkonzentration (gegenüber dem ganzjährigen Mittelwert des Vorjahres) an einem bestimmten Ort in einer Großstadt gemessen. Dabei ergaben sich folgende Werte:

i	1	2	3	4	5	6	7	8	9	10
x_i (°C)	20.44	20.60	22.21	21.37	22.08	20.38	24.16	25.23	20.94	25.84
y_i (%)	59.50	61.83	80.09	73.55	76.14	58.82	105.05	125.14	63.65	133.18

Bei Annahme einer exponentiellen Abhängigkeit

$$y = ae^{bx}$$

des Merkmals Y ("Stickoxidkonzentration") von dem Merkmal X ("Durchschnittstemperatur") erhält man mit $\bar{x} = 22.33$ und $\frac{1}{10} \sum_{i=1}^{10} \ln y_i = 4.38$

$$\begin{aligned}
\hat{b} &= \frac{(20.44 - 22.33)(4.09 - 4.38) + \ldots + (25.84 - 22.33)(4.89 - 4.38)}{(20.44 - 22.33)^2 + \ldots + (25.84 - 22.33)^2} \\
&= 0.15, \\
\hat{a}^* &= 4.38 - 0.150 \cdot 22.33 = 1.03, \\
\hat{a} &= 2.80, \\
\hat{y} &= 2.80 \cdot e^{0.15x}.
\end{aligned}$$

■

Aufgaben

Aufgabe 1.2.1 Die Erfassung der Wohnungsbelegung eines Hochhauses ergab: Von den 10 Einraumwohnungen waren 8 mit einer Person, 1 mit zwei Personen und 1 mit drei Personen belegt. Von den 8 Zweiraumwohnungen waren 4 mit einer Person und 4 mit zwei Personen belegt. Die 12 Dreiraumwohnungen waren 1 mal mit zwei Personen, 4 mal mit drei Personen und 7 mal mit vier Personen belegt. Die 10 Vierraumwohnungen waren je einmal mit einer, zwei und drei Personen belegt, die restlichen mit vier Personen.
Stellen Sie die zweidimensionalen Häufigkeitstabellen für die Merkmale Raumanzahl X und Wohnungsbelegung Y auf.
Ermitteln und interpretieren Sie die absoluten und relativen Randhäufigkeiten.
Wie groß ist die bedingte relative Häufigkeit, daß zwei Personen eine Wohnung bewohnen, die drei Räume hat?
Mit wieviel Personen sind die einzelnen Wohnungstypen durchschnittlich belegt?

Aufgabe 1.2.2 Veröffentlichungen für 1993 zur Arbeitslosigkeit und zur Preisindexsteigerung der Lebenshaltung gegenüber dem Vorjahr (Angaben jeweils in %) für 13 ausgewählte Länder sind in folgender Tabelle zusammengestellt:

Land	Steigerung Preisindex zur Lebenshaltung	Arbeitslosenquote
Belgien	2.8	9.4
Dänemark	1.2	10.4
Frankreich	2.1	10.8
GB	1.6	10.5
Irland	1.5	18.4
Italien	4.6	11.1
Luxemburg	3.6	2.6
Niederlande	2.1	8.8
Portugal	6.5	5.0
Spanien	4.6	21.5
USA	3.0	6.7
Japan	1.3	2.5
Deutschland	4.2	5.6

Analysieren Sie mittels des Bravais–Pearsonschen Korrelationskoeffizienten den Zusammenhang der Merkmale Arbeitslosenquote und Preisindex zur Lebenshaltung.

Aufgabe 1.2.3 Ein Schuldirektor möchte prüfen, ob bei seinen Schülern ein Zusammenhang zwischen naturwissenschaftlicher und sprachlicher Begabung besteht.
Welche Antwort erhält er bei Auswertung der Punktzahlen x_i einer Biologie- und y_i einer Englischklausur von je 12 Schülern? Verwenden Sie dazu den Rangkorrelationskoeffizienten.

Schüler Nr.	1	2	3	4	5	6	7	8	9	10	11	12
x_i	65	76	29	54	35	78	60	32	67	80	55	61
y_i	76	34	27	54	37	44	78	22	51	79	32	71

Aufgabe 1.2.4 Ein Handelsunternehmen für Lebensmittel analysiert die Umsätze seiner 10 gleichgroßen Filialen $A, B, \ldots, J$ einer Region. Die Filiale mit dem größten Umsatz erhält die Nummer 1, die mit dem zweitgrößten Umsatz die Nummer 2, usw. In einer Fragebogenaktion wird die Kundenmeinung über die Verkaufskultur wie z. B. Sauberkeit, Umgang mit Kunden und Service für alle Filialen ermittelt. Die danach beste Filiale erhält die Nummer 1 usw., die schlechteste die Nummer 10:

Filiale	A	B	C	D	E	F	G	H	I	J
Umsatz	7	1	5	8	4	9	2	10	6	3
Verkaufskultur	5	1	6	10	7	8	4	9	2	3

a) Besteht ein Zusammenhang zwischen Umsatz und Verkaufskultur?

b) Auf der Grundlage des Ergebnisses von a) wurde die Verkaufskultur aller Filialen auf das Niveau der besten gebracht. Nun prüfte das Handelsunternehmen den Einfluß von Werbeaktionen und Sonderangeboten. Die Filiale mit den größten Ausgaben hierfür erhält die Nummer 1 usw., die mit den geringsten die Nummer 10. Danach wurden wiederum die Umsätze erfaßt:

Filiale	A	B	C	D	E	F	G	H	I	J
Ausgaben	9	3	8	10	6	7	2	5	4	1
Umsatz	5	1	4	8	7	9	2	10	3	6

Beurteilen Sie den Zusammenhang von Umsatz und Ausgaben für Werbung und vergleichen Sie das Ergebnis mit dem von a).

Aufgabe 1.2.5 Ein Gesundheitsmagazin will im Fernsehen eine Sendung über das Gesundheitsbewußtsein 40jähriger Männer und Frauen bringen. Dazu werden 206 Männer (47 von ihnen geben an, für ihre Gesundheit regelmäßig etwas Sport zu treiben) und 294 Frauen (101 von ihnen geben an, für ihre Gesundheit regelmäßig etwas Sport zu treiben) befragt.
Besteht ein Zusammenhang zwischen Geschlecht und Gesundheitsbewußtsein?

Aufgabe 1.2.6 Zehn Schwimmer einer Gruppe trainieren mehr oder weniger intensiv und erreichen natürlich auch verschiedene Zeiten im Wettkampf:

Wöchentliche Trainingsdauer X (in Stunden)	6.2	5.7	3.6	5.9	10.0	8.6	3.8	7.7	9.9	3.7
Wettkampfleistung Y (in Minuten)	1.10	1.12	1.19	1.11	1.07	1.04	1.20	1.09	1.06	1.20

Ermitteln und interpretieren Sie den Bravais–Pearsonschen Korrelationskoeffizienten und das Bestimmtheitsmaß für X und Y.
Bestimmen Sie die Regressionsgerade von Y bez. X und die Reststreuung.

Aufgabe 1.2.7 Während der Testphase eines neuentwickelten Autotyps wurden die Bremswege y_i (in m) eines Testwagens für verschiedene Geschwindigkeiten x_i (in km/h) ermittelt und in folgender Tabelle zusammengefaßt:

x_i	40	60	90	100	120	130	160
y_i	16	33	61	72	96	123	171

a) Zeichnen Sie das Streuungsdiagramm. Welches zu verwendende Regressionsmodell können Sie daraus ablesen?

b) Ermitteln Sie für das Modell in a) die Regressionsfunktion.

c) Welcher Bremsweg ist bei einer Geschwindigkeit von 75 km/h zu erwarten?

Aufgabe 1.2.8 Eine Zulieferfirma für Fahrzeugteile analysiert die Entwicklung ihrer Umsätze y_i (in Mio. DM), die sich im Zusammenhang mit der Erhöhung der Aufwendungen x_i (in Mio. DM) für Forschung und Entwicklung ergaben:

x_i	1	2	3	5	8	10
y_i	97	106	120	146	193	239

a) Zeichnen Sie das Streuungsdiagramm.

b) Ermitteln Sie die nichtlineare Regressionsfunktion (Exponentialfunktionsansatz).

c) Welcher Umsatz ist bei Ausgaben von 9 Mio. DM zu erwarten?

Aufgabe 1.2.9 Ein Autohersteller analysiert die Preisentwicklung (Preis y_i in 1000 DM) im Gebrauchtwagenhandel für eines seiner Modelle in Abhängigkeit von den gefahrenen Kilometern (x_i in 1000 km):

x_i	10	20	50	100	150	200	250	300
y_i	40	35	28	15	10	6	4	2

a) Zeichnen Sie das Streuungsdiagramm.

b) Ermitteln Sie die nichtlineare Regressionsfunktion (Exponentialfunktionsansatz).

c) Welcher Preis ist für einen PKW mit gefahrenen 120 000 km zu erwarten?

1.3 Analyse von Zeitreihen

1.3.1 Einführung

Unter einer **Zeitreihe**

$$y_t \;=\; y(t), \quad t = t_1, t_2, \ldots$$

versteht man eine zeitlich geordnete Folge von Beobachtungen eines quantitativ erfaßbaren Merkmals Y.

Für die statistische Analyse derartiger Zeitreihen verwendet man häufig ein **additives Zeitreihenmodell**

$$y(t) \;=\; T(t) + Z(t) + S(t) + R(t).$$

Dabei ist $T(t)$ die langfristig wirkende, Ursachen beschreibende **Trendkomponente**. Sie ist häufig eine monotone Funktion, in der Praxis z. B. eine langfristige kontinuierliche Steigerung des Lebensstandards. Mit $Z(t)$ wird die **zyklische Komponente** hinsichtlich langfristiger Schwankungen bezeichnet, eine i. allg. wellenförmige Funktion, die beispielsweise Konjunkturzyklen modelliert. Mitunter faßt man Trendkomponente und zyklische Komponente zu einer **glatten Komponente**

$$G(t) \;=\; T(t) + Z(t)$$

zusammen.

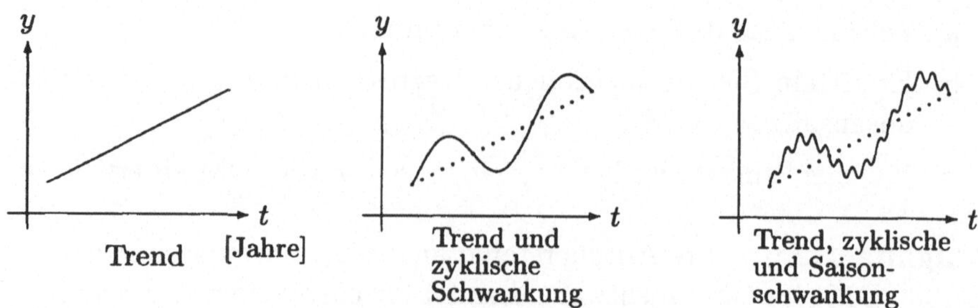

Fig. 1.16: Zeitreihen mit additiven Komponenten

Die **Saisonkomponente** $S(t)$ beschreibt i. allg. regelmäßige periodische Einflüsse, z. B. über das Jahr, die Woche, den Tag. Schließlich modelliert die **zufällige (irreguläre) Komponente** $R(t)$ die im allgemeinen regellosen "um Null schwankenden" Einflüsse.

Ein **multiplikatives Zeitreihenmodell** der Gestalt

$$y(t) \;=\; T(t) \cdot Z(T) \cdot S(t) \cdot R(t)$$

kann auf das additive Modell zurückgeführt werden:

$$\ln y(t) \;=\; \ln T(t) + \ln Z(t) + \ln S(t) + \ln R(t).$$

Die Aufgabe der Zeitreihenanalyse ist nun z. B. die Bestimmung von Trend– und Saisonkomponenten aus der vorgegebenen Zeitreihe

$$y_1 \;=\; y_{t_1}, \;\ldots\;, \; y_n \;=\; y_{t_n}.$$

1.3.2 Berechnung der Trendkomponente

Wichtige Trendverläufe sind (mit den Konstanten a, b, c):

a) der lineare Trend $T(t) = a + bt,$

b) der parabolische (quadratische) Trend $T(t) = a + bt + ct^2,$

c) der Exponentialtrend $T(t) = a \cdot b^t.$

Ein Verfahren zur Trendberechnung ist das **Glätten** der Zeitreihe mit der **Methode der gleitenden Durchschnitte (moving averages)**. Ausgehend von den Beobachtungswerten $y_1, y_2, \ldots, y_n$ werden gleitende Durchschnitte der Ordnung m ($m < n$) bestimmt, die dann den Trend angeben.

Ist m ungerade, so erhält man die (geglätteten) Trendwerte:

$$\begin{aligned}
\hat{T}_{\frac{m+1}{2}} &= \frac{1}{m}\left(y_1 + y_2 + \ldots + y_m\right)\\
\hat{T}_{\frac{m+3}{2}} &= \frac{1}{m}\left(y_2 + y_3 + \ldots + y_{m+1}\right)\\
&\vdots\\
\hat{T}_{n-\frac{m-1}{2}} &= \frac{1}{m}\left(y_{n-m+1} + y_{n-m+2} + \ldots + y_n\right).
\end{aligned}$$

Ist m gerade, so erhält man für diese Trendwerte:

$$\begin{aligned}
\hat{T}_{\frac{m}{2}+1} &= \frac{1}{m}\left(\tfrac{1}{2}y_1 + y_2 + \ldots + y_m + \tfrac{1}{2}y_{m+1}\right)\\
\hat{T}_{\frac{m}{2}+2} &= \frac{1}{m}\left(\tfrac{1}{2}y_2 + y_3 + \ldots + y_{m+1} + \tfrac{1}{2}y_{m+2}\right)\\
&\vdots\\
\hat{T}_{n-\frac{m}{2}} &= \frac{1}{m}\left(\tfrac{1}{2}y_{n-m} + y_{n-m+1} + \ldots + y_{n-1} + \tfrac{1}{2}y_n\right).
\end{aligned}$$

Ein wichtiger Spezialfall ist für $m = 12$ der **gleitende 12–Monats–Durchschnitt**.

Beispiel 1.3.1: Für die folgenden Daten soll die Trendentwicklung mit der Methode der gleitenden Durchschnitte der Ordnung 5 ermittelt werden ($t_i \ldots$ Jahr, $y_i \ldots$ Exportgewinn einer Firma in Mio. DM).

t_i	1	2	3	4	5	6	7	8	9
y_i	9.6	10.4	11.2	9.8	12.4	11.2	11.6	12.8	11.8

Mit $n = 9$ und $m = 5$ ergibt sich

$$\begin{aligned}
\hat{T}_3 &= \tfrac{1}{5}(9.6 + 10.4 + 11.2 + 9.8 + 12.4) &= 10.68\\
\hat{T}_4 &= \tfrac{1}{5}(10.4 + 11.2 + 9.8 + 12.4 + 11.2) &= 11.00\\
\hat{T}_5 &= \ldots = 11.24\\
\hat{T}_6 &= \ldots = 11.56\\
\hat{T}_7 &= \ldots = 11.96.
\end{aligned}$$

Die geglättete Zeitreihe besitzt nur (noch) fünf Werte (i. allg. sind es im Falle, daß m ungerade ist, $n - m + 1$ Werte). ■

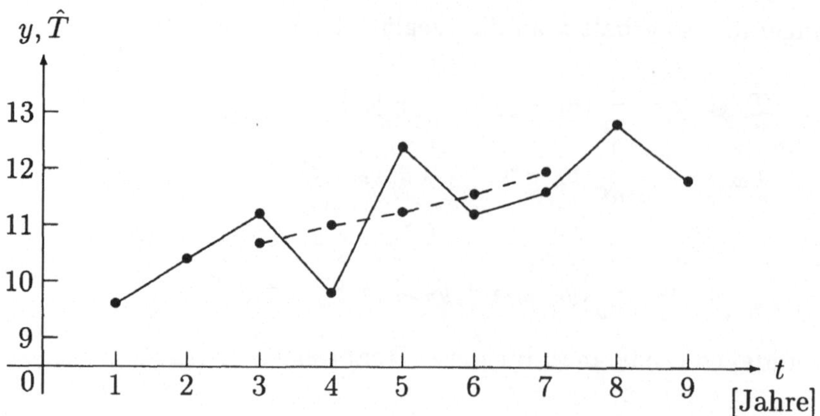

Fig. 1.17: Zeitreihe und geglättete Zeitreihe zu Beispiel 1.3.1

Ein weiteres Verfahren zur Trendermittlung ist die **Methode der kleinsten Quadrate** (vgl. 1.2.4 Regressionsrechnung). Für den linearen Trend

$$T(t) \; = \; a + bt$$

erhält man die Regressionskoeffizienten $\hat{a}$ und $\hat{b}$ als Lösungen der sog. Normalgleichungen

$$\begin{aligned} \hat{a}n \quad &+ \hat{b}\sum_{i=1}^{n} t_i = \sum_{i=1}^{n} y_i \\ \hat{a}\sum_{i=1}^{n} t_i &+ \hat{b}\sum_{i=1}^{n} t_i^2 = \sum_{i=1}^{n} t_i y_i. \end{aligned}$$

Zu Beispiel 1.3.1: In diesem Fall lauten die Normalgleichungen

$$\begin{aligned} 9\,\hat{a} + \; 45\,\hat{b} &= 100.8 \\ 45\,\hat{a} + 285\,\hat{b} &= 522.2. \end{aligned}$$

Daraus ergibt sich als Lösung

$$\hat{a} \; = \; 9.6835 \qquad \text{und} \qquad \hat{b} \; = \; 0.3033.$$

Die Gleichung der Trendgeraden lautet somit

$$\hat{T}(t) \; = \; 9.6835 + 0.3033t.$$

Der im 10. Jahr zu erwartende Trend ist z. B.

$$\hat{T}(10) \; = \; 9.6835 + 0.3033 \cdot 10 \; = \; 12.7165$$

(d. h., 12.72 Mio. DM Exportgewinn). ■

Für den parabolischen Trend

$$T(t) = a + bt + ct^2$$

ergeben sich analog zur nichtlinearen Regression (im parabolischen Fall) die folgenden Normalgleichungen

$$\begin{aligned}
\hat{a}n \quad + \hat{b}\sum_{i=1}^{n} t_i + \hat{c}\sum_{i=1}^{n} t_i^2 &= \sum_{i=1}^{n} y_i \\
\hat{a}\sum_{i=1}^{n} t_i + \hat{b}\sum_{i=1}^{n} t_i^2 + \hat{c}\sum_{i=1}^{n} t_i^3 &= \sum_{i=1}^{n} t_i y_i \\
\hat{a}\sum_{i=1}^{n} t_i^2 + \hat{b}\sum_{i=1}^{n} t_i^3 + \hat{c}\sum_{i=1}^{n} t_i^4 &= \sum_{i=1}^{n} t_i^2 y_i.
\end{aligned}$$

Beispiel 1.3.2: Bei einem neu auf den Markt gebrachten Reinigungsmittel ergaben sich in den ersten zehn Monaten folgende verkaufte Mengen (in Tonnen):

Monat i	1	2	3	4	5
verkaufte Menge y_i	0.4126	2.0722	4.4742	8.0031	12.4459

Monat i	6	7	8	9	10
verkaufte Menge y_i	18.0960	24.4115	31.9837	40.4568	50.0081

Bei Annahme eines quadratischen Trends $T(t) = a + bt + ct^2$ für die Zeitreihe $y_1, \ldots, y_{10}$ erhält man folgende Normalgleichungen

$$\begin{aligned}
10\,\hat{a} + \quad 55\,\hat{b} + \quad 385\,\hat{c} &= \quad 192.3645 \\
55\,\hat{a} + \quad 385\,\hat{b} + \quad 3025\,\hat{c} &= \quad 1511.7416 \\
385\,\hat{a} + 3025\,\hat{b} + 25333\,\hat{c} &= 12660.5637,
\end{aligned}$$

so daß sich für den Trend

$$\hat{T}(t) = -0.0367 + 0.0118t + 0.4989t^2$$

ergibt. ∎

Der exponentielle Trend

$$T(t) = a \cdot b^t$$

läßt sich mit den Transformationen

$$T^*(t) = \ln T(t), \quad a^* = \ln a \quad \text{und} \quad b^* = \ln b$$

auf den linearen Fall zurückführen

$$T^*(t) = a^* + b^*t.$$

Die Normalgleichungen lauten dann

$$\begin{aligned} \hat{a}^* n \quad &+ \hat{b}^* \sum_{i=1}^{n} t_i = \sum_{i=1}^{n} \ln y_i \\ \hat{a}^* \sum_{i=1}^{n} t_i &+ \hat{b}^* \sum_{i=1}^{n} t_i^2 = \sum_{i=1}^{n} t_i \ln y_i, \end{aligned}$$

und es gilt:

$$\hat{a} = e^{\hat{a}^*}, \qquad \hat{b} = e^{\hat{b}^*}.$$

Beispiel 1.3.3: Während einer zehnmonatigen Inflationsperiode nahmen die Spareinlagen y_i, $i = 1, \ldots, 10$, angegeben in Prozent (in Bezug auf den Vormonat), in folgender Weise ab:

Monat i	1	2	3	4	5
Abnahme y_i	0.5375	0.3872	0.2382	0.2063	0.2407

Monat i	6	7	8	9	10
Abnahme y_i	0.2116	0.1488	0.1407	0.1250	0.0749

Bei Annahme eines exponentiellen Trends $T(t) = a \cdot b^t$ für die Zeitreihe $y_1, \ldots, y_{10}$ erhält man folgende Normalgleichungen für $\ln T(t) = \ln a + \ln b \cdot t$ bezüglich $a^* = \ln a$ und $b^* = \ln b$:

$$\begin{aligned} 10\,\hat{a}^* + \ \ 55\,\hat{b}^* &= -16.0966 \\ 55\,\hat{a}^* + 385\,\hat{b}^* &= -103.2300, \end{aligned}$$

so daß sich

$$\hat{a}^* = -0.6297 \qquad \text{und} \qquad \hat{b}^* = -0.1782,$$

d. h.

$$\begin{aligned} \hat{a} \quad &= e^{\hat{a}^*} = 0.5327 \qquad \text{sowie} \qquad \hat{b} = e^{\hat{b}^*} = 0.8368 \qquad \text{und} \\ \hat{T}(t) &= 0.5327 \cdot 0.8368^t \qquad \text{(Trendfunktion),} \end{aligned}$$

ergeben.

■

Bemerkung: Ist $y_1, \ldots, y_n$ eine Zeitreihe, so bezeichnet man (im Falle des additiven Zeitreihenmodells) $y_1^*, \ldots, y_n^*$ mit

$$y_i^* = y_i - \hat{T}_i, \qquad \hat{T}_i = \hat{T}(t_i) \qquad (i = 1, \ldots, n)$$

als die zugehörige **trendbereinigte Zeitreihe**.

Zu Beispiel 1.3.1: In diesem Fall erhält man bei Berechnung des Trends mittels der Methode der gleitenden Durchschnitte ($m = 5$) die trendbereinigte Zeitreihe:

$$\begin{array}{lllllll} y_3^* &=& 0.52 & y_4^* &=& -1.20 & y_5^* = 1.16 \\ y_6^* &=& -0.36 & y_7^* &=& -0.36. & \end{array}$$

Bei Berechnung eines linearen Trends mittels der Methode der kleinsten Quadrate ergibt sich:

$$\begin{array}{lllllllll} y_1^* &=& -0.39 & y_2^* &=& 0.11 & y_3^* &=& 0.61 \\ y_4^* &=& -1.10 & y_5^* &=& 1.20 & y_6^* &=& -0.30 \\ y_7^* &=& -0.21 & y_8^* &=& 0.69 & y_9^* &=& -0.61\ . \end{array}$$

■

1.3.3 Berechnung der Saisonkomponente und Saisonbereinigung

Zur Darstellung von Saisonschwankungen dienen **Saisonindizes**. Sie können mittels des **Phasen-** oder **Monatsdurchschnittsverfahrens** bestimmt werden. Dabei geht man von einer bereits trendbereinigten Zeitreihe (ohne zyklische Komponente) mit vorgegebener Periode p und mit $n = k \cdot p$ Beobachtungswerten y_{ij}^* $(i = 1, \ldots, k;\ j = 1, \ldots, p)$ aus. Zum Beispiel ist bei monatlich erfaßten Daten $p = 12$ und k die Anzahl der Jahre.
Für ein additives Zeitreihenmodell liegt folglich folgende Struktur vor:

$$y_{ij}^* = s_j + r_{ij},$$

wobei s_j $(j = 1, \ldots, p)$ bzw. r_{ij} $(i = 1, \ldots, k;\ j = 1, \ldots, p)$ die Saisonkomponente bzw. die zufällige Komponente beschreiben.
Mit einer konkret vorliegenden Zeitreihe berechnet man für s_j die **Saisonindizes**

$$\hat{s}_j = \bar{y}_{.j}^* - \bar{\bar{y}}^*$$

mit

$$\bar{y}_{.j}^* = \frac{1}{k} \sum_{i=1}^{k} y_{ij}^* \quad (j = 1, \ldots, p) \qquad \text{und} \qquad \bar{\bar{y}}^* = \frac{1}{p} \sum_{j=1}^{p} \bar{y}_{.j}^*.$$

Die Zeitreihe $y_{11}^* - \hat{s}_1,\ y_{12}^* - \hat{s}_2,\ \ldots, y_{21}^* - \hat{s}_1,\ \ldots,\ y_{kp}^* - \hat{s}_p$ heißt die zu $y_{11}^*,\ y_{12}^*,\ \ldots,\ y_{21}^*,\ \ldots,\ y_{kp}^*$ gehörende **saisonbereinigte Zeitreihe**.

Liegt eine Zeitreihe mit Trend (ohne zyklische Komponente) der Struktur

$$y_{ij} \;=\; t_{ij} + s_j + r_{ij} \qquad (i = 1, \ldots, k;\; j = 1, \ldots, p)$$

vor, so bestimmt man für die trendbereinigte Zeitreihe $y^*_{ij} = y_{ij} - \hat{t}_{ij}$ die Saisonindizes $\hat{s}_j$ und erhält die zur (ursprünglichen) Zeitreihe y_{ij} gehörende saisonbereinigte Zeitreihe durch

$$y_{ij} - \hat{s}_j \qquad (i = 1, \ldots, k;\; j = 1, \ldots, p),$$

mit der der Trend approximiert werden kann.

Beispiel 1.3.4: Der Umsatz y_{ij} $(i = 1, 2, 3;\; j = 1, \ldots, 12)$ einer Firma (angegeben in Mio. DM) wurde drei Jahre lang monatlich erfaßt:

Monat j	1	2	3	4	5	6	7	8	9	10	11	12
1. Jahr y_{1j}	10	14	12	12	15	10	11	12	13	14	16	17
2. Jahr y_{2j}	11	13	12	13	16	11	12	15	14	15	17	19
3. Jahr y_{3j}	12	13	16	15	17	14	13	16	17	19	20	20

Mit der Methode der gleitenden 12–Monats–Durchschnitte (s. 1.3.2) ergeben sich für den Trend $\hat{t}_{ij}$ (2., 5., 8. Spalte) und die trendbereinigte Zeitreihe y^*_{ij} (3., 6., 9. Spalte) folgende Werte:

j	$\hat{t}_{1j}$	y^*_{1j}	$y_{1j} - \hat{s}_j$	$\hat{t}_{2j}$	y^*_{2j}	$y_{2j} - \hat{s}_j$	$\hat{t}_{3j}$	y^*_{3j}	$y_{3j} - \hat{s}_j$	$\hat{s}_j$
1	2	3	4	5	6	7	8	9	10	11
Jan.	•	•	12.59	13.29	-2.29	13.59	14.96	-2.96	14.59	-2.59
Feb.	•	•	15.21	13.46	-0.46	14.21	15.04	-2.04	14.21	-1.21
März	•	•	12.38	13.63	-1.63	12.38	15.21	0.79	16.38	-0.38
April	•	•	12.57	13.71	-0.71	13.57	15.50	-0.50	15.57	-0.57
Mai	•	•	13.25	13.79	2.21	14.25	15.79	1.21	15.25	1.75
Juni	•	•	12.40	13.92	-2.92	13.40	15.96	-1.96	16.40	-2.40
Juli	13.04	-2.04	13.00	14.04	-2.04	14.00	•	•	15.00	-2.00
Aug.	13.04	-1.04	12.02	14.08	0.92	15.02	•	•	16.02	-0.02
Sept.	13.00	0.00	13.09	14.25	-0.25	14.09	•	•	17.09	-0.09
Okt.	13.04	0.96	13.23	14.50	0.50	14.23	•	•	18.23	0.77
Nov.	13.13	2.87	13.34	14.63	2.37	14.34	•	•	17.34	2.66
Dez.	13.21	3.79	12.96	14.79	4.21	14.96	•	•	15.96	4.04

Die Saisonindizes finden sich in der 11. Spalte, während die saisonbereinigten Werte $y_{ij} - \hat{s}_j$ in der 4., 7. bzw. 10. Spalte angegeben sind.

Bemerkung: Offensichtlich entfallen durch die Glättung die 12 Werte $\hat{t}_{1,1}, \ldots, \hat{t}_{1,6}$ und $\hat{t}_{3,7}, \ldots, \hat{t}_{3,12}$.

■

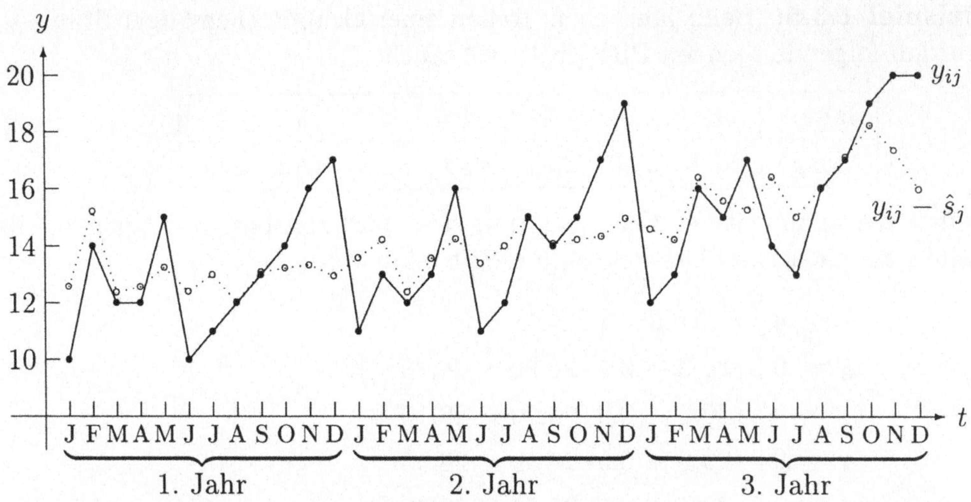

Fig. 1.18: Zeitreihe und saisonbereinigte Zeitreihe von Beispiel 1.3.4

1.3.4 Exponentielle Glättung

Das Anliegen der **exponentiellen Glättung** einer Zeitreihe ist die kurzfristige Prognose zeitlicher Entwicklungen. Für eine Zeitreihe $y_1, \ldots, y_t$ (i. allg. ohne Trend) bestimmt man den **Prognosewert**

$$\hat{y}_{t+1} = \alpha y_t + \alpha(1-\alpha)y_{t-1} + \alpha(1-\alpha)^2 y_{t-2} + \ldots$$

für den Zeitpunkt $t+1$ rekursiv durch

$$\hat{y}_{t+1} = \alpha y_t + (1-\alpha)\hat{y}_t \qquad (t = 2, 3, \ldots)$$

mit der Anfangsbedingung

$$\hat{y}_1 = y_1.$$

Dabei ist α $(0 < \alpha < 1)$ ein geeignet zu wählender **Glättungsfaktor**. Die Wahl von α ist grundsätzlich beliebig, man orientiert sich i. allg. an folgender Tabelle bzw. versucht den Vergleich mit vorhandenen Beobachtungswerten:

Auswirkungen von α	α groß	α klein
Berücksichtigung "älterer" Werte	gering	stark
Berücksichtigung "neuerer" Werte	stark	gering
Glättung der Zeitreihe	gering	stark

Beispiel 1.3.5: Beim jährlichen Treffen einer Gruppe ehemaliger Studenten wurden folgende Mengen Bier (in l) verbraucht:

Jahr	1	2	3	4	5	6	7
Menge	26.2	30.0	29.0	30.4	31.2	32.2	27.0

Durch die exponentielle Glättung (mit $\alpha = 0.5$) soll der Verbrauch für das Jahr 8 prognostiziert werden. Man erhält rekursiv:

$$\begin{aligned}
\hat{y}_1 &= y_1 = 26.2 \\
\hat{y}_2 &= 0.5 \cdot 26.2 + 0.5 \cdot 26.20 = 26.20 \\
\hat{y}_3 &= 0.5 \cdot 30.0 + 0.5 \cdot 26.20 = 28.10 \\
\hat{y}_4 &= 0.5 \cdot 29.0 + 0.5 \cdot 28.10 = 28.55 \\
\hat{y}_5 &= 0.5 \cdot 30.4 + 0.5 \cdot 28.55 = 29.48 \\
\hat{y}_6 &= 0.5 \cdot 31.2 + 0.5 \cdot 29.48 = 30.34 \\
\hat{y}_7 &= 0.5 \cdot 32.2 + 0.5 \cdot 30.34 = 31.27 \\
\hat{y}_8 &= 0.5 \cdot 27.0 + 0.5 \cdot 31.27 = 29.14
\end{aligned}$$

Für das Jahr 8 wird folglich ein Verbrauch von 29.14 l prognostiziert. ∎

Aufgaben

Aufgabe 1.3.1 Eine Werkzeugmaschinenfirma erreichte folgende Umsätze pro Quartal:

Zeitraum t_i (Jahr/Quartal)	1993 3	1993 4	1994 1	1994 2	1994 3	1994 4	1995 1	1995 2	1995 3	1995 4	1996 1
Umsätze y_i in Mio. DM	1.1	0.6	1.8	1.6	1.2	0.8	1.9	1.5	1.4	0.9	2.1

a) Skizzieren Sie den Verlauf der Zeitreihe.

b) Ermitteln Sie die Trendwerte nach der Methode der gleitenden Durchschnitte der Ordnung 4, und zeichnen Sie die Werte in die Skizze ein.

c) Berechnen Sie mittels der Normalgleichungen die Trendgerade, und prognostizieren Sie den Trend für das 2. Quartal 1996.

Aufgabe 1.3.2 Ein Chemieunternehmen produziert einen neuartigen Grundstoff für Waschmittel, der innerhalb kürzester Zeit großen Anklang findet, wie folgende Tabelle zeigt:

Jahr 1995 Monate t_i	1	2	3	4	5	6	7	8	9	10	11	12
Absatzmenge (in Tonnen) y_i	7.7	8.5	10.0	13.1	18.9	26.7	34.3	45.9	58.0	70.9	86.7	101.1

a) Welchen Trendtyp können Sie mittels einer Skizze für die Zeitreihe ablesen?

b) Berechnen Sie für den Trendtyp in a) die Trendfunktion.

Aufgabe 1.3.3 Ein Lebensmittelhersteller möchte die Menge eines hergestellten Produktes zeitlich besser der Nachfrage anpassen, um das Verderben produzierter Überkapazitäten zu vermindern. Dazu wird eine Aufstellung der pro Monat gekauften Menge (in t) des Produktes im Zeitraum von 1993–1995 vorgenommen:

Monat	1	2	3	4	5	6	7	8	9	10	11	12
Jahr 1993	1.2	0.7	2.0	2.2	3.2	2.7	3.8	4.3	3.6	2.9	2.9	7.7
Jahr 1994	1.4	0.7	2.2	2.3	3.5	2.4	4.0	4.1	3.3	2.7	3.1	6.9
Jahr 1995	1.3	0.8	1.9	2.1	2.9	2.5	4.1	4.0	3.2	2.6	3.0	7.6

a) Skizzieren Sie die Zeitreihe.

b) Wenden Sie (nach einer Trendbereinigung) das Monatsdurchschnittsverfahren an, und interpretieren Sie die Resultate.

Aufgabe 1.3.4 Ein Expertenteam erforscht im Auftrag eines Autokonzerns Möglichkeiten der Reduzierung des Kraftstoffverbrauchs eines beliebten PKW–Typs mit dem Ziel, ein sparsames "3–Liter–Auto" zu entwickeln. Folgende jährliche Entwicklungsstufen wurden erreicht:

Jahr	1	2	3	4	5
mittlerer Verbrauch in l pro 100 km	8.1	7.3	6.6	5.5	4.6

Ermitteln Sie den exponentiellen Trend.
Wann ist mit dem Erreichen des Forschungsziels zu rechnen?

Aufgabe 1.3.5 In den vergangenen sieben Jahren entwickelten sich die Materialkosten eines Handwerksbetriebes wie folgt:

Jahr	1989	1990	1991	1992	1993	1994	1995
Materialkosten (in TDM)	102	103	109	111	116	122	109

Prognostizieren Sie die Kosten für 1996 mittels der exponentiellen Glättung ($\alpha = 0.6$).

Aufgabe 1.3.6 Eine Arzneimittelfirma verarbeitete in den vergangenen sechs Jahren für ihre Produkte einen wichtigen bei einer Zulieferfirma im voraus zu bestellenden Zusatzsstoff:

Jahr	1991	1992	1993	1994	1995	1996
Menge (in kg)	118	190	150	111	202	191

Welche Menge sollte aufgrund einer Prognostizierung mit der exponentiellen Glättung ($\alpha = 0.5$) für 1997 bestellt werden?

Kapitel 2

Zufällige Ereignisse und Wahrscheinlichkeiten

2.1 Stichprobenraum, zufällige Ereignisse

Das Anliegen der Wahrscheinlichkeitsrechnung besteht darin, Modelle zur Beschreibung zufallsabhängiger Situationen – im weiteren als "zufällige Versuche" bezeichnet – aufzustellen. Die Menge der möglichen Versuchsergebnisse wird **Stichprobenraum**, **Ereignisraum** oder **Grundraum** genannt und mit Ω bezeichnet. Der Durchführung eines Versuchs entspricht die zufällige Auswahl eines Elementes ω aus dem Stichprobenraum Ω.

Beispiel 2.1.1: Es wird 1mal mit einem Würfel mit den Augenzahlen 1, 2, ..., 6 gewürfelt und die dabei erhaltene Augenzahl festgestellt. Hier ist $\Omega = \{1, 2, 3, 4, 5, 6\}$, und der Durchführung des zufälligen Versuches entspricht die Auswahl einer der Zahlen 1,2,3,4,5,6. ■

Beispiel 2.1.2: Eine Münze wird 3mal geworfen, und die dabei erhaltenen Ergebnisse werden registriert. Mit den Abkürzungen Z für "Zahl oben" und W für "Wappen oben" kann der Stichprobenraum Ω in der Form

$$\Omega = \{(Z,Z,Z), (Z,Z,W), (Z,W,Z), (Z,W,W), (W,Z,Z), (W,Z,W), (W,W,Z), (W,W,W)\}$$

geschrieben werden. Dabei bedeutet z. B. das konkrete Versuchsergebnis $\omega = (Z, W, Z)$, daß im 1. und 3. Wurf "Zahl oben" und im 2. Wurf "Wappen oben" aufgetreten ist. ■

Beispiel 2.1.3: Es wird eine Glühlampe zufällig ausgewählt und ihre Lebensdauer (z. B. in Stunden) festgestellt. Hier besteht der Stichprobenraum Ω aus allen nichtnegativen reellen Zahlen, d. h. $\Omega = \{x \in \mathbf{R} \mid x \geq 0\}$. ■

Beispiel 2.1.4: Aus einer bestimmten Gruppe wird eine Versuchsperson ausgewählt, und es werden Alter x und Gewicht y festgestellt. Der Stichprobenraum besteht aus Wertepaaren (x, y) mit $0 < x < x_0$, $0 < y < y_0$ (dabei sind x_0 bzw. y_0 (sinnvolle) Obergrenzen für Alter bzw. Gewicht), d. h. $\Omega = \{(x, y) : 0 < x < x_0, 0 < y < y_0\}$.
Der zufällige Versuch besteht in der Auswahl eines Wertepaares $\omega = (x, y)$ aus der Menge Ω. ■

Beispiel 2.1.5: Bei der Ziehung im "Lotto am Mittwoch" werden 6 Zahlen und eine Zusatzzahl nacheinander aus den Zahlen $1, 2, \ldots, 49$ ohne Zurücklegen zufällig ausgewählt. Der Grundraum Ω besteht aus allen Zusammenstellungen ω von $6 + 1$ Zahlen aus den Zahlen 1,2,...,49, wobei Wiederholungen nicht zugelassen sind und die Reihenfolge der Auswahl (der ersten 6 Zahlen) unwichtig ist, also z. B. $\omega = 1, 7, 9, 20, 21, 23\,(8)$. ■

Im Zusammenhang mit der Auswertung von zufälligen Versuchen interessieren nicht nur die einzelnen Versuchsergebnisse, sondern auch ganze Versuchsergebnisbereiche, die bestimmte Eigenschaften repräsentieren (So könnte im Beispiel 2.1.1 interessieren, ob eine gerade Zahl gewürfelt wird, oder in Beispiel 2.1.3, ob die Glühlampe mindestens 500 Stunden intakt ist).
Ein **zufälliges Ereignis** A wird als eine Teilmenge des Stichprobenraumes Ω aufgefaßt. Man sagt, das zufällige Ereignis A **tritt ein** bzw. **tritt nicht ein**, wenn das Versuchsergebnis ω ein Element von A bzw. kein Element von A ist.

Zu Beispiel 2.1.1: "Es wird eine gerade Zahl gewürfelt" bedeutet dann im Modell: Das erhaltene Versuchsergebnis ω ist Element der Menge $A = \{2, 4, 6\}$. ■

Man sagt, das zufällige Ereignis A hat das zufällige Ereignis B **zur Folge** (symbolisch $A \subset B$), wenn jedes Element von A auch in B liegt, d. h. , wenn das Eintreten von A stets auch das Eintreten von B nach sich zieht. Zwei zufällige Ereignisse A, B heißen **gleich** (symbolisch: $A = B$), wenn $A \subset B$ und $B \subset A$ gilt, d. h. , wenn stets entweder A, B zugleich eintreten oder zugleich nicht eintreten.

Die Mengenoperationen werden mit sinngemäßer Sprechweise auf zufällige Ereignisse übertragen (Tabelle 2.1).

Zu Beispiel 2.1.2: Es werden beispielsweise die zufälligen Ereignisse
A: "Zahl oben" erscheint genau 1mal., B: Der erste Wurf zeigt "Zahl oben".
betrachtet. Man erhält zunächst
$A = \{(Z, W, W)(W, Z, W)(W, W, Z)\}$,
$B = \{(Z, Z, Z), (Z, Z, W), (Z, W, Z), (Z, W, W)\}$,

Tabelle 2.1 Operationen mit zufälligen Ereignissen

Bezeichnung	"Es tritt ein..."	Interpretation	Symbolische Skizze (Venn-Diagramm)
$A \cap B$	A und B	A und B treten gleichzeitig ein.	A B
$A \cup B$	A oder B	Es tritt A oder es tritt B ein (beide zugleich sind möglich).	A B
$A \setminus B$	A minus B	Es tritt A, aber nicht zugleich B ein.	A B
$\bar{A} = \Omega \setminus A$	nicht A	Das Versuchsergebnis ist kein Element von A.	A B

und für die einzelnen Operationen zwischen diesen zufälligen Ereignissen ergibt sich:

$A \cap B = \{(Z, W, W)\}$ ... "Zahl oben" erscheint genau beim ersten Wurf;

$A \cup B = \{(Z, W, W), (W, Z, W), (W, W, Z), (Z, Z, Z), (Z, Z, W), (Z, W, Z)\}$ ...
"Zahl oben" erscheint genau 1mal oder beim ersten Wurf;

$A \setminus B = \{(W, Z, W), (W, W, Z)\}$ ... "Zahl oben" erscheint genau einmal, aber nicht beim ersten Wurf;

$\bar{A} = \{(W, W, W), (Z, Z, W), (Z, W, Z), (W, Z, Z), (Z, Z, Z)\}$ ...
"Zahl oben" erscheint 0mal oder 2mal oder 3mal.

■

Das zufällige Ereignis $\emptyset$, das der leeren Menge entspricht, heißt **unmögliches Ereignis**, das zufällige Ereignis Ω (der gesamte Stichprobenraum) heißt **sicheres Ereignis**. Ein unmögliches Ereignis tritt nie ein, ein sicheres Ereignis tritt stets ein. Man nennt das Ereignis $\bar{A}$ auch das zu A **komplementäre Ereignis**.

Zwei Ereignisse A und B heißen **unvereinbar**, wenn sie nicht gleichzeitig auftreten können, d. h. $A \cap B = \emptyset$ gilt. Die n zufälligen Ereignisse $A_1, A_2, \ldots, A_n$ bilden ein **vollständiges System**, wenn sie eine Zerlegung des Stichprobenraumes Ω darstellen, d. h. $A_1 \cup \ldots \cup A_n = \Omega$ und $A_i \cap A_j = \emptyset$ für alle $i \neq j$ gilt.

Die Umrechnungsformeln für Mengen gelten in gleicher Weise für zufällige Ereignisse, so z. B.

1. $\overline{A \cup B} = \overline{A} \cap \overline{B}$, $\overline{A \cap B} = \overline{A} \cup \overline{B}$ (Formeln von de Morgan),
2. $A \setminus B = A \cap \overline{B}$,
$A \cup B = (A \setminus B) \cup (B \setminus A) \cup (A \cap B)$,
3. $A \cap B = B \cap A$, $A \cup B = B \cup A$ (Kommutativgesetze),
4. $(A \cap B) \cap C = A \cap (B \cap C)$,
$(A \cup B) \cup C = A \cup (B \cup C)$ (Assoziativgesetze),
5. $(A \cup B) \cap C = (A \cap C) \cup (B \cap C)$,
6. $(A \setminus B) \setminus C = A \setminus (B \cup C)$.

Jedem zufälligen Versuch werden der zugrundeliegende Stichprobenraum Ω und eine bestimmte Menge von zufälligen Ereignissen zugeordnet, die mit $\mathcal{A}$ bezeichnet wird und zugehöriges **Ereignisfeld** heißt. Ausgehend von der Menge derjenigen zufälligen Ereignisse A, die im Zusammenhang mit dem betrachteten zufälligen Versuch von unmittelbarem Interesse sind, werden dabei noch alle diejenigen Ereignisse hinzugefügt, die sich aus den Ereignissen dieses "ursprünglichen Systems", dem unmöglichen und dem sicheren Ereignis durch Anwenden der Operationen für zufällige Ereignisse, vgl. Tabelle 2.1, (höchstens abzählbar unendlich oft) bilden lassen. Das so erzeugte Ereignisfeld $\mathcal{A}$ hat die charakteristische Eigenschaft, daß das (höchstens abzählbar unendlich häufige) Anwenden der Operationen auf Ereignisse aus $\mathcal{A}$ stets wieder ein Ereignis aus $\mathcal{A}$ ergibt. Bei endlichem oder abzählbar unendlichem Stichprobenraum Ω verwendet man gewöhnlich als Ereignisfeld $\mathcal{A}$ die Menge **aller** Teilmengen (sog. Potenzmenge) von Ω. Dies ist gleichbedeutend damit, daß alle einelementigen Mengen $\{\omega\}$ – die **Elementarereignisse** – zum Ereignisfeld $\mathcal{A}$ gehören.

Beispiel 2.1.6: Aus einem Gefäß mit roten, weißen und gelben Kugeln werde eine Kugel zufällig ausgewählt und die Farbe dieser entnommenen Kugel registriert. Mit den Bezeichnungen $r \ldots$ rot, $w \ldots$ weiß, $g \ldots$ gelb ist $\Omega = \{r, w, g\}$.

a) Interessiert man sich nur für das Ereignis A: "Die gezogene Kugel ist weiß", so besteht die "ursprüngliche Menge von Ereignissen" lediglich aus dem einen Ereignis $A = \{w\}$, und das zugehörige Ereignisfeld $\mathcal{A}$ hat dann die Gestalt
$\mathcal{A} = \{\emptyset, \Omega, \{w\}, \{r, g\}\}$.

b) Interessiert man sich für alle denkbaren Konstellationen von Versuchsergebnissen, so besteht das zugehörige Ereignisfeld $\mathcal{A}$ aus allen Teilmengen von Ω: $\mathcal{A} = \{\emptyset, \Omega, \{r\}, \{w\}, \{g\}, \{r, w\}, \{r, g\}, \{w, g\}\}$.

■

Aufgaben

Aufgabe 2.1.1 Ein technisches System bestehe aus 3 Teilsystemen, die in einem betrachteten Zeitraum zufallsbedingt ausfallen können oder nicht.

a) Mit der Kodierung "0" für Ausfall und "1" für Nichtausfall gebe man einen geeigneten Stichprobenraum Ω für die möglichen Zustände des Gesamtsystems an.

b) Für die zufälligen Ereignisse A: "Genau 2 Teilsysteme fallen aus", B: "Das Teilsystem 1 fällt aus" bestimme man $A \cap B$, $A \cup B$, $A \setminus B$, $\bar{A}$, $\bar{B}$ als Teilmengen von Ω und formuliere diese zufälligen Ereignisse in Worten.

c) Man bestimme die zufälligen Ereignisse

C: "Kein Teilsystem fällt aus."

D: "Höchstens 1 Teilsystem fällt aus."

E: "Mindestens 1 Teilsystem fällt aus."

sowie $A \cap E$, $E \setminus B$, $B \cap C$, $B \cap D$.

d) Welche der Ereignisse A, B, C, D, E sind paarweise unvereinbar?

Aufgabe 2.1.2 Der zufällige Versuch bestehe im Ausfüllen eines Fragebogens mit 4 Alternativfragen durch eine zufällig ausgewählte Versuchsperson. Es bezeichne A_k das Ereignis, daß die Frage k mit "ja" beantwortet wird ($k = 1, 2, 3, 4$).

a) Man drücke die zufälligen Ereignisse

A: "Es wird jede Frage mit "ja" beantwortet."
B: "Es wird keine Frage mit "ja" beantwortet."
C: "Es wird genau 1 Frage mit "nein" beantwortet."
D: "Es wird mindestens 1 Frage mit "ja" beantwortet."
E: "Es werden genau 2 Fragen mit "ja" beantwortet."

mit Hilfe der Ereignisse A_k und geeigneter Mengenoperationen aus.

b) Man überlege sich, wie der zugeordnete Stichprobenraum Ω definiert werden kann und gebe die den zufälligen Ereignissen A_k $(k = 1, 2, 3, 4)$, A, B, C, D, E entsprechenden Teilmengen von Ω an. Wie viele Elemente enthalten diese Mengen?

c) Bilden die Ereignisse A_k, $k = 1, 2, 3, 4$ ein vollständiges System? Man gebe ein (gegebenenfalls weiteres) vollständiges System an.

Aufgabe 2.1.3 In einem elektrischen Stromkreis befinden sich 5 Bauelemente (vgl. Bild), die in einem betrachteten Zeitraum ausfallen können oder nicht. Das zufällige Ereignis A_i bedeute, daß das Bauelement i ausfällt $(i = 1, \ldots, 5)$. Man gebe einen zugehörigen Stichprobenraum Ω für die möglichen Zustände aller 5 Bauelemente an. Für die folgenden Schaltungen drücke man das Ereignis A bzw. B bzw. C bzw. D, daß der Stromkreis unterbrochen ist, durch die zufälligen Ereignisse A_i aus und bestimme die Anzahl der Elemente dieser Ereignisse in Ω:

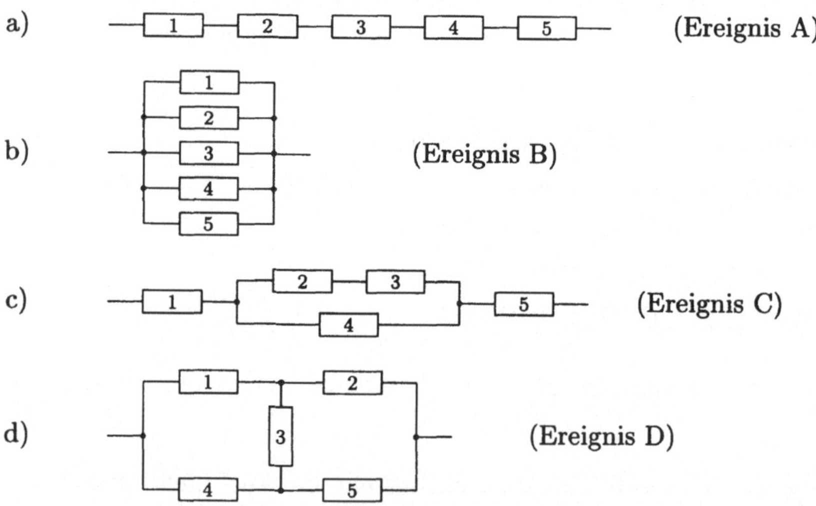

Aufgabe 2.1.4 Beim Test von Glühlampen aus der Produktion eines Betriebes bezeichne A_k das zufällige Ereignis, daß eine zufällig herausgegriffene

Glühlampe mindestens k Stunden brennt. Man beschreibe die folgenden zufälligen Ereignisse in Worten:
A_{100}, $\overline{A_{250}}$, $A_{400} \cap \overline{A_{700}}$, $A_{350} \cup A_{400}$, $\overline{A_{200}} \cup A_{1000}$.

Aufgabe 2.1.5 Es werde mit 2 Würfeln gewürfelt, und es bezeichne A_k bzw. B_k das zufällige Ereignis, daß Würfel 1 bzw. Würfel 2 die Augenzahl k aufweist ($k = 1, \ldots, 6$). Man drücke die folgenden zufälligen Ereignisse mit Hilfe der A_k und B_k und der Operationen zwischen zufälligen Ereignissen aus:

a) Die Augenzahl beider Würfel ist gerade (Ereignis A).
b) Die Augensumme beträgt 4 (Ereignis B).
c) Entweder Würfel 1 oder Würfel 2 hat eine Augenzahl, die höchstens gleich 3 ist (Ereignis C).
d) Die Summe der Augenzahlen ist ungerade (Ereignis D).
e) Welche der Ereignisse A, B, C, D sind paarweise unvereinbar?
f) Bilden die Ereignisse A_k, $k = 1, \ldots, 6$, ein vollständiges System?

Aufgabe 2.1.6 Ein System bestehe aus 2 Geräten vom Typ 1, 3 Geräten vom Typ 2 und 4 Geräten vom Typ 3. Es bezeichne A_i bzw. B_j bzw. C_k ($i = 1, 2$; $j = 1, 2, 3$; $k = 1, 2, 3, 4$) das zufällige Ereignis, daß das i-te bzw. j-te bzw. k-te Teil vom Typ 1 bzw. 2 bzw. 3 innerhalb einer festgelegten Testzeit nicht ausfällt. Das Gesamtsystem funktioniert, wenn von mindestens einem Typ alle Geräte intakt sind (Ereignis D). Man drücke dieses zufällige Ereignis sowie $\bar{D}$ mittels der Ereignisse A_i, B_j, C_k und der Operationen zwischen zufälligen Ereignissen aus.

Aufgabe 2.1.7

a) Wie lautet das von zwei zufälligen Ereignissen A, B erzeugte Ereignisfeld $\mathcal{A}$?
b) Bilden die zufälligen Ereignisse $A \cap B$, $\bar{A} \cap \bar{B}$, $A \cap \bar{B}$, $\bar{A} \cap B$ ein vollständiges System?
c) Bilden die zufälligen Ereignisse A, B, $A \cap \bar{B}$, $\bar{A} \cap B$ ein vollständiges System?

Aufgabe 2.1.8 Mit einem Würfel wird zweimal gewürfelt. Man bestimme den zugehörigen Stichprobenraum Ω und das Ereignisfeld $\mathcal{A}$, das von den Teilmengen

A ... Die Augenzahl beim ersten Wurf ist ungerade.
B ... Die Augenzahl beim zweiten Wurf ist gerade.
C ... Die Augenzahlen sind beide gerade oder beide ungerade.

erzeugt wird.

2.2 Klassische Wahrscheinlichkeit, einige Formeln der Kombinatorik

Ein wesentlicher Teil beim Aufbau eines Modells zur Beschreibung zufallsabhängiger Situationen ("zufälliger Versuche") besteht darin, geeignete Bewertungen der einzelnen zufälligen Ereignisse A eines Ereignisfeldes $\mathcal{A}$ durch zwischen 0 und 1 gelegene Zahlen, sog. Wahrscheinlichkeiten $\mathrm{P}(A)$, vorzunehmen, die den Grad der Bestimmtheit, die Chance des Eintretens, messen sollen. In einer speziellen Situation geschieht dies durch einen logisch plausiblen Ansatz und führt zur Definition der klassischen Wahrscheinlichkeit.
Dabei wird vorausgesetzt, daß der Stichprobenraum $\Omega = \{\omega_1, \omega_2, \dots, \omega_k\}$ **endlich** ist, das Ereignisfeld $\mathcal{A}$ aus allen Teilmengen von Ω besteht und die folgende charakterisierende Eigenschaft vorliegt: Die Elementarereignisse $A_i = \{\omega_i\}$, d. h. de facto die einzelnen Versuchsergebnisse, sind hinsichtlich der Chance ihres Eintretens nicht voneinander unterscheidbar (**Laplacesches Ereignisfeld**). Jedes zufällige Ereignis A ist eine (endliche) Vereinigung gewisser Elementarereignisse A_i. Die klassische Wahrscheinlichkeit $\mathrm{P}(A)$ wird proportional zur Anzahl l dieser Elementarereignisse definiert:

$$\mathrm{P}(A) = \frac{l}{k} = \frac{\textit{Anzahl aller } A_i, \textit{ die } A \textit{ bilden}}{\textit{Anzahl aller überhaupt vorhandenen } A_i}.$$

Man nennt ein A_i mit $A_i \subset A$ auch einen für A günstigen Fall. Die **klassische Wahrscheinlichkeit** – auch als Prinzip der gleichmöglichen Fälle bezeichnet – lautet dann:

$$\mathrm{P}(A) = \frac{\textit{Anzahl der für } A \textit{ günstigen Fälle}}{\textit{Anzahl aller Fälle}}.$$

Beispiel 2.2.1: Einmaliges Würfeln mit einem idealen Würfel: Es gibt $k = 6$ mögliche Versuchsausgänge, die sämtlich die gleiche Wahrscheinlichkeit $\frac{1}{6}$ besitzen. Man erhält nun beispielsweise für das zufällige Ereignis A, daß eine ungerade Zahl fällt, wegen $A = \{1, 3, 5\}$ genau $l = 3$ günstige Fälle, und somit $\mathrm{P}(A) = \frac{3}{6} = 0.5$. ∎

Beispiel 2.2.2: Würfeln mit 2 idealen Würfeln:
Es soll die Wahrscheinlichkeit des Ereignisses A, daß die Augensumme gleich 6 ist, bestimmt werden. Hierbei ist zu beachten, daß z. B. die Augenzahlen 1,2 doppelt so häufig wie die Augenzahlen 1,1 fallen. Um die grundlegende Voraussetzung der Gleichwahrscheinlichkeit aller Fälle zu gewährleisten, muß z. B. $(1,2)$ und $(2,1)$ als je 1 Fall gezählt werden. Es gibt somit $k = 6 \cdot 6 = 36$ mögliche Fälle. Wir erhalten mit $A = \{(1,5), (2,4), (3,3), (4,2), (5,1)\}$ die Anzahl von $l = 5$ günstigen Fällen, also $\mathrm{P}(A) = \frac{5}{36}$. ∎

Tabelle 2.2 Formeln der Kombinatorik (Teil 1)

Situation	Bezeichnung	allgemeine Formel für die Anzahl der Möglichkeiten	Beispiel
n Objekte gegeben, sie werden in einer Reihenfolge angeordnet			
a) alle Objekte voneinander verschieden	Permutationen ohne Wiederholung	$n(n-1)\cdot\ldots\cdot 2\cdot 1$ $= n!$	Permutationen der Ziffern 1,4,7: $n = 3$, also $3! = 6$ Möglichkeiten (147 , 174 , 417 471 , 714 , 741)
b) l Gruppen gleicher Objekte mit den Anzahlen $n_1, n_2, \ldots, n_l$ $n_1 + n_2 + \ldots + n_l = n$	Permutationen mit Wiederholung	$\frac{n!}{n_1!\cdot n_2!\cdot\ldots\cdot n_l!}$	Permutationen der Ziffern 1,1,5,5: $n = 4$, $n_1 = 2, n_2 = 2$, also $\frac{4!}{2!\cdot 2!} = 6$ Möglichkeiten (1155, 1515, 1551, 5115, 5151, 5511)

Beispiel 2.2.3: Dreimaliges Werfen einer (idealen) Münze:
Es soll die Wahrscheinlichkeit dafür bestimmt werden, daß dabei genau einmal "Zahl oben" erscheint (Ereignis A). Der Grundraum Ω besteht aus $k = 8$ gleichwahrscheinlichen zufälligen Ereignissen A_i.
Wegen $A = \{(Z,W,W),(W,Z,W),(W,W,Z)\}$ ist $l = 3$ und somit $\mathrm{P}(A) = \frac{3}{8}$. ■

Beispiel 2.2.4: Zahlenlotto ("6 aus 49"):
Es soll die Wahrscheinlichkeit für einen Vierer bestimmt werden. Man akzeptiert unmittelbar, daß jede Ziehung (Zusammenstellung von 6 Zahlen) die gleiche Gewinnchance hat. Es ist somit plausibel, daß das Prinzip der gleichmöglichen Fälle gilt, also z. B. die Chance dafür, einen Vierer zu erzielen, proportional zur Anzahl l aller denkbaren Vierer ist. Um nun diese Wahrscheinlichkeit konkret zu bestimmen, benötigt man diese Zahl l und die Anzahl k aller möglichen Tipscheine. Dazu benutzt man Formeln der Kombinatorik, die zunächst zusammenfassend angegeben werden sollen (Tabellen 2.2, 2.3 und 2.4). ■

Tabelle 2.3 Formeln der Kombinatorik (Teil 2)

Situation	Bezeichnung	allgemeine Formel für die Anzahl der Möglichkeiten	Beispiel
n verschiedene Objekte gegeben, es wird m-mal ein Objekt ausgewählt, Reihenfolge bei Auswahl beachtet			Ziffern 1,4,7 gegeben, also $n = 3$, es sei $m = 2$
c) ausgewählte Objekte voneinander verschieden	Variationen ohne Wiederholung	$n \cdot (n-1) \cdot \ldots$ $\ldots \cdot (n-m+1)$	$3 \cdot 2 = 6$ Möglichkeiten (14, 17, 41, 47, 71, 74)
d) bei Auswahl dürfen bereits gewählte Objekte wiederum genommen werden	Variationen mit Wiederholung	n^m	$3 \cdot 3 = 9$ Möglichkeiten (11, 14, 17, 41, 44, 47, 71, 74, 77)

In einfacheren Anwendungsaufgaben entspricht die zu untersuchende Menge direkt einer Standardsituation:

Beispiel 2.2.5: Bei einer Wahl sollen unter 20 Kandidaten genau 3 angekreuzt werden, wobei zugelassen wird, daß mehrere Kreuze bei einem Kandidaten auftreten dürfen. Wie viele Möglichkeiten gibt es? Da die Reihenfolge des Ankreuzens unwichtig ist, handelt es sich um Kombinationen mit Wiederholung, wobei $n = 20$, $m = 3$ sind. Es gibt also $\binom{20+3-1}{3} = \binom{22}{3} = 1540$ Möglichkeiten. ■

In komplizierteren Anwendungsaufgaben bedeutet das Bestimmen der gesuchten Anzahl einer Menge das Auffinden einer umkehrbar eindeutigen Zuordnung ihrer Elemente zu den Elementen der Menge, die einer "Standardsituation" entspricht, um dann die zugehörige Formel zur Lösung einsetzen zu können:

Beispiel 2.2.6: Wie viele "Bilder" gibt es beim Kegeln? Zur Lösung dieser Aufgabe werden die Positionen der einzelnen Kegel mit den Nummern 1, 2, ..., 9 versehen und folgende Kodierung eingeführt: Bleibt der Kegel stehen, dann wird eine "1" geschrieben, fällt er um, dann wird eine "0" geschrieben. Jedem Kegelbild entspricht eindeutig eine 9stellige Folge (wobei die Reihenfolge wichtig ist) aus den Ziffern 0 und 1 und umgekehrt. Es handelt sich

Tabelle 2.4 Formeln der Kombinatorik (Teil 3)

Situation	Bezeichnung	allgemeine Formel für die Anzahl der Möglichkeiten	Beispiel
n verschiedene Objekte gegeben, es wird m-mal ein Objekt ausgewählt, es kommt nur auf die ausgewählten Objekte an, nicht auf die Reihenfolge der Auswahl			Ziffern 1,4,7, gegeben, also $n = 3$, es sei $m = 2$
e) alle ausgewählten Objekte voneinander verschieden	Kombinationen ohne Wiederholung	$\frac{n(n-1)\cdot\ldots\cdot(n-m+1)}{m(m-1)\cdot\ldots\cdot 1} = \frac{n!}{m!\cdot(n-m)!} = \binom{n}{m}$	$\binom{3}{2} = 3$ Möglichkeiten (1,4; 1,7; 4,7)
f) ausgewählte Objekte dürfen sich wiederholen	Kombinationen mit Wiederholung	$\binom{n+m-1}{m}$	$\binom{3+2-1}{2} = \binom{4}{2} = 6$ Möglichkeiten (1,1; 1,4; 1,7 4,4; 4,7; 7,7)

um Variationen mit Wiederholung. Es gibt wegen $n = 2$, $m = 9$ also genau $2^9 = 512$ Kegelbilder. ■

Fortsetzung des Beispiels 2.2.4: Das Erstellen eines Tippscheines bedeutet die Auswahl von 6 Zahlen aus 49 Zahlen, wobei Wiederholungen nicht zugelassen sind und die Reihenfolge keine Rolle spielt (Kombinationen ohne Wiederholung). Es gibt somit $k = \binom{49}{6} = 13983816$ mögliche Fälle.
Ein Vierer besteht aus 4 "richtigen" und 2 "falschen" Zahlen. Für ersteres gibt es $\binom{6}{4} = 15$ und für zweiteres $\binom{43}{2} = 903$ Möglichkeiten, also insgesamt genau $15 \cdot 903 = 13545$ Vierer. Die Wahrscheinlichkeit für einen Vierer (Ereignis A) beträgt somit

$$\mathrm{P}(A) = \tfrac{13545}{13983816} = 9.69 \cdot 10^{-4} \approx 0.001 = 0.1\%.$$

■

Aufgaben

Aufgabe 2.2.1 Wie viele 4stellige Zahlen lassen sich aus den Ziffern 1, 2, 3, 4, 5, 6 bilden, wenn dabei keine der Ziffern mehrfach auftreten darf?

Aufgabe 2.2.2 Wie viele Konstellationen von 4 Tanzpaaren Dame/Herr lassen sich aus

a) 4 Damen und 4 Herren,
b) 6 Damen und 8 Herren

bilden?

Aufgabe 2.2.3 Wie viele Würfelbilder gibt es bei 4 gleichfarbigen Würfeln?

Aufgabe 2.2.4 Bei $n = 20$ Versuchspersonen sollen Paarvergleiche durchgeführt werden. Wie viele Paare lassen sich insgesamt bilden?

Aufgabe 2.2.5 Man bestimme die Anzahl der Diagonalen eines regelmäßigen n-Ecks.

Aufgabe 2.2.6 Wie viele Steine hat ein Dominospiel, bei dem die Zahlen 0 bis 9 verwendet werden?

Aufgabe 2.2.7 Eine Gruppe von 30 Personen soll in 3 Teilgruppen zu je 10 Personen eingeteilt werden (von denen jede eine spezielle Aufgabe erledigen soll). Wie viele Möglichkeiten gibt es dafür?

Aufgabe 2.2.8 Ein zylindrisches Ziffernschloß habe 5 koaxiale Ringe mit je 8 Ziffern. Für das Einstellen einer Ziffernfolge und das Probieren, ob sich das Schloß öffnen läßt, werden 15 Sekunden benötigt. Wie lange muß man ungünstigstenfalls probieren, bis sich das Schloß öffnen läßt?

Aufgabe 2.2.9 Man bestimme die Wahrscheinlichkeit dafür, im Lottospiel ("6 aus 49") einen Dreier zu tippen.

Aufgabe 2.2.10 Eine ideale Münze werde 10mal geworfen. Wie groß ist die Wahrscheinlichkeit dafür, daß dabei:

a) genau 2mal "Wappen oben",
b) genau 5mal "Wappen oben",
c) höchstens bis zu 5mal "Wappen oben"

auftritt?

Aufgabe 2.2.11 Man bestimme die Wahrscheinlichkeit dafür, daß beim Würfeln mit 2 idealen Würfeln

a) die Augensumme gleich 7 ist,
b) die Zahl 6 nicht auftritt,
c) beide Augenzahlen verschieden sind.

Aufgabe 2.2.12 In einem Fahrradständer, der 12 Fahrrädern in einer Reihe angeordnet Platz bietet, stehen genau 2 Kinder-, 3 Damen- und 5 Herrenfahrräder. Unter der Annahme, daß jede Verteilung der Fahrräder auf die 12 Plätze die gleiche Wahrscheinlichkeit hat, bestimme man die Wahrscheinlichkeit dafür, daß

a) Platz 1 leer bleibt,
b) die Plätze 1 und 2 mit Herrenrädern besetzt sind,
c) die Plätze 1 und 2 mit Kinderrädern und die Plätze 8 bis 12 mit Herrenrädern besetzt sind,
d) die Plätze 1 und 2 leer bleiben und die Plätze 3, 5, 7, 9, 11 mit Herrenrädern besetzt sind.

Aufgabe 2.2.13 Eine Eisdiele verfügt über 8 verschiedene Eissorten. Es soll ein Eisbecher zu 4 Kugeln zusammengestellt werden. Unter der Annahme, daß jede Zusammenstellung von 4 Kugeln (unter Beachtung der Reihenfolge) mit der gleichen Wahrscheinlichkeit erfolgt, bestimme man die Wahrscheinlichkeit dafür, daß

a) alle 4 gewählten Kugeln von verschiedenen Eissorten sind,
b) alle 4 Kugeln von der gleichen Eissorte sind,
c) je 2 Kugeln von der gleichen Eissorte sind.

Aufgabe 2.2.14 Aus einem Dominospiel (Steine 0-0 bis 9-9) werden "auf gut Glück" zwei Steine gezogen. Wie groß ist die Wahrscheinlichkeit dafür, daß dabei die Zahlen 0 und 3 nicht auftreten?

Aufgabe 2.2.15 Ein Gütekontrolleur entnimmt einem Los von 1000 Teilen, von denen 40 Teile Ausschuß sind, 20 Teile. Wie groß ist die Wahrscheinlichkeit dafür, daß sich unter den entnommenen Teilen

a) kein Ausschuß befindet,
b) genau 1 Teil Ausschuß ist?

Aufgabe 2.2.16 Den Ausgangspunkt der Fermi-Dirac-Statistik bildet folgende Aufgabenstellung: Es sind n unterscheidbare Zellen (die von 1 bis n numeriert seien) gegeben, auf die k gleiche Teilchen ($k < n$) so verteilt werden, daß sich in jeder Zelle 0 oder 1 Teilchen befindet. Jede mögliche Besetzung der Zellen sei gleichwahrscheinlich.

a) Man berechne die Wahrscheinlichkeit einer vorgegebenen Besetzung der Zellen.
b) Wie groß ist die Wahrscheinlichkeit dafür, daß die Zellen 1 bis $k-2$ besetzt sind?
c) Man gebe für $n = 6$ und $k = 4$ alle in a) und b) zu berücksichtigenden Besetzungen konkret an.

Aufgabe 2.2.17 Ein Kind spielt mit Buchstaben. Wie groß ist die Wahrscheinlichkeit dafür, daß bei völlig zufälliger Aneinanderreihung der Buchstaben

a) A, O, T, U das Wort "AUTO",
b) O, O, T, T das Wort "OTTO",
c) E, M, R, T, T, U das Wort "MUTTER"

entsteht?

Aufgabe 2.2.18 Eine Multiple-Choice-Klausur bestehe aus 60 Fragen zu je 5 Antworten, von denen jeweils genau eine richtig ist. Ein Student weiß bei 50 Fragen die richtige Antwort mit absoluter Sicherheit, bei den restlichen 10 Fragen muß er aber "willkürlich raten". Wie groß ist die Wahrscheinlichkeit dafür, daß er in dieser Klausur

a) genau 50 Fragen richtig beantwortet,
b) mindestens 52 Fragen richtig beantwortet?

Aufgabe 2.2.19 Bei einem Billigangebot sind unter 1000 Faserstiften 100 mangelhaft. Ein Kunde entnimmt rein zufällig 10 Stifte. Mit welcher Wahrscheinlichkeit hat er nur einwandfreie Stifte gezogen?

Aufgabe 2.2.20 Es werde mit 2 idealen Würfeln gewürfelt. Wir betrachten die zufälligen Ereignisse

A: "Beide Augenzahlen sind gerade",
B: "Die Augensumme beträgt 8",
C: "Beide Augenzahlen sind kleiner oder gleich 4".

Man bestimme die Wahrscheinlichkeit der zufälligen Ereignisse
A, B, C, $\bar{A}$, $A \cap B$, $A \cap C$, $B \cup C$, $A \cup B$, $\bar{A} \cap B$, $A \cap B \cap C$, $A \setminus B$, $B \setminus A$, $A \setminus C$.

Aufgabe 2.2.21 Man bestimme die Wahrscheinlichkeit dafür, daß bei einem Wurf mit 3 idealen Würfeln

a) alle 3 Zahlen verschieden sind,
b) die Zahlen 1 und 2 nicht vorkommen,

c) die Augensumme kleiner oder gleich 6 ist,
d) keine gerade Zahl auftritt,
e) die Zahl 1 genau einmal auftritt.

Aufgabe 2.2.22 Eine Urne enthalte 10 blaue, 8 gelbe und 7 rote Kugeln. Es werden nacheinander "rein zufällig" 3 Kugeln entnommen. Wie groß ist die Wahrscheinlichkeit dafür, daß

a) alle 3 entnommenen Kugeln blau sind,
b) die Farben der Kugeln verschieden sind,
c) 2 gelbe und 1 blaue Kugel entnommen wird,

wenn die entnommene Kugel jeweils vor der nächsten Ziehung

α) zurückgelegt wird,
β) nicht zurückgelegt wird.

Aufgabe 2.2.23 (Aufgabe des Chevalier de Méré)
Man bestimme die Wahrscheinlichkeit dafür,

a) bei 4 Würfen mit einem idealen Würfel mindestens 1mal eine 6 zu erzielen,
b) bei 24 Würfen mit zwei idealen Würfeln mindestens 1mal einen Sechserpasch (d. h. die Augenkonstellation 6,6) zu erreichen.

Aufgabe 2.2.24 24 Teilnehmer eines Turniers, von denen 4 besonders leistungsstark sind, werden "völlig zufällig" in 4 Gruppen zu je 6 Teilnehmern aufgeteilt. Wie groß ist die Wahrscheinlichkeit dafür, daß die 4 leistungstarken Teilnehmer in verschiedenen Gruppen sind?

Aufgabe 2.2.25 Unter 100 Personen seien 4 von ihnen Linkshänder. Wie groß ist die Wahrscheinlichkeit dafür, daß von 20 "rein zufällig" aus diesen 100 Personen ausgewählten Personen keiner Linkshänder ist?

Aufgabe 2.2.26 Ein Rommé-Spiel besteht aus 110 Karten, wobei es 6 Joker gibt und die 4 "Farben" Kreuz, Pique, Herz, Karo je zweimal vorhanden sind mit je 9 Zahlenkarten und 4 Bildkarten. Man bestimme die Wahrscheinlichkeit, daß eine zufällig gezogene Karte

a) eine Bildkarte ist,
b) eine Kreuzkarte ist,
c) eine Herz-Bildkarte ist,
d) eine Bildkarte ist, wenn es sich um eine Karokarte handelt.

Aufgabe 2.2.27 Ein Skatspiel mit den Farben Schell, Rot, Grün, Eichel zu je 8 Karten wird gemischt und entsprechend den Regeln ausgeteilt (d. h., die Spieler 1, 2 und 3 bekommen je 10 Karten, 2 Karten liegen im Skat). Man berechne die Wahrscheinlichkeiten dafür, daß

a) die erste verteilte Karte ein Unter ist,
b) die ersten beiden verteilten Karten Unter sind,
c) Eichel- und Grün-Unter im Skat liegen,
d) ein Spieler alle Unter und alle Asse erhält,
e) der erste Spieler alle Unter und alle Asse erhält,
f) Eichel-As im Skat liegt, wenn im Skat nur Eichel-Karten liegen.

2.3 Geometrische Wahrscheinlichkeit

Bei der Definition der klassischen Wahrscheinlichkeit wird außer der wesentlichen "Bedingung der Gleichwahrscheinlichkeit" vorausgesetzt, daß die Anzahl n der möglichen Versuchsausgänge endlich ist. Bei unendlich vielen Versuchsausgängen läßt sich dazu analog eine Wahrscheinlichkeit definieren, wenn der Stichprobenraum Ω und entsprechend die zufälligen Ereignisse A durch Gebiete im k-dimensionalen Euklidischen Raum R^k ($k = 1, 2, 3$) repräsentiert werden und dabei wiederum eine "Gleichverteilung der Wahrscheinlichkeiten Chancen" im Stichprobenraum Ω vorliegt. Diese **geometrische Wahrscheinlichkeit** $\mathrm{P}(A)$ ist wie folgt definiert:

$$\mathrm{P}(A) = \frac{\textit{Länge von } A}{\textit{Länge von } \Omega}, \qquad \text{falls } k = 1,$$

$$\mathrm{P}(A) = \frac{\textit{Flächeninhalt von} A}{\textit{Flächeninhalt von } \Omega}, \qquad \text{falls } k = 2,$$

$$\mathrm{P}(A) = \frac{\textit{Volumen von} A}{\textit{Volumen von } \Omega}, \qquad \text{falls } k = 3 \text{ ist.}$$

Beispiel 2.3.1: Bei einer Befragung werden die Antworten nicht durch vorgegebene Kategorien (z. B. nein – ja, oder sehr schlecht – schlecht – gut – sehr gut) erfaßt, sondern durch eine 7 cm lange sog. Ratingskale. Die Testperson soll auf der stetigen Intervallskala von 0 bis 7 ihre Meinung durch Eintragen eines Markierungspunktes x äußern (dabei entspricht 0 bzw. 7 der extremsten Meinung wie z. B. total schlecht bzw. total gut). Wenn eine Versuchsperson die Ratingskale "völlig willkürlich" ankreuzt, ohne auf die Befragung überhaupt einzugehen, dann ist jeder Markierungspunkt "gleichwahrscheinlich" und die geometrische Wahrscheinlichkeit für $k = 1$ kann verwendet werden. Interessiert man sich beispielsweise für die Wahrscheinlichkeit dafür, daß der Markierungspunkt im mittleren Bereich $A \ : \ 2,5 \leq x \leq 4,5$ eingetragen wird, so erhält man

$$\mathrm{P}(A) = \frac{\textit{Länge von } A}{\textit{Länge von } \Omega} = \frac{4.5 - 2.5}{7} = \frac{2}{7} = 0.286 = 28.6\%.$$

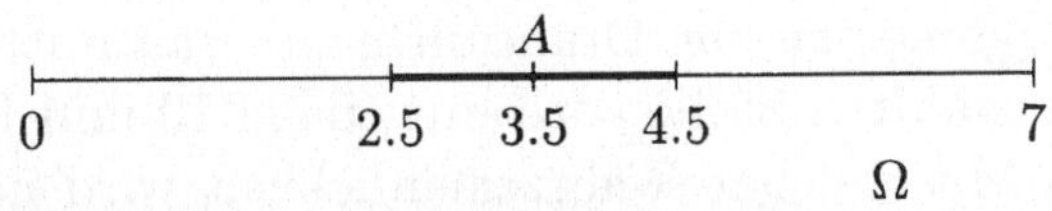

■

Beispiel 2.3.2: Das Beispiel 2.3.1 werde dahingehend erweitert, daß eine zweite Versuchsperson unabhängig von der ersten Versuchsperson die betrachtete Frage ebenfalls durch rein "willkürliches" Ankreuzen auf der Ratingskale – der Markierungspunkt sei y – beantwortet. Dies bedeutet genauer, daß jede Antwortkonstellation (x, y) der beiden Versuchspersonen im Quadrat [0,7] x [0,7] mit gleicher Wahrscheinlichkeit auftritt, also die geometrische Wahrscheinlichkeit für $k = 2$ angewandt wird. Man könnte sich nun z. B. dafür interessieren, daß sich dabei rein zufällig die Meinungen nicht allzusehr voneinander unterscheiden, z. B. um höchstens 0.5 voneinander abweichen. Dieses zufällige Ereignis A wird durch die Menge $A = \{(x,y) \in [0,7]\mathrm{x}[0,7] : |x - y| \leq 0.5\}$ repräsentiert. Man erhält:

$$\mathrm{P}(A) = \frac{\textit{Flächeninhalt von } A}{\textit{Flächeninhalt von } \Omega} = \frac{7^2 - 6.5^2}{7^2} = 0.138 = 13.8\%$$

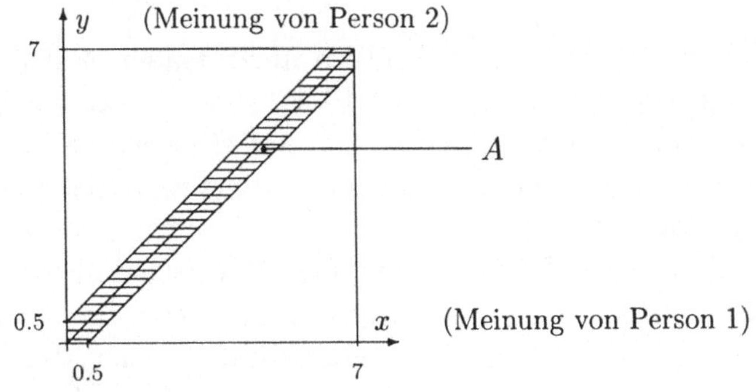

■

Aufgaben

Aufgabe 2.3.1 Zwei Personen wollen sich an einem festgelegten Ort treffen, wobei beide garantiert zwischen 14.00 Uhr und 15.00 Uhr erscheinen, die genaue Ankunftszeit (stetig gemessen) aber unabhängig voneinander ist und jeder Zeitpunkt sein kann. Sie vereinbaren, daß jeder nötigenfalls höchstens 25 min wartet, dann geht er. Mit welcher Wahrscheinlichkeit treffen sich die beiden Personen?

Aufgabe 2.3.2 In einer Wand befindet sich ein äußerlich nicht sichtbares Drahtgeflecht aus 4 mm starkem Draht, das Rechtecke mit den Seitenlängen 50 mm und 80 mm (gemessen von Drahtmitte zu Drahtmitte) bildet. An einer "rein zufällig" ausgewählten Stelle wird mit einem 10 mm-Bohrer ein Loch in die Wand gebohrt. Mit welcher Wahrscheinlichkeit wird dabei das Drahtgeflecht getroffen?

Aufgabe 2.3.3 Eine Strecke der Länge L werde durch 2 "rein zufällig" ausgewählte Teilungspunkte in 3 Stücke geteilt. Mit welcher Wahrscheinlichkeit läßt sich aus diesen Teilstücken ein Dreieck legen?

Aufgabe 2.3.4 Auf ein straff gespanntes rechtwinkliges Netz mit der Maschenweite 20 cm x 30 cm (die Dicke der Fäden werde vernachlässigt) wird ein Schneeball mit einem Durchmesser von 12 cm "rein willkürlich" geworfen. Mit welcher Wahrscheinlichkeit fliegt der Schneeball durch das Netz hindurch, ohne es zu berühren?

2.4 Relative Häufigkeiten, axiomatische Definition der Wahrscheinlichkeit

In allgemeinen Situationen – wie z. B. bei einem nichtidealen Würfel – geht man zur Festlegung von Wahrscheinlichkeiten $\mathrm{P}(A)$, $A \in \mathcal{A}$, axiomatisch vor und stellt sich auf den Standpunkt, daß diese bekannt sind, wobei bestimmte Rechenregeln eingehalten werden müssen. Dabei orientiert man sich an der empirischen Beobachtung, daß sich in großen Serien von Versuchswiederholungen die relativen Häufigkeiten "stabilisieren", und faßt Wahrscheinlichkeiten als "asymptotische relative Häufigkeiten", als theoretische Werte für die Häufigkeit des Eintretens, auf. Entsprechend dieser Vorstellung werden die Rechenregeln für relative Häufigkeiten (die unmittelbar plausible Abzählregeln sind) per Axiom für Wahrscheinlichkeiten vorausgesetzt.

Es bezeichne $H_n(A)$ für jedes $A \in \mathcal{A}$ die **absolute Häufigkeit**, d. h. die Anzahl des Auftretens von A in n Versuchen, und entsprechend $h_n(A) = \frac{1}{n} \cdot H_n(A)$, $A \in \mathcal{A}$, die **relative Häufigkeit**. Sie besitzt die grundlegenden Eigenschaften:

1. $h_n(A)$ nimmt einen der Werte $0, \frac{1}{n}, \frac{2}{n}, \ldots, \frac{n-1}{n}, 1$ an,
2. $h_n(\emptyset) = 0,\ h_n(\Omega) = 1$,
3. $h_n(A_1 \cup A_2) = h_n(A_1) + h_n(A_2)$ für alle $A_1, A_2 \in \mathcal{A}$ mit $A_1 \cap A_2 = \emptyset$

sowie

a) $h_n(A_1 \cup A_2) = h_n(A_1) + h_n(A_2) - h_n(A_1 \cap A_2)$ für beliebige $A_1, A_2 \in \mathcal{A}$,

b) $h_n(\bar{A}) = 1 - h_n(A)$,

c) $h_n(A_1 \setminus A_2) = h_n(A_1) - h_n(A_1 \cap A_2)$.

In Analogie dazu lauten die **Axiome** (nach A. N. Kolmogorov) zur Festlegung eines allgemeinen Begriffes der Wahrscheinlichkeit P wie folgt:

Axiom 1: Jedem zufälligen Ereignis A des Ereignisfeldes $\mathcal{A}$ wird eine Zahl $\mathrm{P}(A)$ mit $0 \leq \mathrm{P}(A) \leq 1$ zugeordnet. (Existenz)

Axiom 2: Es gilt $\mathrm{P}(\Omega) = 1$ (Normierung) und damit $\mathrm{P}(\emptyset) = 0$.

Axiom 3: Es gilt $\mathrm{P}(A_1 \cup A_2) = \mathrm{P}(A_1) + \mathrm{P}(A_2)$ für alle $A_1, A_2 \in \mathcal{A}$ mit $A_1 \cap A_2 = \emptyset$. (Additivität)

bzw. allgemeiner

Axiom 3′: Für $A_1, A_2, \ldots$ mit $A_j \in \mathcal{A}$ für alle $j = 1, 2, \ldots$ und $A_j \cap A_{j'} = \emptyset$ für alle $j \neq j'$ gilt

$$\mathrm{P}\left(\bigcup_{j=1}^{\infty} A_j\right) = \sum_{j=1}^{\infty} \mathrm{P}(A_j).\ (\sigma\text{-Additivität})$$

Man geht im Modell also davon aus, daß die Wahrscheinlichkeiten $\mathrm{P}(A)$, $A \in \mathcal{A}$, gegeben und damit **bekannt** sind. Ein Vergleich der Modellannahmen mit unmittelbar praktisch erhaltenen Versuchsergebnissen erfolgt mit den Methoden der Statistik.

Bei endlichem oder abzählbar unendlichem Stichprobenraum $\Omega = \{\omega_i : i = 1, 2, \dots\}$ wird P dadurch festgelegt, daß man für jedes einzelne Elementarereignis $\{\omega_i\}$ die Wahrscheinlichkeit $\mathrm{P}(\{\omega_i\}) = p_i$ seines Auftretens $(i = 1, 2, \dots)$ angibt. Wegen der Additivitätseigenschaft gilt dann:

$$\mathrm{P}(A) = \sum_{\omega_i \in A} p_i, \qquad A \subset \Omega .$$

Man erhält aus den Axiomen 1-3 unmittelbar die folgenden Formeln, die sich auch mit Venn-Diagrammen veranschaulichen lassen:

a) $\mathrm{P}(A_1 \cup A_2) = \mathrm{P}(A_1) + \mathrm{P}(A_2) - \mathrm{P}(A_1 \cap A_2)$,

b) $\mathrm{P}(\bar{A}) = 1 - \mathrm{P}(A)$,

c) $\mathrm{P}(A_1 \setminus A_2) = \mathrm{P}(A_1) - \mathrm{P}(A_1 \cap A_2)$.

Weiterhin gilt die **Formel von Poincaré**:

d) $$\mathrm{P}(A_1 \cup A_2 \cup \dots \cup A_n) = \sum_{i=1}^{n} \mathrm{P}(A_i) - \sum_{1 \le i_1 < i_2 \le n} \mathrm{P}(A_{i_1} \cap A_{i_2}) + \sum_{1 \le i_1 < i_2 < i_3 \le n} \mathrm{P}(A_{i_1} \cap A_{i_2} \cap A_{i_3}) - \dots + (-1)^{n+1} \cdot \mathrm{P}(A_1 \cap A_2 \cap \dots \cap A_n) .$$

Beispiel 2.4.1: Es werde 10mal mit 2 Würfeln gewürfelt. Für die zufälligen Ereignisse

A: Die Augensumme ist kleiner oder gleich 6.

B: Beide Augenzahlen sind gerade.

bestimme man die relativen Häufigkeiten $h_n(A)$, $h_n(\bar{A})$, $h_n(B)$, $h_n(A \cup B)$, $h_n(A \cap B)$ für $n = 5$ und $n = 10$. Zur übersichtlichen Lösung der Aufgabe wird eine Tabelle (* bedeute, daß das entsprechende zufällige Ereignis eintritt) benutzt (vgl. Tabelle 2.5).
Zur Rechenkontrolle kann man den allgemeingültigen Zusammenhang

$$h_n(A \cup B) = h_n(A) + h_n(B) - h_n(A \cap B)$$

benutzen und erhält z. B. für $n = 10$

$$\tfrac{6}{10} = \tfrac{4}{10} + \tfrac{3}{10} - \tfrac{1}{10} .$$

■

Tabelle 2.5 Lösung zu Beispiel 2.4.1

Versuchs-nummer	Würfel-ergebnis	$h_n(A)$	$h_n(\bar{A})$	$h_n(B)$	$h_n(A \cup B)$	$h_n(A \cap B)$
1	(5,3)		*			
2	(2,4)	*		*	*	*
3	(3,1)	*			*	
4	(4,3)		*			
5	(6,4)	$\frac{2}{5}$	* $\frac{3}{5}$	* $\frac{2}{5}$	* $\frac{3}{5}$	$\frac{3}{5}$
6	(2,3)	*			*	
7	(6,1)		*			
8	(5,4)		*			
9	(1,4)	*			*	
10	(6,6)	$\frac{4}{10}$	* $\frac{6}{10}$	* $\frac{3}{10}$	* $\frac{6}{10}$	$\frac{1}{10}$

Beispiel 2.4.2: Die Wahrscheinlichkeiten $p = \mathrm{P}(A \setminus B)$, $q = \mathrm{P}(\bar{B})$, $r = \mathrm{P}(A \cap B)$ seien bekannt. Man bestimme (zunächst allgemein) hieraus $\mathrm{P}(A)$, $\mathrm{P}(\bar{B})$, $\mathrm{P}(A \cup B)$, $\mathrm{P}(B \setminus A)$. Welche Ergebnisse erhält man speziell für $\mathrm{P}(A \setminus B) = 0.1$, $\mathrm{P}(\bar{B}) = 0.6$, $\mathrm{P}(A \cap B) = 0.2$?

Aus dem Venn-Diagramm (vgl. Tabelle 2.1) und unter Benutzung der Rechenregeln a) – c) erhält man:

$$\begin{aligned}
\mathrm{P}(A) &= \mathrm{P}(A \setminus B) + \mathrm{P}(A \cap B) = p + r = 0.1 + 0.2 = 0.3, \\
\mathrm{P}(B) &= 1 - \mathrm{P}(\bar{B}) = 1 - q = 1 - 0.6 = 0.4, \\
\mathrm{P}(A \cup B) &= \mathrm{P}(A) + \mathrm{P}(B) - \mathrm{P}(A \cap B) = \mathrm{P}(A \setminus B) + \mathrm{P}(B) \\
&= p + 1 - q = 0.1 + 0.4 = 0.5, \\
\mathrm{P}(B \setminus A) &= \mathrm{P}(B) - \mathrm{P}(A \cap B) = 1 - q - r = 0.4 - 0.2 = 0.2\,.
\end{aligned}$$

■

Außer dem Venn-Diagramm kann auch folgende Tabelle (sog. Vierfeldertafel) zur Lösung hilfreich sein:

A \ B	ja	nein	
ja	0.2	0.1	···
nein	···	···	···
	···	0.6	1

bekannte Werte

A \ B	ja	nein	
ja	0.2	0.1	0.3
nein	0.2	0.5	0.7
	0.4	0.6	1

rechnerisch vervollständigt

Aufgaben

Aufgabe 2.4.1 Man würfle mit 2 Würfeln 30mal und schreibe die Würfelergebnisse der Reihe nach auf. Für die zufälligen Ereignisse

A: "Die Würfelsumme beträgt 7."

B: "Die kleinste Zahl der beiden gewürfelten Augen ist mindestens 4."

C: "Unter den beiden Augenzahlen befindet sich keine 3."

bestimme man $h_n(A)$, $h_n(B)$, $h_n(C)$, $h_n(A \cap B)$, $h_n(A \cap C)$, $h_n(A \cup C)$, $h_n(A \setminus C)$ für $n = 10, 20, 30$. Welche Wahrscheinlichkeiten würde man für alle genannten zufälligen Ereignisse erhalten, wenn beide Würfel ideal sind?

Aufgabe 2.4.2 Für die zufälligen Ereignisse A, B seien die Wahrscheinlichkeiten $\mathrm{P}(\bar{A}) = 0.30$, $\mathrm{P}(B) = 0.45$, $\mathrm{P}(A \cup B) = 0.90$ bekannt. Man ermittle hieraus $\mathrm{P}(A \cap B)$, $\mathrm{P}(A)$, $\mathrm{P}(A \setminus B)$, $\mathrm{P}(B \setminus A)$, $\mathrm{P}(\bar{A} \cap \bar{B})$.

Aufgabe 2.4.3 In einem Restaurant essen mittags gewöhnlich 20% der Gäste Vorspeise und Nachtisch, 65% nehmen keine Vorspeise, und 30% von ihnen wählen einen Nachtisch. Man bestimme den Prozentsatz der Gäste, die

a) Vorspeise und keinen Nachtisch,

b) keine Vorspeise und einen Nachtisch,

c) weder Vorspeise noch einen Nachtisch

wählen.

Aufgabe 2.4.4 Vier befreundete Ehepaare besuchen eine Tanzveranstaltung und vereinbaren, bei einer der Tanzrunden den jeweiligen Partner durch Losentscheid zu bestimmen. Dazu schreiben die 4 Herren ihren Namen auf (äußerlich gleichaussehende) Zettel, mischen diese, und dann zieht jede der vier Damen einen dieser Zettel. Mit welcher Wahrscheinlichkeit trifft dabei keine von ihnen auf ihren Ehemann?

Aufgabe 2.4.5 Bei einer Befragung unter den Studenten einer Universität bezeichne A das zufällige Ereignis, daß ein zufällig ausgewählter Student mindestens eine Umweltvorlesung besucht, und B sei das Ereignis, daß ein zufällig ausgewählter Student mindestens einen Sprachkurs belegt. Dabei seien (angenommene Werte) $\mathrm{P}(A) = 0.3$, $\mathrm{P}(B) = 0.5$, $\mathrm{P}(A \cap B) = 0.1$. Man berechne $\mathrm{P}(A \cup B)$, $\mathrm{P}(\bar{A})$, $\mathrm{P}(\bar{B})$, $\mathrm{P}(A \cap \bar{B})$, $\mathrm{P}(\bar{A} \cap B)$, $\mathrm{P}(\bar{A} \cap \bar{B})$, $\mathrm{P}(\bar{A} \cup \bar{B})$ und beschreibe alle vorkommenden Ereignisse in Worten.

Aufgabe 2.4.6 Es seien A, B zufällige Ereignisse. Mit Hilfe von $p = \mathrm{P}(B)$, $q = \mathrm{P}(B \setminus A)$, $r = \mathrm{P}(A \cup B)$ ermittle man $\mathrm{P}(A)$, $\mathrm{P}(A \cap B)$, $\mathrm{P}(A \cap \bar{B})$,

$P(\bar{A}\cap\bar{B})$, $P(\bar{A}\cup B)$. Für $p = 0.4$, $q = 0.3$, $r = 0.7$ berechne man die gesuchten Wahrscheinlichkeiten konkret.

Aufgabe 2.4.7 Man beweise, daß aus den Axiomen 1–3 die Gültigkeit der Rechenregeln

a) $P(A \cup B) = P(A) + P(B) - P(A \cap B)$ und
b) $P(\bar{A}) = 1 - P(A)$

folgt.

2.5 Bedingte Wahrscheinlichkeit

Das Anliegen der Definition der bedingten Wahrscheinlichkeit besteht darin, zusätzlich vorhandene Informationen über den Ausgang des zufälligen Versuchs in dem ihm zugeordneten Grundmodell (bestehend aus dem Stichprobenraum Ω, dem Ereignisfeld $\mathcal{A}$ und der Wahrscheinlichkeit P) zu berücksichtigen.
Die Zusatzinformation bedeutet, daß nicht mehr der volle Grundraum Ω in Frage kommt, sondern das Versuchsergebnis mit Sicherheit in einem bestimmten zufälligen Ereignis B zu finden ist. Dabei können sich auch die Wahrscheinlichkeiten ändern und werden im Unterschied zu den gegebenen (in diesem Zusammenhang auch absolut genannten) Wahrscheinlichkeiten $P(A)$, $A \in \mathcal{A}$, **bedingte Wahrscheinlichkeiten** genannt und mit $P_B(A)$ oder auch $P(A \mid B)$, $A \in \mathcal{A}$ bezeichnet. Die bedingte Wahrscheinlichkeit $P_B(A)$ wird proportional zur Wahrscheinlichkeit $P(A \cap B)$ des vom (beliebigen) Ereignis $A \in \mathcal{A}$ im bedingenden Ereignis B liegenden Anteils $A \cap B$ festgelegt und wie folgt definiert:

$$P_B(A) := P(A \mid B) := \frac{1}{P(B)} \cdot P(A \cap B), \quad A \in \mathcal{A}.$$

Dabei wird $P(B) > 0$ vorausgesetzt. Speziell gilt

$$\begin{aligned} P(A \mid B) &= 1 \quad , \quad \text{wenn } A \supset B \text{ ist,} \\ P(A \mid B) &= 0 \quad , \quad \text{wenn } A \cap B = \emptyset \text{ ist,} \\ P(A \mid B) &= \frac{P(A)}{P(B)} \quad , \quad \text{wenn } A \subset B \text{ ist.} \end{aligned}$$

Die bedingte Wahrscheinlichkeit $P(A \mid B)$ hat bei festgehaltenem B und variierendem $A \in \mathcal{A}$ alle Eigenschaften einer Wahrscheinlichkeit, so gilt z. Bsp.

$$\begin{aligned} P(A_1 \cup A_2 \mid B) &= P(A_1 \mid B) + P(A_2 \mid B), \quad \text{wenn } A_1 \cap A_2 = \emptyset \text{ ist,} \\ P(\overline{A} \mid B) &= 1 - P(A \mid B). \end{aligned}$$

Beispiel 2.5.1: Aus einer Urne, in der sich 100 gleich große Kugeln in den Farben schwarz oder weiß und zweierlei Gewichts (10 g oder 100 g) mit den Anzahlen

	weiß	schwarz
10 g	10	30
100 g	45	15

befinden, wird "rein zufällig" eine Kugel entnommen (klassische Wahrscheinlichkeit). Es bezeichne A bzw. B das zufällige Ereignis, daß die gezogene Kugel weiß ist bzw. 100 g wiegt. Beim Ziehen einer Kugel erwartet man mit einer Wahrscheinlichkeit von $\mathrm{P}(A) = \frac{55}{100}$ eine weiße Kugel. Hat man nun beim Herausnehmen der Kugel, noch ehe die Farbe festgestellt wird, zweifelsfrei bemerkt, daß die Kugel schwer ist, so erwartet man jetzt mit dieser Zusatzinformation (also des sicheren Eintretens von B) eine weiße Kugel mit der Wahrscheinlichkeit $\mathrm{P}_B(A) = \frac{45}{60} = 0.75$. Dieser Wert ist aber identisch mit $\frac{\frac{45}{100}}{\frac{60}{100}} = \frac{\mathrm{P}(A \cap B)}{\mathrm{P}(B)}$, so daß in diesem speziellen Beispiel die Definition der bedingten Wahrscheinlichkeit $\mathrm{P}(A \mid B)$ als Quotient der Wahrscheinlichkeiten $\mathrm{P}(A \cap B)$ und $\mathrm{P}(B)$ unmittelbar plausibel ist. ■

Man beachte, daß $\mathrm{P}(A \mid B) = \frac{\mathrm{P}(A \cap B)}{\mathrm{P}(B)}$ und $\mathrm{P}(B \mid A) = \frac{\mathrm{P}(B \cap A)}{\mathrm{P}(A)}$ inhaltlich völlig verschiedene bedingte Wahrscheinlichkeiten sind. Im Beispiel 2.5.1 ist $\mathrm{P}(A \mid B) = \frac{45}{60}$ die Wahrscheinlichkeit dafür, unter den schweren Kugeln eine weiße zu ziehen, hingegen aber $\mathrm{P}(B \mid A) = \frac{45}{55}$ die Wahrscheinlichkeit dafür, unter den weißen Kugeln eine schwere zu ziehen.

Beispiel 2.5.2: Bei einem Würfelspiel mit 2 idealen, verschiedenfarbigen Würfeln (rot und grün) setze ein Spieler auf das Erreichen der Augensumme 6 (Ereignis A). Die klassische Wahrscheinlichkeit ergibt mit 36 möglichen Fällen und 5 für A günstigen Fällen hierfür die Wahrscheinlichkeit von $\mathrm{P}(A) = \frac{5}{36} = 0.139$. Nun sei es diesem Spieler möglich, zweifelsfrei zu erkennen, daß im Würfelergebnis der grüne Würfel in der Mitte einen Punkt aufweist (Zusatzinformation, Ereignis B). Wenn er jetzt auf die Würfelsumme 6 setzt, mit welcher Wahrscheinlichkeit $\mathrm{P}_B(A)$ kann er dies erwarten? Das Ereignis B besteht aus denjenigen 18 Ergebnissen, bei denen der grüne Würfel die Augenzahl 1, 3 oder 5 hat. Für die Augensumme 6 kommen unter dieser Bedingung die 3 Versuchsergebnisse (1,5), (3,3), (5,1) in Frage. Also ist die bedingte Wahrscheinlichkeit von A gleich

$$\mathrm{P}_B(A) = \mathrm{P}(A \mid B) = \frac{3}{18} = 0.167 = \frac{\frac{3}{36}}{\frac{18}{36}} = \frac{\mathrm{P}(A \cap B)}{\mathrm{P}(B)}.$$

■

Mitunter ist man in angewandten Situationen (ein typisches Beispiel hierfür ist die wiederholte Stichprobenentnahme ohne Zurücklegen) unmittelbar in der Lage, die bedingte Wahrscheinlichkeit $\mathrm{P}(A \mid B)$ anzugeben. Man stellt dann die Definitionsgleichung für $\mathrm{P}(A \mid B)$ bzw. $\mathrm{P}(B \mid A)$ nach $\mathrm{P}(A \cap B)$ zum Zwecke der Bestimmung dieser Wahrscheinlichkeit um. Dies ist der **allgemeine Multiplikationssatz**

$$\mathrm{P}(A \cap B) = \mathrm{P}(B) \cdot \mathrm{P}(A \mid B) = \mathrm{P}(A) \cdot \mathrm{P}(B \mid A).$$

Beispiel 2.5.3: In einer Urne befinden sich 10 weiße und 5 schwarze Kugeln. Es wird zweimal hintereinander je eine Kugel "rein zufällig" entnommen, ohne daß dabei die zuerst gezogene Kugel zurückgelegt wird (Stichprobenentnahme ohne Zurücklegen). Mit welcher Wahrscheinlichkeit werden 2 schwarze Kugeln entnommen? Mit den Bezeichnungen

B: "Die zweite gezogene Kugel ist schwarz."

A: "Die erste gezogene Kugel ist schwarz."

wird also die Wahrscheinlichkeit des zufälligen Ereignisses $B \cap A = A \cap B$ gesucht. Da bei Eintreten von A (1. Ziehung) der Kugelbestand in der Urne vor der 2. Ziehung genau bekannt (10 weiße und 4 schwarze) und die klassische Wahrscheinlichkeit wiederum zutreffend ist, kann unmittelbar die bedingte Wahrscheinlichkeit $\mathrm{P}(B \mid A) = \frac{4}{14}$ angegeben werden. Mit dem Multiplikationssatz erhält man also $\mathrm{P}(A \cap B) = \frac{5}{15} \cdot \frac{4}{14} = \frac{2}{21} = 0.095$.

■

Der Multiplikationssatz läßt sich analog auf mehr als 2 Ereignisse ausdehnen, so gilt z. B. (falls $\mathrm{P}(A \cap B) > 0$)

$$\mathrm{P}(A \cap B \cap C) = \mathrm{P}(B) \cdot \mathrm{P}(A \mid B) \cdot \mathrm{P}(C \mid A \cap B),$$

oder allgemeiner für $n \geq 2$ und beliebige $A_1, \ldots, A_n \in \mathcal{A}$ mit $\mathrm{P}(A_1 \cap \ldots \cap A_n) > 0$:

$$\begin{aligned} \mathrm{P}(A_1 \cap A_2 \cap \ldots \cap A_n) &= \mathrm{P}(A_1) \cdot \mathrm{P}(A_2 \mid A_1) \cdot \mathrm{P}(A_3 \mid A_1 \cap A_2) \cdot \ldots \\ &\quad \cdot \mathrm{P}(A_n \mid A_1 \cap A_2 \cap \ldots \cap A_{n-1}). \end{aligned}$$

Aufgaben

Aufgabe 2.5.1 Eine Urne enthalte 80 gleichgroße Kugeln in den Farben rot oder gelb, die 10 g oder 100 g wiegen, entsprechend den Anzahlen:

	rot	gelb
10 g	10	5
100 g	40	25

Man bestimme die Wahrscheinlichkeit dafür, daß eine "rein zufällig" herausgegriffene Kugel

a) rot ist,
b) gelb ist und 100 g wiegt,
c) 10 g wiegt,
d) rot ist, wenn man weiß, daß sie 100 g wiegt,
e) 10 g wiegt, wenn man weiß, daß sie gelb ist.

Wie groß ist die Wahrscheinlichkeit dafür, daß bei "rein zufälliger" aufeinanderfolgender Entnahme von Kugeln zuerst eine gelbe zu 10 g, dann eine rote, dann eine gelbe und zuletzt eine gelbe Kugel zu 100 g gezogen werden, wenn die entnommenen Kugeln

f) jeweils vor der nächsten Ziehung wieder zurückgelegt werden,
g) nicht wieder zurückgelegt werden ?

Aufgabe 2.5.2 Es werde mit 2 idealen Würfeln einmal gewürfelt. Für die zufälligen Ereignisse

A: "Die Augensumme beträgt 7."
B: "Unter den Augenzahlen befindet sich keine 2 und keine 5."
C: "Eine Augenzahl ist gerade, und die andere Augenzahl ist ungerade."

bestimme man $\mathrm{P}(A)$, $\mathrm{P}(B)$, $\mathrm{P}(C)$ $\mathrm{P}(A \mid B)$, $\mathrm{P}(B \mid A)$, $\mathrm{P}(A \mid C)$, $\mathrm{P}(C \mid A)$, $\mathrm{P}(B \mid C)$, $\mathrm{P}(C \mid B)$, $\mathrm{P}(A \mid B \cap C)$, $\mathrm{P}(B \mid A \cap C)$.

Aufgabe 2.5.3 In einem Restaurant essen mittags gewöhnlich 40% der Gäste keine Vorspeise, 35% der Gäste keinen Nachtisch und 15% der Gäste weder Vorspeise noch Nachtisch. Wie groß ist die Wahrscheinlichkeit dafür, daß

a) ein Gast, der keinen Nachtisch wählt, auch keine Vorspeise nimmt,
b) ein Gast, der eine Vorspeise gewählt hat, auch noch einen Nachtisch nimmt ?

Aufgabe 2.5.4 In einer bestimmten Gruppe von Personen haben 35% braunes Haar, 20% braune Augen, und 11% haben beides. Wie groß ist die Wahrscheinlichkeit dafür, daß eine "rein zufällig" aus dieser Gruppe gewählte Person

a) braune Augen hat, wenn man weiß, daß sie braunes Haar hat,
b) kein braunes Haar hat, wenn man weiß, daß sie braune Augen hat,
c) kein braunes Haar hat, wenn man weiß, daß sie keine braunen Augen hat ?

Aufgabe 2.5.5 Eine Urne enthalte 6 blaue, 4 schwarze und 3 grüne Kugeln. Es werden nacheinander ohne Zurücklegen "rein zufällig" zwei Kugeln gezogen. Mit welcher Wahrscheinlichkeit

a) ist die erste Kugel grün und die zweite Kugel blau,
b) haben beide Kugeln die gleiche Farbe,
c) sind beide von gleicher Farbe oder keine der beiden Kugeln blau ?

Aufgabe 2.5.6 In einer Urne befinden sich 5 schwarze, 3 grüne und 2 weiße Kugeln. Wie groß ist die Wahrscheinlichkeit dafür, bei "rein zufälligem" zweimaligem Ziehen ohne Zurücklegen im zweiten Zug eine weiße Kugel zu ziehen, wenn im ersten Zug

a) eine weiße Kugel,
b) eine schwarze oder weiße Kugel

gezogen wurde ?

Aufgabe 2.5.7 In einem Lostopf liegen 7 Nieten und 3 Gewinnlose. Es werden "rein zufällig" 3 Lose gezogen, und es ist bekannt, daß sich unter ihnen mindestens ein Gewinn befindet. Wie groß ist die Wahrscheinlichkeit dafür, daß die beiden anderen Lose Nieten sind ?

Aufgabe 2.5.8 Aus einem Lostopf mit 3 Gewinnen und 4 Nieten werden "rein zufällig" Lose gezogen, bis der erste Gewinn auftritt. Man ermittle für alle sinnvollen Werte von k die Wahrscheinlichkeit dafür, daß der erste Gewinn beim k-ten Zug erscheint.

Aufgabe 2.5.9 Eine technische Anlage bestehe aus den beiden Teilen I und II, wobei Teil I aus 20 Baugruppen zusammengesetzt ist. Bei einer auftretenden Störung liegt diese gewöhnlich mit Wahrscheinlichkeit p im System I und dabei in genau einer der 20 Baugruppen, und dies mit jeweils gleicher Wahrscheinlichkeit. Bei einer Störungssuche wurden bereits die ersten 8 Baugruppen untersucht und der Fehler dort nicht gefunden. Für welche Werte von p liegt demnach der Fehler mit größerer Wahrscheinlichkeit im Teil II ?

2.6 Unabhängigkeit

Man sagt, die zufälligen Ereignisse A, B sind **voneinander unabhängig**, wenn

$$\mathrm{P}(A \cap B) = \mathrm{P}(A) \cdot \mathrm{P}(B)$$

gilt. Diese Eigenschaft ist äquivalent zu $\mathrm{P}(A \mid B) = \mathrm{P}(A)$ (oder auch zu $\mathrm{P}(B \mid A) = \mathrm{P}(B)$), d. h., die zusätzliche Kenntnis des sicheren Eintretens des Ereignisses B beeinflußt die Wahrscheinlichkeit des Eintretens des Ereignisses A nicht. In manchen Anwendungen hat man mitunter eine inhaltlich begründete Berechtigung zu der Annahme, daß Unabhängigkeit hinsichtlich des Eintretens der zufälligen Ereignisse A und B vorliegt. Dies ist z. B. gegeben, wenn das Eintreten von A und B unbeeinflußt voneinander geschieht. Im inhaltlich begründeten Fall der Unabhängigkeit benutzt man die Gleichung

$$\mathrm{P}(A \cap B) = \mathrm{P}(A) \cdot \mathrm{P}(B)$$

zur Bestimmung der Wahrscheinlichkeit $\mathrm{P}(A \cap B)$ und nennt diese Gleichung **Multiplikationssatz für unabhängige Ereignisse**.

Beispiel 2.6.1: Es werde mit 2 "gezinkten" Würfeln gewürfelt, wobei folgende Wahrscheinlichkeiten zugrunde liegen (angenommene Werte):

Würfel I

1	2	3	4	5	6
0.2	0.2	0.3	0.1	0.15	0.05

Würfel II

1	2	3	4	5	6
0.12	0.14	0.25	0.09	0.1	0.3

Mit welcher Wahrscheinlichkeit wird die Augensumme 6 erreicht (Ereignis Z_6)? Es bezeichne A_i bzw. B_j das Ereignis, daß Würfel I die Augenzahl i bzw. Würfel II die Augenzahl j zeigt $(i, j = 1, \ldots, 6)$. Da man hier aus physikalischen Gründen annehmen kann, daß die Augenzahlen von Würfel I und Würfel II unabhängig voneinander sind, kann vom Erfülltsein der Gleichungen $\mathrm{P}(A_i \cap B_j) = \mathrm{P}(A_i) \cdot \mathrm{P}(B_j)$ ausgegangen werden. Es ist in diesem Zusammenhang bemerkenswert, daß diese Eigenschaft bei idealen Würfeln, d. h. bei Zugrundelegen der klassischen Wahrscheinlichkeit, wegen $\mathrm{P}(A_i \cap B_j) = \frac{1}{36}$, $\mathrm{P}(A_i) = \frac{1}{6}$, $\mathrm{P}(B_j) = \frac{1}{6}$ automatisch erfüllt ist.
Die Augensumme 6 wird bei den Augenkombinationenen (1,5), (2,4), (3,3), (4,2), (5,1) erreicht. Somit erhält man

$$\begin{aligned}
\mathrm{P}(Z_6) &= \mathrm{P}(A_1 \cap B_5) + \mathrm{P}(A_2 \cap B_4) + \mathrm{P}(A_3 \cap B_3) \\
&\quad + \mathrm{P}(A_4 \cap B_2) + \mathrm{P}(A_5 \cap B_1) \\
&= 0.2 \cdot 0.1 + 0.2 \cdot 0.09 + 0.3 \cdot 0.25 + 0.1 \cdot 0.14 + 0.15 \cdot 0.12 \\
&= 0.145\,.
\end{aligned}$$

■

Beispiel 2.6.2: Zwei parallel geschaltete elektrische Bauteile I und II mögen sich hinsichtlich ihrer Funktionstüchtigkeit nicht beeinflussen. In einem festgelegten Zeitraum fällt das Teil I (Ereignis A) bzw. das Teil II (Ereignis B) mit der Wahrscheinlichkeit von 0.02 bzw. 0.05 aus.
Wie groß ist die Zuverlässigkeit des Systems, d. h., mit welcher Wahrscheinlichkeit bleibt die Gesamtschaltung im festgelegten Zeitraum funktionstüchtig? Es ist also $\mathrm{P}(\overline{A \cap B})$ gesucht. Wegen der vorausgesetzten Unabhängigkeit der Bauteile gilt $\mathrm{P}(A \cap B) = \mathrm{P}(A) \cdot \mathrm{P}(B) = 0.02 \cdot 0.05 = 0.001$. Das Gesamtsystem hat eine Zuverlässigkeit, die durch $\mathrm{P}(\overline{A \cap B}) = 1 - \mathrm{P}(A \cap B) = 1 - 0.001 = 0.999 = 99.9\%$ gegeben ist. Ergänzend sei angemerkt, daß bei Reihenschaltung das Gesamtsystem nicht funktionsfähig ist, wenn Bauteil I oder Bauteil II ausfällt. Dies geschieht mit der Wahrscheinlichkeit $\mathrm{P}(A \cup B)$. Unter Benutzung der vorausgesetzten Unabhängigkeit ergibt sich jetzt

$$\begin{aligned} \mathrm{P}(\overline{A \cup B}) &= 1 - \mathrm{P}(A \cup B) = 1 - [\,\mathrm{P}(A) + \mathrm{P}(B) - \mathrm{P}(A \cap B)\,] \\ &= 1 - [\,\mathrm{P}(A) + \mathrm{P}(B) - \mathrm{P}(A) \cdot \mathrm{P}(B)\,] \\ &= 1 - (0.02 + 0.05 - 0.02 \cdot 0.05) = 0.931 = 93.1\%\,. \end{aligned}$$

■

Der zweite Teil von Beispiel 2.6.2 kann unter Benutzen folgender Eigenschaft einfacher berechnet werden: Sind A, B voneinander unabhängig, so gilt dies auch jeweils für die Paare $\bar{A}$, B oder A, $\bar{B}$ oder $\bar{A}$, $\bar{B}$. Der Nichtausfall des Systems bei Reihenschaltung wird durch das zufällige Ereignis $\overline{A \cup B} = \bar{A} \cap \bar{B}$ beschrieben. Es folgt somit $\mathrm{P}(\bar{A} \cap \bar{B}) = \mathrm{P}(\bar{A}) \cdot \mathrm{P}(\bar{B}) = 0.98 \cdot 0.95 = 0.931$.

Beispiel 2.6.3: Im Beispiel 2.5.1 ist die Zusatzinformation "schwere Kugel" offenbar unwichtig, wenn der Anteil der weißen Kugeln unter den leichten Kugeln genauso groß ist wie der unter den schweren Kugeln. Liegen also z. B. folgende Anzahlen vor

	weiß	schwarz
10 g	5	20
100 g	15	60

so erhält man für die Wahrscheinlichkeit, "rein zufällig" eine weiße Kugel zu ziehen (Ereignis A), den Wert $\mathrm{P}(A) = \frac{20}{100} = 0.20$, und für die bedingte Wahrscheinlichkeit dieses Ereignisses unter der Bedingung, daß eine schwere Kugel vorliegt (Ereignis B), denselben Wert: $\mathrm{P}(A \mid B) = \frac{15}{75} = 0.20$. ■

Beispiel 2.6.4: Unabhängigkeit liegt auch bei Stichprobenentnahme mit Zurücklegen vor, weil die Information, welches Element gezogen wurde, durch das Wiederhineinlegen in die Urne und neues "Vermischen" verlorengeht. Hat man also z. B. 10 weiße und 5 schwarze Kugeln und zieht zweimal "rein zufällig" mit

Zurücklegen je eine Kugel, so ist die Wahrscheinlichkeit dafür, daß die erste gezogene Kugel schwarz (Ereignis A) und die zweite gezogene Kugel schwarz (Ereignis B) ist, gleich $\mathrm{P}(A \cap B) = \mathrm{P}(A) \cdot \mathrm{P}(B \mid A) = \frac{5}{15} \cdot \frac{5}{15} = \frac{1}{9} = 0.111$. In Abschnitt 2.7 wird gezeigt, daß $\mathrm{P}(B) = \frac{5}{15} = \frac{1}{3}$ gilt (und somit $\mathrm{P}(B \mid A) = \mathrm{P}(B)$ erfüllt ist).

■

Bei mehr als zwei zufälligen Ereignissen ist die Frage nach der Unabhängigkeit etwas komplizierter. Man sagt, die zufälligen Ereignisse $A_1, A_2, \ldots, A_n$ sind **paarweise unabhängig**, wenn $\mathrm{P}(A_i \cap A_j) = \mathrm{P}(A_i) \cdot \mathrm{P}(A_j)$ für alle $i \neq j$, $i, j = 1, \ldots, n$ gilt. Man nennt $A_1, \ldots, A_n$ **vollständig voneinander unabhängig**, wenn die "Produktformel uneingeschränkt gilt", d. h. wenn für alle $k \in \{2, \ldots, n\}$ und beliebige Wahl von k Ereignissen $A_{i_1}, \ldots, A_{i_k}$, $1 \leq i_1 \leq i_2 \leq \ldots \leq i_k \leq n$, die Gleichung

$$\mathrm{P}(A_{i_1} \cap \ldots \cap A_{i_k}) = \mathrm{P}(A_{i_1}) \cdot \ldots \cdot \mathrm{P}(A_{i_k})$$

erfüllt ist.

Aufgaben

Aufgabe 2.6.1 Eine Erdölgesellschaft führt an drei Orten a, b, c Bohrungen durch. Man schätzt die Wahrscheinlichkeit für eine fündige Bohrung in Ort a (Ereignis A) mit 0.4, in b (Ereignis B) mit 0.6 und in c (Ereignis C) mit 0.15. Der Erfolg der Bohrungen an den Orten a, b, c möge als (vollständig) unabhängig voneinander angesehen werden können. Wie groß ist demnach die Chance dafür, daß

a) alle Bohrungen,
b) keine Bohrung,
c) mindestens eine Bohrung,
d) genau zwei Bohrungen

zum Erfolg führen?

Aufgabe 2.6.2 Die Bauelemente der in Aufgabe 2.1.3 angegebenen Schaltungen mögen vollständig unabhängig voneinander funktionieren, wobei für die Ausfallwahrscheinlichkeiten $\mathrm{P}(A_1) = 0.01$, $\mathrm{P}(A_2) = 0.04$, $\mathrm{P}(A_3) = 0.10$, $\mathrm{P}(A_4) = 0.005$, $\mathrm{P}(A_5) = 0.02$ gelte. Man bestimme für jede der angegebenen Schaltungen ihre Zuverlässigkeit, also die Wahrscheinlichkeit des Nichtausfalls des Systems.

Aufgabe 2.6.3 Die Bauelemente I, II, III funktionieren unabhängig voneinander und fallen mit den Wahrscheinlichkeiten 0.04 bzw. 0.06 bzw. 0.15 aus.

a) Mit welcher Wahrscheinlichkeit fällt die angegebene Schaltung aus?

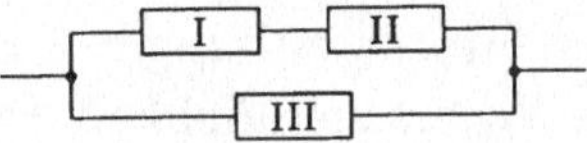

b) Wie viele Bauelemente vom Typ III muß man parallel dazuschalten, damit die Schaltung höchstens mit der Wahrscheinlichkeit von 10^{-4} ausfällt?

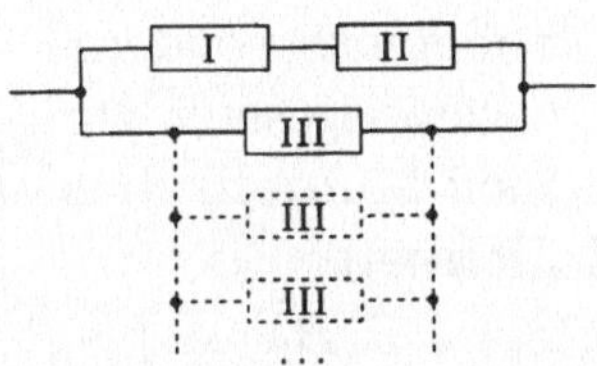

Aufgabe 2.6.4 Die Wahrscheinlichkeit, daß eine Glühlampe eines bestimmten Herstellers mindestens 1000 Stunden brennt, sei 0.96. Eine Signallampe mit parallelgeschalteten Glühlampen soll aus Sicherheitsgründen mindestens mit einer Wahrscheinlichkeit von 0.999 in einem Zeitintervall von 1000 Stunden beleuchtet sein. Wie viele Glühlampen muß man einbauen, wenn sie bzgl. ihrer Brenndauer als voneinander unabhängig gelten können?

Aufgabe 2.6.5 Beim Zusammenbauen eines Gerätes werden 3 Bauteile vom Typ I und 4 Bauteile vom Typ II verwendet. Unter den Teilen vom Typ I bzw. II befinden sich 2% bzw. 3% Ausschuß. Die Qualität der einzelnen Teile kann als voneinander unabhängig angesehen werden. Mit welcher Wahrscheinlichkeit enthält dann ein Gerät

a) kein Ausschußteil,

b) genau ein Ausschußteil?

Aufgabe 2.6.6 Drei Glühlampen I bzw. II bzw. III verschiedenen Fabrikats (deren Brenndauer unabhängig voneinander ist), brennen mindestens k Stunden mit der Wahrscheinlichkeit $p_1(k)$ bzw. $p_2(k)$ bzw. $p_3(k)$. Man bestimme die Wahrscheinlichkeit dafür, daß

a) keine von ihnen,

b) alle drei,

c) mindestens zwei von ihnen,

d) höchstens eine von ihnen

mindestens k Stunden brennt/brennen.

2.7 Formel der totalen Wahrscheinlichkeit, Bayessche Formel

Es gibt Situationen, bei denen das Ergebnis des zufälligen Versuches durch komplexe Überlagerung mehrerer zufälliger Einzeleffekte entsteht. Man bestimmt dann die gesuchte Wahrscheinlichkeit $\mathrm{P}(B)$ eines interessierenden Ereignisses B durch Fallunterscheidung bzgl. eines dieser Effekte, die durch ein vollständiges System $A_1, A_2, \ldots, A_n$ von zufälligen Ereignissen gegeben wird. Zur Bestimmung der Wahrscheinlichkeit $\mathrm{P}(B)$ sind die bedingten Wahrscheinlichkeiten $\mathrm{P}(B \mid A_1)$, $\mathrm{P}(B \mid A_2)$, ..., $\mathrm{P}(B \mid A_n)$ und die Wahrscheinlichkeiten $\mathrm{P}(A_1), \mathrm{P}(A_2), \ldots, \mathrm{P}(A_n)$ (wobei insbesondere $\mathrm{P}(A_1)+\ldots+\mathrm{P}(A_n) = 1$ gilt und $\mathrm{P}(A_i) > 0$ für $i = 1, \ldots, n$ vorausgesetzt wird) bekannt. Mittels des Additionssatzes und des allgemeinen Multiplikationssatzes folgt damit die **Formel der totalen Wahrscheinlichkeit**

$$\begin{aligned} \mathrm{P}(B) &= \mathrm{P}(B \cap A_1) + \mathrm{P}(B \cap A_2) + \ldots + \mathrm{P}(B \mid A_n) \\ &= \mathrm{P}(B \mid A_1) \cdot \mathrm{P}(A_1) + \mathrm{P}(B \mid A_2) \cdot \mathrm{P}(A_2) + \ldots \\ &\quad + \mathrm{P}(B \mid A_n) \cdot \mathrm{P}(A_n). \end{aligned}$$

Beispiel 2.7.1: Drei Maschinen 1, 2, 3 fertigen Teile des gleichen Typs, die in der Gesamtproduktion "zufällig durcheinandergemischt" vorliegen (1. Zufallseffekt). Jede Maschine kann zufällig Ausschuß produzieren (2. Zufallseffekt). Es interessiert die Wahrscheinlichkeit dafür, daß ein zufällig der Gesamtproduktion entnommenes Teil Ausschuß ist (Ereignis B). Die Fallunterscheidung geschieht hier bzgl. des 1. Zufallseffektes "Maschine": Es bezeichne A_i das zufällige Ereignis, daß das entnommene Teil von Maschine i stammt (i=1, 2, 3). Für i=1, 2, 3 entspricht die Wahrscheinlichkeit $\mathrm{P}(A_i)$ dem Anteil von Maschine i an der Gesamtproduktion, es sei z. B. $\mathrm{P}(A_1) = 0.2$, $\mathrm{P}(A_2) = 0.5$, $\mathrm{P}(A_3) = 0.3$. Außerdem ist der Ausschußanteil jeder einzelnen Maschine (bzgl. ihrer Produktion) bekannt, also die bedingten Wahrscheinlichkeiten $\mathrm{P}(B \mid A_i)$, $i = 1, 2, 3$, z. B. $\mathrm{P}(B \mid A_1) = 0.04$, $\mathrm{P}(B \mid A_2) = 0.01$, $\mathrm{P}(B \mid A_3) = 0.03$. Der Gesamtausschußanteil ergibt sich dann nach der Formel der totalen Wahrscheinlichkeit

$$\mathrm{P}(B) = 0.04 \cdot 0.2 + 0.01 \cdot 0.5 + 0.03 \cdot 0.3 = 0.022$$

zu 2.2%. ■

Beispiel 2.7.2: Bei einem bestimmten Prüfverfahren in der Qualitätskontrolle wird ein Ausschußteil mit einer Wahrscheinlichkeit von 0.98 erkannt. Ein einwandfreies Teil wird mit einer Wahrscheinlichkeit von 0.99 als solches eingestuft. Es liege in der Produktion ein Ausschußprozentsatz von 3% vor. Wie groß ist die Wahrscheinlichkeit dafür, daß ein zufällig ausgewähltes Produkt durch das Prüfverfahren als fehlerhaft eingestuft wird (Ereignis B)? Man unterscheidet hier (1. Zufallseffekt) die beiden Fälle "Das ausgewählte Teil ist einwandfrei" (Ereignis A_1) und "Das ausgewählte Teil ist Ausschuß" (Ereignis A_2) mit den gegebenen Wahrscheinlichkeiten $\mathrm{P}(A_1) = 0.97$, $\mathrm{P}(A_2) = 0.03$. Die (bedingten) Wahrscheinlichkeiten für "richtige Diagnose oder nicht" (2. Zufallseffekt) betragen für die beiden Fälle A_1 und A_2 aufgrund der oben angegebenen Parameter dieses Prüfverfahrens $\mathrm{P}(B \mid A_1) = 1 - \mathrm{P}(\bar{B} \mid A_1) = 1 - 0.99 = 0.01$ und $\mathrm{P}(B \mid A_2) = 0.98$. Nach der Formel der totalen Wahrscheinlichkeit ergibt sich

$$\mathrm{P}(B) = 0.001 \cdot 0.97 + 0.98 \cdot 0.03 = 0.0391 ,$$

d. h., 3.9% der ausgewählten Teile werden durch das Verfahren als fehlerhaft eingestuft. Der Wert setzt sich aus den tatsächlich fehlerhaften und als solche auch diagnostizierten Teilen und aus fälschlicherweise als fehlerhaft eingestuften einwandfreien Teilen zusammen. ■

Beispiel 2.7.3: Aus einer Urne mit 10 weißen und 5 schwarzen Kugeln wird zweimal hintereinander "rein zufällig" je eine Kugel entnommen, wobei nicht zurückgelegt wird. Mit welcher Wahrscheinlichkeit ist die 2. entnommene Kugel schwarz (Ereignis B)? Man klassifiziert hier den Zufallseffekt der 1. Ziehung in die beiden Fälle "Die erste gezogene Kugel ist weiß." (Ereignis A_1) und "Die erste gezogene Kugel ist schwarz." (Ereignis A_2). Es ist zunächst $\mathrm{P}(A_1) = \frac{10}{15}$, $\mathrm{P}(A_2) = \frac{5}{15}$. Bei Kenntnis, welches Ergebnis in der Ziehung vorliegt, kann die (bedingte) Wahrscheinlichkeit von B unmittelbar bestimmt werden: $\mathrm{P}(B \mid A_1) = \frac{5}{14}$, $\mathrm{P}(B \mid A_2) = \frac{4}{14}$. Die Formel der totalen Wahrscheinlichkeit ergibt

$$\begin{aligned}\mathrm{P}(B) &= \mathrm{P}(B \mid A_1) \cdot \mathrm{P}(A_1) + \mathrm{P}(B \mid A_2) \cdot \mathrm{P}(A_2) \\ &= \frac{5}{14} \cdot \frac{10}{15} + \frac{4}{14} \cdot \frac{5}{15} = \left(\frac{10}{14} + \frac{4}{14}\right) \cdot \frac{5}{15} = \frac{5}{15} .\end{aligned}$$

Bleibt das Ergebnis der 1. Ziehung offen, so ergibt sich bemerkenswerterweise (und dies gilt allgemein) genau derjenige Wert, den man erhalten würde, wenn die erste Ziehung überhaupt nicht vorgenommen würde und man nach der Chance fragte, beim einmaligen Ziehen einer Kugel die Farbe schwarz zu wählen.

Das gleiche Ergebnis erhält man, wenn die in der 1. Ziehung entnommene vor der 2. Ziehung wieder zurückgelegt wird:

$$\mathrm{P}(B) = \frac{5}{15} \cdot \frac{10}{15} + \frac{5}{15} \cdot \frac{5}{15} = \frac{5}{15}\left(\frac{10}{15} + \frac{5}{15}\right) = \frac{5}{15}$$

(vgl. Beispiel 2.6.4). ■

In Situationen, bei denen die Formel der totalen Wahrscheinlichkeit zum Einsatz kommt, kann auch immer die durch die Bayessche Formel gegebene Fragestellung betrachtet werden. Man geht dabei davon aus, daß das interessierende Ereignis B eingetreten ist, und beurteilt auf der Grundlage dieser Information "rückblickend" die Wahrscheinlichkeiten des Eintretens der einzelnen Ereignisse des vollständigen Systems $A_1, A_2, \ldots, A_n$. Man erhält diese Wahrscheinlichkeiten durch Umstellen der bedingten Wahrscheinlichkeiten:

$$\mathrm{P}(A_k \mid B) = \frac{\mathrm{P}(A_k \cap B)}{\mathrm{P}(B)} = \frac{\mathrm{P}(B \mid A_k) \cdot \mathrm{P}(A_k)}{\mathrm{P}(B \mid A_1) \cdot \mathrm{P}(A_1) + \ldots + \mathrm{P}(B \mid A_n) \cdot \mathrm{P}(A_n)}$$

(Bayessche Formel) $k = 1, 2, \ldots, n.$

In diesem Zusammenhang nennt man die Wahrscheinlichkeiten $\mathrm{P}(A_1)$, $\mathrm{P}(A_2)$, ..., $\mathrm{P}(A_n)$ die **apriori-Verteilung** (ursprünglich gegebene Aufteilung der Wahrscheinlichkeiten auf die einzelnen Fälle A_1, A_2, ..., A_n) und die nach der Information "B ist eingetreten" aus der Bayesschen Formel berechneten Wahrscheinlichkeiten $\mathrm{P}(A_1 \mid B)$, $\mathrm{P}(A_2 \mid B)$, ..., $\mathrm{P}(A_n \mid B)$ die **aposteriori-Verteilung**. Insbesondere gilt die – auch als Rechenkontrolle verwendbare – Gleichung $\mathrm{P}(A_1 \mid B) + \ldots + \mathrm{P}(A_n \mid B) = 1$. Bei dem Entscheidungsproblem für einen der "Fälle" $A_1, \ldots, A_n$ wählt man auf der Grundlage der Information des Eintretens von B dasjenige A_{k_0} aus, dessen aposteriori-Wahrscheinlichkeit $\mathrm{P}(A_{k_0} \mid B)$ den größten Wert innerhalb der aposteriori-Verteilung annimmt (**Maximum-Likelihood-Prinzip**).

Zu Beispiel 2.7.1: Es soll entschieden werden, welche der Maschinen 1, 2, 3 mit größter Wahrscheinlichkeit als Ausschußverursacher in Frage kommt. Dazu bestimmt man nach der Bayesschen Formel die Anteile der einzelnen Maschinen am Gesamtausschuß (Ereignis B):

$$\begin{aligned}
\mathrm{P}(A_1 \mid B) &= \frac{0.04 \cdot 0.2}{0.04 \cdot 0.2 + 0.01 \cdot 0.5 + 0.03 \cdot 0.3} = \frac{0.008}{0.022} = 0.364 \\
\mathrm{P}(A_2 \mid B) &= \frac{0.01 \cdot 0.5}{0.04 \cdot 0.2 + 0.01 \cdot 0.5 + 0.03 \cdot 0.3} = \frac{0.005}{0.022} = 0.227 \\
\mathrm{P}(A_3 \mid B) &= \frac{0.03 \cdot 0.3}{0.04 \cdot 0.2 + 0.01 \cdot 0.5 + 0.03 \cdot 0.3} = \frac{0.009}{0.022} = 0.409\,.
\end{aligned}$$

Es ist somit höchstwahrscheinlich, Maschine 3 als Verursacher des festgestellten Ausschusses anzusehen.

■

Zu Beispiel 2.7.2: Durch das Prüfverfahren wurde ein Teil als Ausschuß eingestuft. Da das Prüfverfahren aber selbst auch mit Fehlern behaftet ist (es werden einwandfreie Teile bzw. Ausschußteile nicht mit 100%iger Wahrscheinlichkeit als solche eingestuft), kann daraus nicht mit Sicherheit geschlossen werden, daß das geprüfte Teil auch wirklich Ausschuß ist. Die Bayessche Formel ergibt

$$\mathrm{P}(A_2 \mid B) = \frac{0.98 \cdot 0.03}{0.01 \cdot 0.97 + 0.98 \cdot 0.03} = 0.752 \, .$$

Das im Prüfverfahren als Ausschuß eingestufte Teil ist also nur mit 75.2%iger Chance wirklich Ausschuß und entsprechend mit der Wahrscheinlichkeit $\mathrm{P}(A_1 \mid B) = 1 - \mathrm{P}(A_2 \mid B) = 0.248$ kein Ausschuß. ∎

Aufgaben

Aufgabe 2.7.1 Drei Maschinen 1, 2, 3 stellen das gleiche Produkt her, beim Ausstoß der Gesamtproduktion werden aber die Produkte dieser Maschinen "völlig zufällig" gemischt. Die Tagesproduktion betrage 5000 Stück bzw. 12000 Stück bzw. 30000 Stück für Maschine 1 bzw. 2 bzw. 3 mit den Ausschußanteilen von 2% bzw. 1% bzw. 5%.

a) Mit welcher Wahrscheinlichkeit ist ein der Gesamtproduktion entnommenes Teil kein Ausschuß?

b) Wie groß ist die Wahrscheinlichkeit dafür, daß ein entnommenes Ausschußteil von Maschine 2 stammt?

c) Wie groß ist die Wahrscheinlichkeit dafür, daß ein entnommenes gutes Teil von Maschine 1 stammt?

Aufgabe 2.7.2 Zur Erkennung einer bestimmten Krankheit wird ein Test verwendet, der bei 99% aller Kranken eine Erkrankung diagnostiziert. Allerdings zeigt der Test irrtümlicherweise bei 0.1% aller Gesunden eine Erkrankung an. Dieser Test wird zur Untersuchung einer Population verwendet, in der erfahrungsgemäß 1% Kranke sind. Eine aus dieser Population zufällig ausgewählte Person unterzieht sich dem Test, und es wird eine Erkrankung angezeigt. Mit welcher Wahrscheinlichkeit ist diese Person wirklich krank?

Aufgabe 2.7.3 Die Produktion einer Abteilung wird von zwei Kontrolleuren mit den Anteilen 30% bzw. 70% sortiert. Dabei ist für den ersten bzw. zweiten Kontrolleur die Wahrscheinlichkeit dafür, eine Fehlentscheidung zu treffen, gleich 0.03 bzw. 0.05. Es wird beim Versand ein fehlsortiertes Teil gefunden. Mit welcher Wahrscheinlichkeit wurde es

a) vom ersten,
b) vom zweiten Kontrolleur sortiert?
c) Man bestimme die Wahrscheinlichkeit dafür, daß ein zufällig ausgewähltes Teil richtig einsortiert wurde.

Aufgabe 2.7.4 Aus einer Urne, in der 10 weiße und 5 schwarze Kugeln enthalten sind, werden "rein zufällig" 3 Kugeln entnommen und in eine zweite Urne gelegt, in der sich vorher bereits 4 weiße und 8 schwarze Kugeln befanden.

a) Wie groß ist die Wahrscheinlichkeit dafür, danach aus der zweiten Urne "rein zufällig" 2 weiße Kugeln ziehen?

b) Aus der zweiten Urne wurden 2 schwarze Kugeln gezogen. Welche Farbkombination der drei vorher in sie hineingelegten Kugeln ist dann am wahrscheinlichsten?

Aufgabe 2.7.5 In einer Kiste werden "bunt gemischt" 100 gleichartige Teile ausgeliefert, wovon 65 aus dem Werk I stammen, unter denen sich 3 Ausschußteile befinden, und 35 aus dem Werk II stammen, unter denen sich 2 Ausschußteile befinden. Man gebe die Wahrscheinlichkeit bzw. bedingte Wahrscheinlichkeit dafür an, daß ein zufällig ausgewähltes Teil

a) vom Werk I stammt,
b) ein Ausschußteil ist,
c) ein gutes Teil und vom Werk II ist,
d) ein gutes Teil ist, wenn es vom Werk II stammt,
e) vom Werk II stammt, wenn es ein gutes Teil ist,
f) vom Werk I stammt, wenn es ein Ausschußteil ist.

Aufgabe 2.7.6 Aus einem Rommé-Spiel, das 110 Karten mit je 26 Karten in den "Farben" Kreuz, Pique, Herz, Karo und 6 Joker enthält, werden "rein zufällig" hintereinander ohne Zurücklegen 3 Karten entnommen. Die 3. entnommene Karte ist eine Karokarte. Mit welcher Wahrscheinlichkeit waren dann die ersten beiden entnommenen Karten ebenfalls Karokarten?

Kapitel 3

Zufallsgrößen und ihre Verteilungen

3.1 Begriff der Zufallsgröße

Eine **Zufallsgröße** X ist eine reellwertige, auf dem Stichprobenraum Ω definierte Abbildung $X : \omega \in \Omega \to X(\omega) \in \mathbf{R}$ mit der zusätzlichen Eigenschaft, daß für jede reelle Zahl x durch

$$A_x \; := \; \{\omega \in \Omega : X(\omega) \leq x\} \; = \; \{X \leq x\}$$

ein zufälliges Ereignis gegeben ist, d. h., A_x gehört zum Ereignisfeld $\mathcal{A}$.

Beispiel 3.1.1: Es wird einmal mit zwei nicht unterscheidbaren Würfeln mit jeweils den Augenzahlen $1, 2, \ldots, 6$ gewürfelt, und anschließend werden die Augenzahlen addiert. Dabei ist der Stichprobenraum, d. h. die Menge aller Versuchsausgänge:

$$\Omega \; = \; \{\omega = (\omega_1, \omega_2) : \omega_1 \leq \omega_2 \quad \text{und} \quad \omega_1, \omega_2 = 1, 2, \ldots, 6\},$$

d. h.

$$\Omega \; = \; \{(1,1), (1,2), \ldots, (1,6), (2,2), \ldots, (2,6), (3,3), \ldots, (6,6)\}.$$

Das Ereignisfeld $\mathcal{A}$ besteht aus allen Teilmengen von Ω (dabei bezeichnet ω_1 im Falle $\omega_1 \neq \omega_2$ jeweils die kleinere der beiden gewürfelten Augenzahlen). Die Addition der Augenzahlen wird dann durch die Zufallsgröße

$$X : X(\omega) = \omega_1 + \omega_2 \qquad \text{mit} \quad \omega = (\omega_1, \omega_2)$$

beschrieben. Für jedes $x \in \mathbf{R}$ ist

$$A_x \; = \; \{\omega = (\omega_1, \omega_2) \in \Omega : X(\omega) = \omega_1 + \omega_2 \leq x\}$$

ein zufälliges Ereignis, das darin besteht, daß die Summe der gewürfelten Augenzahlen höchstens gleich x ist. So sind

$$\begin{aligned}
A_x &= \emptyset && \text{für} \quad x < 2 \\
A_x &= \{(1,1)\} && \text{für} \quad 2 \le x < 3 \\
A_x &= \{(1,1),(1,2)\} && \text{für} \quad 3 \le x < 4 \\
A_x &= \{(1,1),(1,2),(1,3),(2,2)\} && \text{für} \quad 4 \le x < 5 \\
&\vdots \\
A_x &= \Omega && \text{für} \quad x \ge 12.
\end{aligned}$$

■

Die Wahrscheinlichkeit $\mathrm{P}(A_x) = \mathrm{P}(X \le x)$ ist dann die Wahrscheinlichkeit dafür, daß die Zufallsgröße X einen Wert annimmt, der höchstens gleich x ist. Die Funktion

$$F_X : x \mapsto F_X(x) := \mathrm{P}(X \le x) \qquad (-\infty < x < \infty)$$

heißt **Verteilungsfunktion** (oder: **Verteilung**) der Zufallsgröße X.

Zu Beispiel 3.1.1: Sind die beiden Würfel ideal, d. h., jede Augenzahl ist gleich wahrscheinlich, so gilt

$$\mathrm{P}(\{\omega\}) = \begin{cases} \frac{1}{36} & \text{für} \quad \omega = (\omega_1, \omega_2) \quad \text{mit} \quad \omega_1 = \omega_2 \\ \frac{1}{18} & \text{für} \quad \omega = (\omega_1, \omega_2) \quad \text{mit} \quad \omega_1 < \omega_2 \end{cases}.$$

So ist $\mathrm{P}\Big(\{(1,1)\}\Big) = \ldots = \mathrm{P}\Big(\{(6,6)\}\Big) = \frac{1}{36}$,
aber $\mathrm{P}\Big(\{(1,2)\}\Big) = \ldots = \mathrm{P}\Big(\{(5,6)\}\Big) = \frac{1}{18}$.
Für die Verteilungsfunktion F_X ergibt sich

$$F_X(x) = \mathrm{P}(A_x) = \begin{cases} 0 & \text{für} \quad x < 2 \\ \frac{1}{36} & \text{für} \quad 2 \le x < 3 \\ \frac{1}{36} + \frac{1}{18} = \frac{3}{36} & \text{für} \quad 3 \le x < 4 \\ \frac{2}{36} + \frac{2}{18} = \frac{6}{36} & \text{für} \quad 4 \le x < 5 \\ \frac{2}{36} + \frac{4}{18} = \frac{10}{36} & \text{für} \quad 5 \le x < 6 \\ \vdots \\ \frac{5}{36} + \frac{15}{18} = \frac{35}{36} & \text{für} \quad 11 \le x < 12 \\ 1 & \text{für} \quad x \ge 12 \end{cases}.$$

■

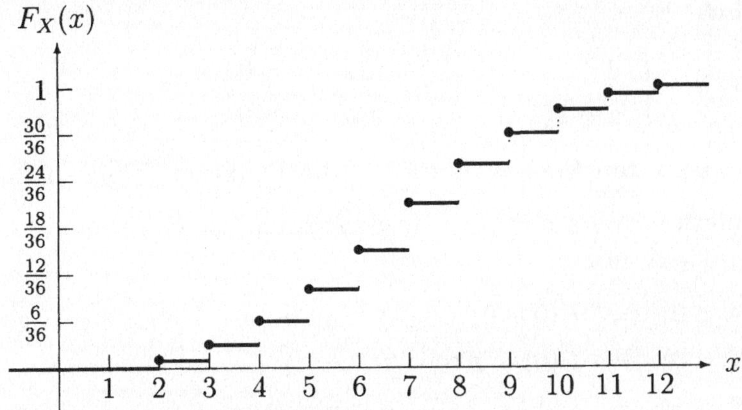

Fig. 3.1: Verteilungsfunktion (Beispiel 3.1.1)

Unter Verwendung der Schreibweisen

$$F(x+0) := \lim_{h \downarrow 0} F(x+h) \qquad \text{(rechtsseitiger Grenzwert)}$$

und

$$F(x-0) := \lim_{h \uparrow 0} F(x+h) = \lim_{h \downarrow 0} F(x-h) \quad \text{(linksseitiger Grenzwert)}$$

ergeben sich folgende Eigenschaften für die Verteilungsfunktion F_X einer Zufallsgröße X:

(1) $\lim\limits_{x \downarrow -\infty} F_X(x) = 0$ und $\lim\limits_{x \uparrow \infty} F_X(x) = 1$,

(2) $F_X(x_0) \leq F_X(x_1)$ für $-\infty < x_0 < x_1 < \infty$
(d. h., F_X ist monoton nicht fallend),

(3) $F_X(x+0) = F_X(x)$ (d. h., F_X ist rechtsseitig stetig).

Jede reellwertige Funktion $F : x \mapsto F(x)$ für $-\infty < x < \infty$, die den Eigenschaften (1)–(3) genügt, ist die Verteilungsfunktion F_X einer Zufallsgröße X.

Für $-\infty < x_0 < x_1 < \infty$ gilt:

$$\begin{aligned}
\mathrm{P}(X = x_0) &= F_X(x_0) - F_X(x_0 - 0) \\
\mathrm{P}(x_0 < X \leq x_1) &= F_X(x_1) - F_X(x_0) \\
\mathrm{P}(x_0 \leq X < x_1) &= F_X(x_1 - 0) - F_X(x_0 - 0) \\
\mathrm{P}(x_0 \leq X \leq x_1) &= F_X(x_1) - F_X(x_0 - 0) \\
\mathrm{P}(X > x_0) &= 1 - F_X(x_0).
\end{aligned}$$

Beispiel 3.1.2: Es sei

$$F(x) = \begin{cases} 0 & \text{für } x < 0 \\ a + \frac{1}{2}(1 - \mathrm{e}^{-x}) & \text{für } x \geq 0 \end{cases} .$$

Dann ist — wegen $\lim\limits_{x \uparrow \infty} F(x) = a + \frac{1}{2}$ — die Funktion F genau dann eine Verteilungsfunktion, wenn $a = \frac{1}{2}$ ist. In diesem Fall ist F Verteilungsfunktion einer Zufallsgröße X mit

$$\begin{aligned} \mathrm{P}(X < 0) &= F(0-0) &&= 0 \\ \mathrm{P}(X = 0) &= F(0) - F(0-0) &&= \tfrac{1}{2} \\ \mathrm{P}(X \leq x) &= 1 - \tfrac{1}{2}\mathrm{e}^{-x} && (x \geq 0) . \end{aligned}$$

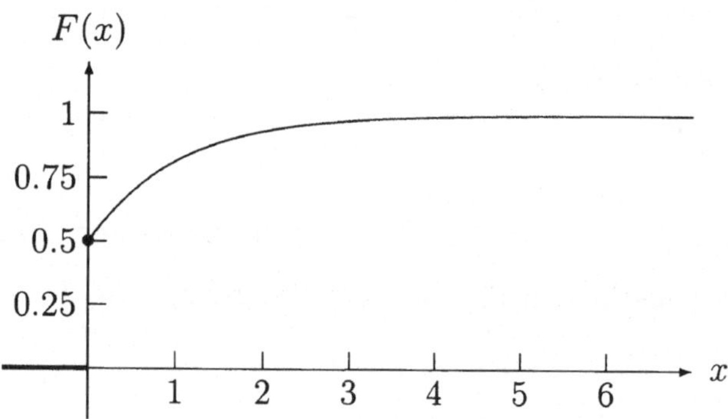

Fig. 3.2: Verteilungsfunktion (Beispiel 3.1.2)

Diese Zufallsgröße beschreibt z. B. die (zufällige) Lebensdauer X einer Glühlampe, die mit der Wahrscheinlichkeit $\mathrm{P}(X = 0) = \frac{1}{2}$ sofort ausfällt und für die

$$\begin{aligned} \mathrm{P}(X > x \mid X > 0) &= \frac{\mathrm{P}(X > x)}{\mathrm{P}(X > 0)} = \frac{1 - \mathrm{P}(X \leq x)}{1 - \mathrm{P}(X \leq 0)} \\ &= \frac{1 - 1 + \frac{1}{2}\mathrm{e}^{-x}}{1 - \frac{1}{2}} = \mathrm{e}^{-x} \quad (x > 0) \end{aligned}$$

gilt. Dabei ist $\mathrm{P}(X > x \mid X > 0)$ die Wahrscheinlichkeit, daß die Glühlampe erst nach dem Zeitpunkt x ausfällt, falls sie nicht sofort $(X = 0)$ ausfiel. ■

Aufgaben

Aufgabe 3.1.1 Es wird einmal mit zwei nicht unterscheidbaren Würfeln gewürfelt. Durch welche Zufallsgröße wird

a) das Produkt der beiden Augenzahlen,

b) die größere der beiden Augenzahlen (falls sie verschieden sind) und die Augenzahl (falls sie gleich sind)

beschrieben? Man gebe die entsprechenden Verteilungsfunktionen an.

Aufgabe 3.1.2 Bei einem zufälligen Versuch, als dessen Ergebnis stets genau eines der zufälligen Ereignisse $A_1, \ldots, A_5$ eintritt, wird durch

$$\text{“}X = i, \quad \text{falls } A_i \text{ eintritt”} \qquad (i = 1, \ldots, 5)$$

d. h. $X(\omega) = i$, falls $\omega \in A_i$, eine Zufallsgröße definiert.

a) Mit Hilfe von $p_i = \mathrm{P}(A_i)$ für $i = 1, 2, 3, 4$ bestimme man p_5 und die Verteilungsfunktion F_X.

b) Für $p_1 = \frac{1}{3}$, $p_2 = \frac{1}{12}$, $p_3 = p_4 = \frac{1}{6}$ stelle man F_X grafisch dar.

Aufgabe 3.1.3 Das Schießen auf ein Ziel wird mit einer Trefferwahrscheinlichkeit $p = 0.8$ bis zum ersten Treffer, höchstens aber bis zum vierten Schuß, fortgesetzt. Das Ergebnis des i-ten Schusses ($i = 2, 3, 4$) sei dabei unabhängig von den Ergebnissen der vorangehenden Schüsse.
Mittels der Ereignisse $A_i \ldots$ “Treffer beim i-ten Schuß” definiere man die Zufallsgröße, die die Anzahl X der abgegebenen Schüsse angibt.
Man bestimme die Verteilungsfunktion F_X.

Aufgabe 3.1.4 Für welche Werte a und b ist

$$F : F(x) = a + b \arctan x \qquad (-\infty < x < \infty)$$

eine Verteilungsfunktion?

3.2 Diskrete Verteilungen

3.2.1 Grundlagen

Eine Zufallsgröße X bzw. ihre Verteilungsfunktion F_X heißt **diskret**, wenn X nur endlich viele Werte $x_1, x_2, \ldots, x_n$ $(x_1 < \ldots < x_n)$ oder abzählbar unendlich viele Werte $x_1, x_2, \ldots$ $(x_1 < x_2 < \ldots)$ annehmen kann.
Die Werte $p_k = \mathrm{P}(X = x_k), k = 1, 2, \ldots$ heißen **Einzelwahrscheinlichkeiten** der Zufallsgröße X.
Die Tabelle

x_k	x_1	x_2	$\ldots$
$\mathrm{P}(X = x_k)$	p_1	p_2	$\ldots$

mit $\sum\limits_k p_k = 1$

wird **Verteilungstabelle** der Zufallsgröße X genannt.
Dabei ist $\sum\limits_k p_k = \sum\limits_{k=1}^{n} p_k$, falls X endlich viele Werte $x_1, \ldots, x_n$ annimmt, und $\sum\limits_k p_k = \sum\limits_{k=1}^{\infty} p_k$, falls X unendlich viele Werte $x_1, x_2, \ldots$ annimmt.
Die Verteilungsfunktion F_X ist eine Treppenfunktion, die durch

$$F_X(x) = \sum_{k:x_k \le x} p_k \qquad (-\infty < x < \infty),$$

gegeben ist, d. h.

$$F_X(x) = \begin{cases} 0 & \text{für} \quad x < x_1 \\ p_1 & \text{für} \quad x_1 \le x < x_2 \\ p_1 + p_2 & \text{für} \quad x_2 \le x < x_3 \\ p_1 + p_2 + p_3 & \text{für} \quad x_3 \le x < x_4 \\ \vdots & \qquad \vdots \end{cases} .$$

Umgekehrt lassen sich die Einzelwahrscheinlichkeiten durch

$$\begin{aligned} p_1 &= F_X(x_1) \qquad \text{und} \\ p_k &= F_X(x_k) - F_X(x_{k-1}) \qquad (k = 2, 3, \ldots) \end{aligned}$$

bestimmen.

Zu Beispiel 3.1.1: Die Zufallsgröße X besitzt die Verteilungstabelle

x_k	2	3	4	5	6	7	8	9	10	11	12
$\mathrm{P}(X = x_k)$	$\frac{1}{36}$	$\frac{2}{36}$	$\frac{3}{36}$	$\frac{4}{36}$	$\frac{5}{36}$	$\frac{6}{36}$	$\frac{5}{36}$	$\frac{4}{36}$	$\frac{3}{36}$	$\frac{2}{36}$	$\frac{1}{36}$

■

Beispiel 3.2.1: Beim Würfelspiel "Ohne Eins" wird so lange gewürfelt, bis eine "Eins" erscheint. Die (zufällige) Anzahl der Würfe, bis zum ersten Mal die "Eins" erscheint, ist eine Zufallsgröße X mit der Verteilungstabelle

x_k	1	2	3	4	...	n	...
$\mathrm{P}(X = x_k)$	$\frac{1}{6}$	$\frac{5}{6} \cdot \frac{1}{6}$	$\left(\frac{5}{6}\right)^2 \cdot \frac{1}{6}$	$\left(\frac{5}{6}\right)^3 \cdot \frac{1}{6}$	...	$\left(\frac{5}{6}\right)^{n-1} \cdot \frac{1}{6}$	...

,

denn $\{X = k\}$ ist das Ereignis, $(k-1)$–mal keine "Eins" (das die Wahrscheinlichkeit $\left(\frac{5}{6}\right)^{k-1}$ besitzt) und beim k–ten Wurf eine "Eins" (das die Wahrscheinlichkeit $\frac{1}{6}$ besitzt) zu würfeln. Die Verteilungsfunktion ist

$$F_X(x) = \begin{cases} 0 & \text{für} \quad x < 1 \\ \frac{1}{6} & \text{für} \quad 1 \le x < 2 \\ \frac{1}{6} + \frac{5}{36} = \frac{11}{36} & \text{für} \quad 2 \le x < 3 \\ \frac{1}{6} + \frac{5}{36} + \frac{25}{216} = \frac{91}{216} & \text{für} \quad 3 \le x < 4 \\ \vdots & \end{cases} .$$

Der Wert $F_X(k) = \mathrm{P}(X \le k)$ ist also die Wahrscheinlichkeit, bei k–maligem Würfeln mindestens eine "Eins" zu erhalten, und $1 - F_X(k) = \mathrm{P}(X > k)$ ist die Wahrscheinlichkeit, bei k–maligem Würfeln keine "Eins" zu erzielen. ■

Beispiel 3.2.2: Bei einem zufälligen Versuch, in dessen Ergebnis stets genau eines der zufälligen Ereignisse $A_1, \ldots, A_5$ eintritt, wird durch "$X = k$, falls A_k eintritt" $(k = 1, \ldots, 5)$ eine Zufallsgröße X definiert.

a) Wie lautet die Verteilungsfunktion F_X von X, falls

$$p_1 = \mathrm{P}(X = 1) = \mathrm{P}(A_1)$$
$$p_2 = \mathrm{P}(X = 2) = \mathrm{P}(A_2)$$
$$p_3 = \mathrm{P}(X = 3) = \mathrm{P}(A_3)$$
$$p_5 = \mathrm{P}(X = 5) = \mathrm{P}(A_5)$$

bekannt sind?

b) Welche konkrete Form nimmt F_X an, falls $p_1 = \frac{1}{3}$, $p_2 = \frac{1}{12}$, $p_3 = \frac{1}{6}$, $p_5 = \frac{1}{6}$ ist?

Lösung:

a) Da vorausgesetzt wird, daß stets genau eines der Ereignisse $A_1, \ldots, A_5$ eintritt, bilden sie ein vollständiges System von Ereignissen.

Also ist

$$\mathrm{P}(A_1) + \ldots + \mathrm{P}(A_5) = \mathrm{P}(\Omega) = 1,$$

d. h.

$$p_1 + p_2 + p_3 + p_4 + p_5 = 1$$

und damit

$$p_4 = 1 - p_1 - p_2 - p_3 - p_5.$$

Es ergibt sich

$$F_X(x) = \begin{cases} 0 & \text{für } -\infty < x < 1 \\ p_1 & \text{für } \quad 1 \leq x < 2 \\ p_1 + p_2 & \text{für } \quad 2 \leq x < 3 \\ p_1 + p_2 + p_3 & \text{für } \quad 3 \leq x < 4 \\ p_1 + p_2 + p_3 + p_4 & \text{für } \quad 4 \leq x < 5 \\ p_1 + p_2 + p_3 + p_4 + p_5 = 1 & \text{für } \quad 5 \leq x < \infty \end{cases}$$

(Kurzschreibweise: $F_X(x) = \sum_{k:k \leq x} p_k$).

b) Nach a) ist

$$p_4 = 1 - \tfrac{1}{3} - \tfrac{1}{12} - \tfrac{1}{6} - \tfrac{1}{6} = \tfrac{1}{4}$$

und

$$F_X(x) = \begin{cases} 0 & \text{für } -\infty < x < 1 \\ \frac{1}{3} & \text{für } \quad 1 \leq x < 2 \\ \frac{5}{12} & \text{für } \quad 2 \leq x < 3 \\ \frac{7}{12} & \text{für } \quad 3 \leq x < 4 \\ \frac{5}{6} & \text{für } \quad 4 \leq x < 5 \\ 1 & \text{für } \quad 5 \leq x < \infty \end{cases}.$$

■

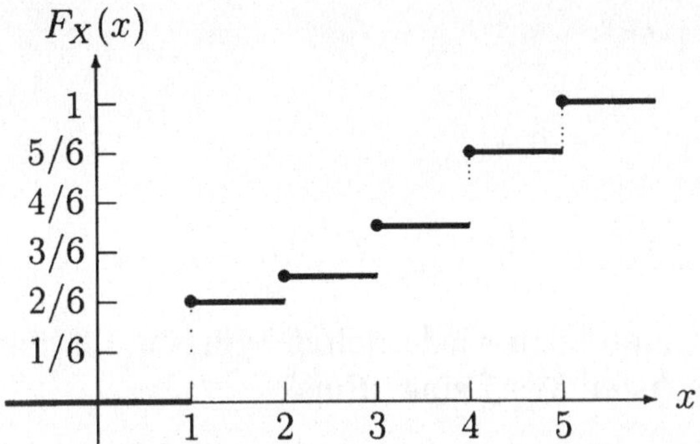

Fig. 3.3: Verteilungsfunktion (Beispiel 3.2.2 b))

3.2.2 Momente

Ist X eine diskrete Zufallsgröße, die die Werte $x_1, x_2, \ldots, x_n$ bzw. $x_1, x_2, \ldots$ annimmt, so heißt

$$\mathrm{E}X = \sum_k x_k p_k$$

$$(\text{d. h. } \mathrm{E}X = \sum_{k=1}^{n} x_k p_k \quad \text{bzw.} \quad \mathrm{E}X = \sum_{k=1}^{\infty} x_k p_k)$$

mit den Einzelwahrscheinlichkeiten $p_k = \mathrm{P}(X = x_k)$, $k = 1, 2, \ldots$ der **Erwartungswert** von X. (Im Falle abzählbar unendlich vieler Werte x_1, $x_2, \ldots$ hat man dabei $\sum_{k=1}^{\infty} |x_k| p_k < \infty$ vorauszusetzen.) Der Erwartungswert ist als gewichteter Mittelwert der Werte $x_1, x_2, \ldots$ der Zufallsgröße X interpretierbar.

Zu Beispiel 3.1.1: Die Zufallsgröße X besitzt den Erwartungswert

$$\begin{aligned} \mathrm{E}X &= \sum_{k=1}^{12} x_k p_k \\ &= 2 \cdot \tfrac{1}{36} + 3 \cdot \tfrac{2}{36} + 4 \cdot \tfrac{3}{36} + \ldots + 11 \cdot \tfrac{2}{36} + 12 \cdot \tfrac{1}{36} = 7, \end{aligned}$$

d. h., "im Mittel" ist die Summe der beiden gewürfelten Augenzahlen gleich 7. (Dieses Ergebnis "überrascht" nicht, da X symmetrisch bez. 7 verteilt ist, d. h. $\mathrm{P}(X = 7 - x) = \mathrm{P}(X = 7 + x)$ für $x = 1, 2, \ldots, 5$.) ∎

Zu Beispiel 3.2.1: Die Zufallsgröße X besitzt den Erwartungswert

$$\mathrm{E}X = \sum_{k=1}^{\infty} x_k p_k$$

$$= \sum_{k=1}^{\infty} k \cdot \frac{1}{6} \left(\frac{5}{6}\right)^{k-1}$$

$$= \frac{1}{6} \sum_{k=1}^{\infty} k \left(\frac{5}{6}\right)^{k-1} = 6$$

$$\text{(denn: } \sum_{k=1}^{\infty} kq^{k-1} = \frac{1}{(q-1)^2} \quad \text{für} \quad 0 \leq q < 1).$$

Das heißt, "im Mittel" erhält man beim wiederholten Würfeln mit einem idealen Würfel erstmalig beim sechsten Wurf eine "Eins".

■

Sind X eine diskrete Zufallsgröße mit der Verteilungstabelle

x_k	x_1	x_2	...
$P(X = x_k)$	p_1	p_2	...

und $h : \mathbf{R} \to \mathbf{R}$ eine Funktion, so ist

$$h(X) : \omega \mapsto h(X(\omega)), \quad \omega \in \Omega$$

ebenfalls eine diskrete Zufallsgröße mit der Verteilungstabelle

$h(x_k)$	$h(x_1)$	$h(x_2)$	...
$P(h(X) = h(x_k))$	p_1	p_2	...

und dem Erwartungswert

$$E\,(h(X)) = \sum_k h(x_k) p_k.$$

(Im Fall unendlich vieler Werte $x_1, x_2, \ldots$ hat man $\sum_{k=1}^{\infty} |h(x_k)| p_k < \infty$ vorauszusetzen.)

Wählt man $h(x) = (x - EX)^2$, so heißt

$$\text{Var}\,(X) = E\,(h(X)) = E(X - EX)^2$$

die **Varianz** (oder: **Streuung**) der Zufallsgröße X, d. h.

$$\text{Var}\,(X) = \sum_k (x_k - EX)^2 p_k.$$

Die Varianz ist ein Maß für die Variabilität einer Zufallsgröße.

Beispiel 3.2.3: Ist X_1 bzw. X_2 diskret verteilt entsprechend der Verteilungstabelle

x_k	-1	0	1
$P(X = x_k)$	$\frac{1}{4}$	$\frac{1}{2}$	$\frac{1}{4}$

bzw.

x_k	-2	0	2
$P(X = x_k)$	$\frac{1}{4}$	$\frac{1}{2}$	$\frac{1}{4}$

,

so erhält man – offensichtlich – $EX_1 = EX_2 = 0$, aber

$$\begin{aligned}\text{Var}(X_1) &= \sum_{k=1}^{3}(x_k - EX_1)^2 p_k \\ &= (-1-0)^2\tfrac{1}{4} + (0-0)^2\tfrac{1}{2} + (1-0)^2\tfrac{1}{4} \;=\; \tfrac{1}{2}\end{aligned}$$

und

$$\begin{aligned}\text{Var}(X_2) &= \sum_{k=1}^{3}(x_k - EX_2)^2 p_k \\ &= (-2-0)^2\tfrac{1}{4} + (0-0)^2\tfrac{1}{2} + (2-0)^2\tfrac{1}{4} \;=\; 2.\end{aligned}$$

■

Zu Beispiel 3.1.1: Die Zufallsgröße X, die die Summe der Augenzahlen zweier nicht unterscheidbarer idealer Würfel angibt, besitzt (s. o.) den Erwartungswert $EX = 7$ und die Varianz

$$\begin{aligned}\text{Var}(X) &= \sum_{k=1}^{11}(x_k - EX)^2 p_k \\ &= (2-7)^2\tfrac{1}{36} + (3-7)^2\tfrac{2}{36} + (4-7)^2\tfrac{3}{36} + \ldots \\ &\quad + (10-7)^2\frac{3}{36} + (11-7)^2\frac{2}{36} + (12-7)^2\frac{1}{36} \\ &= \tfrac{210}{36} \;=\; 5.833.\end{aligned}$$

■

Bemerkungen:

1. Zur Berechnung der Varianz Var (X) einer diskreten Zufallsgröße benutzt man vorteilhafterweise die Beziehung
$$\text{Var}(X) \;=\; \sum_k (x_k - EX)^2 p_k \;=\; \sum_k x_k^2 p_k - (EX)^2.$$

2. Sind a und b reelle Zahlen, so gilt für die Zufallsgröße $Y = a + bX$
$$\begin{aligned} EY &= E(a+bX) &&= a + bEX \\ \text{Var}(Y) &= \text{Var}(a+bX) &&= b^2\text{Var}(X)\,. \end{aligned}$$

Die Quadratwurzel $\sigma_X = \sqrt{\mathrm{Var}\,(X)}$ bezeichnet man als **Standardabweichung** von X.

Ist $\mathrm{E}X \neq 0$, so heißt

$$\nu_X = \frac{\sigma_X}{\mathrm{E}X}$$

der **Variationskoeffizient** der Zufallsgröße X.

Ist die Varianz $\mathrm{Var}\,(X)$ einer Zufallsgröße X positiv, so heißt

$$Y = \frac{X - \mathrm{E}X}{\sigma_X}$$

die **Standardisierung** von X, und es gilt

$$\mathrm{E}Y = 0 \qquad \text{und} \qquad \mathrm{Var}\,(Y) = 1.$$

Ist X eine diskrete Zufallsgröße mit den Einzelwahrscheinlichkeiten $p_k = \mathrm{P}(X = x_k)$, $k = 1, 2, \ldots$, so heißen für $r = 1, 2, \ldots$

$$\begin{aligned} m_r &= \mathrm{E}\,(X^r) &&= \sum_k x_k^r p_k \qquad \text{bzw.} \\ \mu_r &= \mathrm{E}(X - \mathrm{E}X)^r &&= \sum_k (x_k - \mathrm{E}X)^r p_k \end{aligned}$$

die ***r*–ten Momente** bzw. die ***r*–ten zentralen Momente**.

Die Quotienten

$$\begin{aligned} \gamma_1 &:= \frac{\mathrm{E}(X - \mathrm{E}X)^3}{(\mathrm{Var}\,(X))^{\frac{3}{2}}} &&= \frac{\mu_3}{(\mu_2)^{\frac{3}{2}}} \qquad \text{bzw.} \\ \gamma_2 &:= \frac{\mathrm{E}(X - \mathrm{E}X)^4}{(\mathrm{Var}\,(X))^2} - 3 &&= \frac{\mu_4}{(\mu_2)^2} - 3 \end{aligned}$$

heißen **Schiefe** bzw. **Exzeß** der Zufallsgröße X. Diese Größen dienen neben Erwartungswert und Varianz zur Charakterisierung der Verteilung der Zufallsgröße.

Beispiel 3.2.4: Es sei X diskret verteilt mit

x_k	1	2	3	4	5	6
$\mathrm{P}(X = x_k)$	$\frac{1}{6}$	$\frac{1}{6}$	$\frac{1}{6}$	$\frac{1}{6}$	$\frac{1}{6}$	$\frac{1}{6}$

(Augenzahlen beim idealen Würfel).

Dann ist

$$
\begin{aligned}
\mathrm{E}X &= \tfrac{1}{6}(1+2+\ldots+6) = 3.5, \\
\mathrm{Var}\,(X) &= \sum_{k=1}^{6} x_k^2 p_k - (\mathrm{E}X)^2 \\
&= 1^2 \cdot \tfrac{1}{6} + 2^2 \cdot \tfrac{1}{6} + \ldots + 6^2 \cdot \tfrac{1}{6} - (3.5)^2 \\
&= \tfrac{1}{6}(1^2 + 2^2 + \ldots + 6^2) - \tfrac{49}{4} \\
&= \tfrac{91}{6} - \tfrac{49}{4} = \tfrac{364-294}{24} = \tfrac{35}{12} = 2.9167, \\
\sigma_X &= \sqrt{\mathrm{Var}\,(X)} = \sqrt{\tfrac{35}{12}} = 1.7078.
\end{aligned}
$$

Folglich ist $Y = a + bX$ mit

$$
a = -\frac{\mathrm{E}X}{\sigma_X} = -\frac{\frac{7}{2}}{\sqrt{\frac{35}{12}}} = -\sqrt{\tfrac{21}{5}} \qquad \text{und} \qquad b = \frac{1}{\sigma_X} = \sqrt{\tfrac{12}{35}}
$$

die Standardisierung von X. Man erhält

$$
\mathrm{E}Y = a + b\mathrm{E}X = -\sqrt{\tfrac{21}{5}} + \sqrt{\tfrac{12}{35}} \cdot \tfrac{7}{2} = 0
$$

und

$$
\mathrm{Var}\,(Y) = b^2 \mathrm{Var}\,(X) = \tfrac{12}{35} \cdot \tfrac{35}{12} = 1.
$$

Der Variationskoeffizient von X ist

$$
\nu_X = \frac{\sqrt{\frac{35}{12}}}{\frac{7}{2}} = \sqrt{\tfrac{5}{21}} = 0.4880.
$$

Weiterhin erhält man für das 3. bzw. 4. zentrale Moment

$$
\begin{aligned}
\mu_3 &= \mathrm{E}(X - \mathrm{E}X)^3 = \sum_{k=1}^{6} (x_k - \mathrm{E}X)^3 p_k \\
&= \tfrac{1}{6}\left(\left(1-\tfrac{7}{2}\right)^3 + \left(2-\tfrac{7}{2}\right)^3 + \ldots + \left(6-\tfrac{7}{2}\right)^3\right) = 0
\end{aligned}
$$

bzw.

$$
\begin{aligned}
\mu_4 &= \mathrm{E}(X - \mathrm{E}X)^4 = \sum_{k=1}^{6} (x_k - \mathrm{E}X)^4 p_k \\
&= \tfrac{1}{6}\left(\left(1-\tfrac{7}{2}\right)^4 + \left(2-\tfrac{7}{2}\right)^4 + \ldots + \left(6-\tfrac{7}{2}\right)^4\right) = \tfrac{707}{48} = 14.729.
\end{aligned}
$$

Für die Schiefe und den Exzeß ergibt sich dann

$$
\gamma_1 = 0 \qquad \text{und} \qquad \gamma_2 = \tfrac{14.729}{2.917^2} - 3 = -1.2686.
$$

■

3.2.3 Spezielle diskrete Verteilungen

Diskret gleichmäßige Verteilung

Eine Zufallsgröße X heißt **diskret gleichmäßig verteilt** mit den Werten $x_1, x_2, \ldots, x_n$, falls

$$p_k = \mathrm{P}(X = x_k) = \frac{1}{n} \qquad (k = 1, \ldots, n)$$

gilt. Der Erwartungswert EX ist

$$\mathrm{E}X = \sum_{k=1}^{n} x_k p_k = \frac{1}{n} \sum_{k=1}^{n} x_k$$

(arithmetisches Mittel), und die Varianz hat den Wert

$$\begin{aligned} \mathrm{Var}\,(X) &= \sum_{k=1}^{n} x_k^2 p_k - \left(\sum_{k=1}^{n} x_k p_k \right)^2 \\ &= \frac{1}{n} \sum_{k=1}^{n} x_k^2 - \frac{1}{n^2} \left(\sum_{k=1}^{n} x_k \right)^2 . \end{aligned}$$

Beispiel 3.2.5: (vgl. Beispiel 3.2.4) Bei einem idealen Würfel ist die gewürfelte Augenzahl X offensichtlich eine diskret gleichmäßig verteilte Zufallsgröße.

■

Ist $n = 2$, d. h., die Zufallsgröße X nimmt die Werte x_1 und x_2 mit den Wahrscheinlichkeiten $\mathrm{P}(X = x_1) = p_1$ und $\mathrm{P}(X = x_2) = p_2$ $(= 1 - p_1)$ an, so heißt X **zweipunktverteilt**.

Binomialverteilung

Eine diskrete Zufallsgröße X, die die Werte $0, 1, \ldots, n$ annehmen kann mit den Einzelwahrscheinlichkeiten

$$p_k = \mathrm{P}(X = k) = \binom{n}{k} p^k (1-p)^{k-1} \qquad (k = 0, 1, \ldots, n),$$

heißt **binomialverteilt** mit den Parametern n $(n \in \mathbf{N})$ und p $(0 \leq p \leq 1)$. Sie besitzt den Erwartungswert

$$\mathrm{E}X = np$$

und die Varianz

$$\mathrm{Var}\,(X) = np(1-p).$$

Bemerkung: Tritt im Ergebnis eines zufälligen Versuches das Ereignis A mit der Wahrscheinlichkeit $\mathrm{P}(A) = p$ ein, so "zählt" X das Eintreten von A bei n unabhängigen Durchführungen dieses Versuches (**Bernoulli-Schema**). So ist $\mathrm{P}(X = k) = \binom{n}{k} p^k (1-p)^{n-k}$ die Wahrscheinlichkeit, daß bei n unabhängigen Versuchen k–mal das Ereignis A und demzufolge $(n-k)$–mal das komplementäre Ereignis $\bar{A}$ eintritt.

Beispiel 3.2.6: Von einem Fußball–Torwart ist bekannt, daß er im Mittel 15% der geschossenen "Elfmeter" hält. Dann ist die Wahrscheinlichkeit p_1 bzw. p_2, daß er beim "Elfmeterschießen" in einem bis dahin unentschiedenen Spiel von fünf abgegebenen Schüssen einen bzw. zwei hält,

$$\begin{aligned} p_1 &= \tbinom{5}{1} 0.15^1 \cdot 0.85^4 = 0.3915 \quad \text{bzw.} \\ p_2 &= \tbinom{5}{2} 0.15^2 \cdot 0.85^3 = 0.1382. \end{aligned}$$

Die Wahrscheinlichkeit p_0, daß er keinen der fünf Schüsse hält, ist dabei

$$p_0 = \tbinom{5}{0} 0.15^0 \cdot 0.85^5 = 0.4437.$$

■

Beispiel 3.2.7: Aus einem Lieferposten von gleichartigen Stahlbeton–Trägern werden 50 Teile zufällig herausgegriffen. Erfahrungsgemäß besitzen 99% dieser Träger eine Bruchfestigkeit, die über dem Doppelten des vom Hersteller garantierten Wertes liegen. Wie groß ist die Wahrscheinlichkeit, daß höchstens drei dieser Teile eine Bruchfestigkeit besitzen, die höchstens den doppelten Wert des vom Hersteller angegebenen beträgt?

Lösung:

Bezeichne X die (zufällige) Anzahl derjenigen unter den 50 herausgegriffenen Trägern, deren Bruchfestigkeit nicht größer als 200% des garantierten Wertes ("Ereignis A") ist. Dann ist X binomialverteilt mit $n = 50$ und $p = 0.01$ und

$$\begin{aligned} \mathrm{P}(X \le 3) &= \mathrm{P}(X=0) + \mathrm{P}(X=1) + \mathrm{P}(X=2) + \mathrm{P}(X=3) \\ &= \sum_{k=0}^{3} \binom{50}{k} p^k (1-p)^{50-k} \\ &= \tbinom{50}{0} \cdot 0.01^0 \cdot 0.99^{50} + \tbinom{50}{1} \cdot 0.01^1 \cdot 0.99^{49} \\ &\quad + \tbinom{50}{2} \cdot 0.01^2 \cdot 0.99^{48} + \tbinom{50}{3} \cdot 0.01^3 \cdot 0.99^{47} \\ &= 0.99^{50} + 50 \cdot 0.01 \cdot 0.99^{49} + 1225 \cdot 0.01^2 \cdot 0.99^{48} \\ &\quad + 19600 \cdot 0.01^3 \cdot 0.99^{47} \\ &= 0.9984. \end{aligned}$$

Die Berechnung der Einzelwahrscheinlichkeiten kann dabei vorteilhafterweise mit der Rekursionsformel

$$p_{k+1} = \frac{n-k}{k+1} \cdot \frac{p}{1-p} \cdot p_k \qquad (k = 0, 1, \ldots, n-1)$$

durchgeführt werden, d. h. hier:

$$\begin{aligned}
\mathrm{P}(X=0) &= p_0 = 0.99^{50} &&= 0.6050 \\
\mathrm{P}(X=1) &= p_1 = \tfrac{50}{1} \cdot \tfrac{0.01}{0.99} \cdot 0.6050 &&= 0.3056 \\
\mathrm{P}(X=2) &= p_2 = \tfrac{49}{2} \cdot \tfrac{0.01}{0.99} \cdot 0.3056 &&= 0.0756 \\
\mathrm{P}(X=3) &= p_3 = \tfrac{48}{3} \cdot \tfrac{0.01}{0.99} \cdot 0.0756 &&= 0.0122.
\end{aligned}$$

■

Hypergeometrische Verteilung

Eine diskrete Zufallsgröße X heißt **hypergeometrisch verteilt** mit den Parametern N, M und n ($N, M, n \in \mathbb{N}$ und $M \leq N,\ n \leq N$), falls

$$p_k = \mathrm{P}(X=k) = \frac{\binom{M}{k}\binom{N-M}{n-k}}{\binom{N}{n}}$$

für $k \in \mathbb{N}_0$ und $\max(0, n-(N-M)) \leq k \leq \min(M, n)$ ist.
Sie besitzt den Erwartungswert bzw. die Varianz:

$$\mathrm{E}X = n\frac{M}{N} \qquad \text{bzw.} \qquad \mathrm{Var}\,(X) = n\frac{M}{N}\left(1 - \frac{M}{N}\right)\left(1 - \frac{n-1}{N-1}\right).$$

Die Einzelwahrscheinlichkeiten $p_k = \mathrm{P}(X=k)$ lassen sich – vorteilhafterweise – mittels der Rekursionsformel

$$p_{k+1} = \frac{(n-k)(M-k)}{(k+1)(N-M-n+k+1)} \cdot p_k$$
$$\Big(k = \max(0, n-(N-M)), \ldots, \min(M, n)\Big)$$

bestimmen.

Beispiel 3.2.8: Ein Warenposten bestehe aus N Teilen, unter denen sich M ($\leq N$) Teile mangelhafter Qualität befinden. Entnimmt man diesem Warenposten zufällig n ($\leq N$) Teile ("ohne Zurücklegen"), so "zählt" die Zufallsgröße X die Anzahl der Teile mangelhafter Qualität, die sich unter diesen n Teilen befinden. Die Einzelwahrscheinlichkeiten $\mathrm{P}(X = k)$, daß genau k der zufällig entnommenen n Teile mangelhafter Qualität sind, ergeben sich aus folgenden Überlegungen:

Der Quotient für die Einzelwahrscheinlichkeiten resultiert aus der Definition der klassischen Wahrscheinlichkeit, denn $\binom{N}{n}$ ist die Anzahl aller möglichen Ereignisse (n aus N Teilen auszuwählen) und $\binom{M}{k}\binom{N-M}{n-k}$ die Anzahl der für das Ereignis $\{X = k\}$ günstigen Ereignisse (k aus M Teilen und $n-k$ aus den restlichen $N - M$ Teilen auszuwählen).

Die Anzahl X ist einerseits sowohl höchstens gleich M (Anzahl aller Teile mangelhafter Qualität) als auch höchstens gleich n (Anzahl der entnommenen Teile), d. h. $X \leq \min(M, n)$.

Die Anzahl X ist andererseits sowohl nichtnegativ (d. h. $X \geq 0$) als auch mindestens gleich $n - (N - M)$ (Differenz zwischen der Anzahl aller entnommenen Teile und der Anzahl $N - M$ der qualitätsgerechten Teile, d. h. $X \geq \max(0, n - (N - M))$). Ist z. B. $N = 50$, $M = 10$ und $n = 3$, so erhält man

$$\begin{aligned} \min(M,n) &= \min(10,3) &= 3, \\ \max(0, 3-(50-10)) &= \max(0,-37) &= 0 \qquad \text{und} \end{aligned}$$

$$\begin{aligned} P(X=0) &= \frac{\binom{10}{0}\binom{40}{3}}{\binom{50}{3}} = 0.5041, \\ P(X=1) &= \frac{\binom{10}{1}\binom{40}{2}}{\binom{50}{3}} = 0.3980, \\ P(X=2) &= \frac{\binom{10}{2}\binom{40}{1}}{\binom{50}{3}} = 0.0918, \\ P(X=3) &= \frac{\binom{10}{3}\binom{40}{0}}{\binom{50}{3}} = 0.0061. \end{aligned}$$

■

Beispiel 3.2.9: Um zu erfahren, wieviel erwachsene Tiere einer vom Aussterben bedrohten Tierart in einem Nationalpark leben, fängt man 200 dieser Tiere, kennzeichnet und entläßt sie anschließend wieder in den Park. Nach einer bestimmten Zeit fängt man erneut 50 dieser Tiere und stellt fest, daß davon 15 gekennzeichnet sind. Als Schätzung N^* für die Anzahl N aller dieser Tiere im Nationalpark wird diejenige Anzahl gewählt, für die die zugehörige Wahrscheinlichkeit maximal ist. Man bestimme folglich N^*.

Lösung:
Die Anzahl N^* bestimmt man mit Hilfe der hypergeometrischen Verteilung als Lösung der Aufgabe

$$\frac{\binom{200}{15}\binom{N^*-1-200}{50-15}}{\binom{N^*-1}{50}} \leq \frac{\binom{200}{15}\binom{N^*-200}{50-15}}{\binom{N^*}{50}} \tag{1}$$

und

$$\frac{\binom{200}{15}\binom{N^*+1-200}{50-15}}{\binom{N^*+1}{50}} \leq \frac{\binom{200}{15}\binom{N^*-200}{50-15}}{\binom{N^*}{50}}. \tag{2}$$

Aus der Ungleichung (1) ergibt sich

$$\binom{N^*-201}{35}\binom{N^*}{50} \leq \binom{N^*-200}{35}\binom{N^*-1}{50},$$

d. h.

$$\begin{aligned} &(N^*-201)(N^*-202)\cdots(N^*-235)\cdot N^*(N^*-1)\cdots(N^*-49) \\ \leq\ &(N^*-200)(N^*-201)\cdots(N^*-234)\cdot(N^*-1)(N^*-2)\cdots(N^*-50). \end{aligned}$$

Daraus folgt

$$\begin{aligned} (N^*-235)N^* &\leq (N^*-200)(N^*-50) \\ N^{*2}-235N^* &\leq N^{*2}-250N^*+10000 \\ 15N^* &\leq 10000 \\ N^* &\leq \tfrac{10000}{15} = 666.67. \end{aligned}$$

Aus der Ungleichung (2) ergibt sich

$$\binom{N^*-199}{35}\binom{N^*}{50} \leq \binom{N^*-200}{35}\binom{N^*+1}{50}$$

und damit

$$\begin{aligned} &(N^*-199)(N^*-200)\cdots(N^*-233)\cdot N^*(N^*-1)\cdots(N^*-49) \\ \leq\ &(N^*-200)(N^*-201)\cdots(N^*-234)\cdot(N^*+1)N^*\cdots(N^*-48) \end{aligned}$$

$$\begin{aligned} (N^*-199)(N^*-49) &\leq (N^*-234)(N^*+1) \\ N^{*2}-248N^*+9751 &\leq N^{*2}-233N^*-234 \\ 9985 &\leq 15N^* \\ 665.67 &\leq N^*. \end{aligned}$$

Also ist $N^* = 666$. ∎

Binomialapproximation der hypergeometrischen Verteilung

Für eine Folge von hypergeometrischen Verteilungen mit den Parametern N, $M = M(N)$ und n mit

$$\lim_{N\to\infty} \frac{M(N)}{N} = p$$

gilt

$$\lim_{N\to\infty} \frac{\binom{M}{k}\binom{N-M}{n-k}}{\binom{N}{n}} = \binom{n}{k} p^k (1-p)^{n-k}.$$

In praxi verwendet man diesen Grenzwert zur näherungsweisen Bestimmung der Einzelwahrscheinlichkeiten der hypergeometrischen Verteilung bei "großem" N in der Form

$$\frac{\binom{M}{k}\binom{N-M}{n-k}}{\binom{N}{n}} \approx \binom{n}{k} p^k (1-p)^{n-k} \qquad \text{mit} \quad p = \frac{M}{N}.$$

Bemerkung: Dieser Sachverhalt besitzt eine einfache inhaltliche Interpretation. Befinden sich in einer Urne N Kugeln, von denen M $(< N)$ gekennzeichnet sind (z. B. $N - M$ weiße und M schwarze Kugeln), so werden durch die Einzelwahrscheinlichkeiten

$$\binom{n}{k} p^k (1-p)^{n-k} \qquad \text{mit} \quad p = \frac{M}{N}$$

die Wahrscheinlichkeiten dafür angegeben, bei jeweiligem Zurücklegen der gezogenen Kugel bei n Ziehungen k schwarze Kugeln zu erhalten. Werden die jeweils gezogenen Kugeln **nicht** zurückgelegt, so geben die Einzelwahrscheinlichkeiten

$$\frac{\binom{M}{k}\binom{N-M}{n-k}}{\binom{N}{n}}$$

die Wahrscheinlichkeiten dafür an, bei n Ziehungen ohne Zurücklegen (oder: bei **einer** Ziehung von n Kugeln) k schwarze Kugeln zu erhalten. Für große Anzahlen N und M mit $\frac{M}{N} = p = \text{const}$ unterscheiden sich diese Wahrscheinlichkeiten nur geringfügig, da der Effekt des Zurücklegens mit wachsendem N geringer wird.

Beispiel 3.2.10: Aus einer Urne mit N Kugeln und davon $M = \frac{N}{4}$ schwarzen Kugeln ergeben sich folgende Wahrscheinlichkeiten im Falle, daß 5 von 20 Kugeln schwarz sind:

	Urnenmodell ohne Zurücklegen (hypergeometrische Verteilung)	Urnenmodell mit Zurücklegen (Binomialverteilung)
$N = 100$:	0.22601	0.20233 .
$N = 500$:	0.20650	
$N = 1000$:	0.20438	
$N = 2000$:	0.20335	
$N = 10000$:	0.20253	
$N = 100000$:	0.20235	

■

Geometrische Verteilung

Eine diskrete Zufallsgröße X heißt **geometrisch verteilt** mit dem Parameter p $(0 < p < 1)$, falls sie folgende Verteilungstabelle besitzt:

x_k	1	2	$\cdots$	k	$\cdots$
$\mathrm{P}(X = x_k)$	p	$(1-p)p$	$\cdots$	$(1-p)^{k-1}p$	$\cdots$

,

und es gilt

$$\mathrm{E}X = \sum_{k=1}^{\infty} k(1-p)^{k-1}p = \frac{1}{p}$$

$$\mathrm{Var}(X) = \sum_{k=1}^{\infty} \left(k - \frac{1}{p}\right)^2 (1-p)^{k-1}p = \frac{1-p}{p^2}.$$

Bemerkung: Im Ergebnis eines zufälligen Versuches trete ein Ereignis A mit der Wahrscheinlichkeit $p = \mathrm{P}(A)$ ein. Dieser Versuch werde unabhängig wiederholt. Bezeichnet A_k das Ereignis, daß A bei der k–ten Durchführung dieses Versuches eintritt, so beschreibt

$$A^{(n)} = \bar{A}_1 \cap \ldots \cap \bar{A}_{n-1} \cap A_n$$

das Ereignis, daß A erstmalig bei der n–ten Durchführung eintritt. Wegen der Unabhängigkeit von $A_1, A_2, \ldots$ gilt dann

$$\mathrm{P}\left(A^{(n)}\right) = \mathrm{P}\left(\bar{A}_1\right) \cdot \mathrm{P}\left(\bar{A}_2\right) \cdot \ldots \cdot \mathrm{P}\left(\bar{A}_{n-1}\right) \cdot \mathrm{P}\left(A_n\right) = (1-p)^{n-1}p.$$

Folglich “zählt” eine mit p geometrisch verteilte Zufallsgröße X wegen

$$\mathrm{P}(X = n) = (1-p)^{n-1}p$$

die Anzahl der Durchführungen des betrachteten Versuches bis zum erstmaligen Eintreten des Ereignisses A.

Beispiel 3.2.11: Ein Relais falle mit einer Wahrscheinlichkeit $p = 0.0001$ bei einem Schaltvorgang aus. Dann ist die Anzahl der (unabhängigen) Schaltvorgänge bis zum 1. Ausfall dieses Relais geometrisch verteilt mit dem Parameter $p = 0.0001$, d. h.

$$p_k = \mathrm{P}(X = k) = (1-p)^{k-1} \cdot p = 0.9999^{k-1} \cdot 0.0001,$$

und es ist

$$\begin{aligned} \mathrm{P}(X < n) &= \sum_{k=1}^{n-1} \mathrm{P}(X = k) = \sum_{k=1}^{n-1} (0.9999)^{k-1} \cdot 0.0001 \\ &= \sum_{l=0}^{n-2} (0.9999)^l \cdot 0.0001 = 0.0001 \cdot \frac{1 - 0.9999^{n-1}}{1 - 0.9999} \\ &= 1 - 0.9999^{n-1}. \end{aligned}$$

Dabei ist $\mathrm{P}(X < n)$ die Wahrscheinlichkeit, daß das Relais bis zum n–ten Schaltvorgang mindestens einmal ausfällt.
Für die Wahrscheinlichkeit $\mathrm{P}(X \geq n)$, daß das Relais frühestens beim n–ten Schaltvorgang erstmalig ausfällt, erhält man z. B. mit

$$\mathrm{P}(X \geq n) = 1 - \mathrm{P}(X < n) = 0.9999^{n-1},$$

d. h.

n	10	100	1000	2000	3000	10000
$\mathrm{P}(X \geq n)$	0.9991	0.9901	0.9040	0.8188	0.7409	0.3679

.

■

Poisson–Verteilung

Eine diskrete Zufallsgröße X, die die Werte $k = 0, 1, 2, \ldots$ annehmen kann, heißt **poissonverteilt** mit einem Parameter $\lambda > 0$, wenn sie folgende Verteilungstabelle besitzt:

x_k	0	1	2	$\cdots$	k	$\cdots$
$p_k = \mathrm{P}(X = x_k)$	$\frac{\lambda^0}{0!} \mathrm{e}^{-\lambda}$	$\frac{\lambda^1}{1!} \mathrm{e}^{-\lambda}$	$\frac{\lambda^2}{2!} \mathrm{e}^{-\lambda}$	$\cdots$	$\frac{\lambda^k}{k!} \mathrm{e}^{-\lambda}$	$\cdots$

.

Dabei lassen sich die Einzelwahrscheinlichkeiten mittels der Rekursionformel

$$p_{k+1} = \frac{\lambda}{k+1} p_k \qquad \text{mit} \quad p_0 = \mathrm{e}^{-\lambda}$$

für $k = 0, 1, \ldots$ ermitteln.

Für den Erwartungswert EX und die Varianz Var(X) erhält man

$$\mathrm{E}X = \mathrm{Var}(X) = \lambda.$$

Beispiel 3.2.12: An einer Tankstelle kommen zwischen 16.00 und 18.00 Uhr durchschnittlich 4 Fahrzeuge pro Minute an. Geht man davon aus, daß die Anzahl X der in einer Minute ankommenden Fahrzeuge poissonverteilt ist, erhält man

$$\lambda = \mathrm{E}X = 4.$$

Dann ist z. B.

$$\mathrm{P}(X = 0) = \frac{4^0}{0!}\,\mathrm{e}^{-4} = 0.0183$$

(Wahrscheinlichkeit, daß kein Fahrzeug ankommt),

$$\mathrm{P}(X = 1) = \frac{4^1}{1!}\,\mathrm{e}^{-4} = 0.0733$$

(Wahrscheinlichkeit, daß genau ein Fahrzeug ankommt),

$$\mathrm{P}(X = 2) = \frac{4^2}{2!}\,\mathrm{e}^{-4} = 0.1465$$

(Wahrscheinlichkeit, daß genau zwei Fahrzeuge ankommen),

$$\begin{aligned}\mathrm{P}(X \geq 3) &= 1 - \mathrm{P}(X < 3)\\ &= 1 - \mathrm{P}(X = 0) - \mathrm{P}(X = 1) - \mathrm{P}(X = 2) = 0.7619\end{aligned}$$

(Wahrscheinlichkeit, daß mindestens drei Fahrzeuge ankommen),

$$\mathrm{P}(X \geq 4) = \mathrm{P}(X \geq 3) - \mathrm{P}(X = 3) = 0.7619 - 0.1954 = 0.5665$$

(Wahrscheinlichkeit, daß mindestens vier Fahrzeuge ankommen).

■

Poissonapproximation der Binomialverteilung

Für eine Folge von Binomialverteilungen mit den Parametern n und $p = p(n)$ mit

$$\lim_{n\to\infty} n \cdot p(n) = \lambda = \text{const}$$

gilt

$$\lim_{n\to\infty} \binom{n}{k} p^k (1-p)^{n-k} = \frac{\lambda^k}{k!}\,\mathrm{e}^{-\lambda} \qquad (k = 0, 1, \ldots).$$

(Poissonscher Grenzwertsatz)

In praxi verwendet man diesen Grenzwertsatz zur näherungsweisen Berechnung der Einzelwahrscheinlichkeiten der Binomialverteilung bei "großem" n und "kleinem" p in der Form

$$\binom{n}{k} p^k (1-p)^{n-k} \approx \frac{\lambda^k}{k!} \mathrm{e}^{-\lambda} \qquad (\lambda = n \cdot p).$$

Beispiel 3.2.13: Die Wahrscheinlichkeit, daß ein Brennelement in einem Kernreaktor den Bedingungen einer Qualitätsprüfung nicht genügt, beträgt $p = 0.0002$. Wie groß ist die Wahrscheinlichkeit, daß

a) höchstens 2 von 5000,

b) genau eins von 1000,

c) keines von 100

dieser Brennelemente die Qualitätsbedingungen nicht erfüllen?

Lösung:
Es bezeichne X die (zufällige) Anzahl der nicht qualitätsgerechten Brennelemente. Dann ist X binomialverteilt mit $p = 0.0002$ und $n = 5000$ (im Fall a)), $n = 1000$ (im Fall b)), $n = 100$ (im Fall c)).

a) $$\mathrm{P}(X \le 2) = \binom{5000}{0} \cdot 0.0002^0 \cdot 0.9998^{5000} + \binom{5000}{1} \cdot 0.0002^1 \cdot 0.9998^{4999} + \binom{5000}{2} \cdot 0.0002^2 \cdot 0.9998^{4998}.$$

Mittels des Grenzwertsatzes von Poisson (mit $\lambda = n \cdot p = 1$) ergibt sich

$$\mathrm{P}(X \le 2) \approx \tfrac{1^0}{0!} \mathrm{e}^{-1} + \tfrac{1^1}{1!} \mathrm{e}^{-1} + \tfrac{1^2}{2!} \mathrm{e}^{-1} = \tfrac{5}{2\mathrm{e}} = 0.9197.$$

b) $\mathrm{P}(X = 1) = \binom{1000}{1} \cdot 0.0002^1 \cdot 0.9998^{999} \approx \frac{0.2^1}{1!} \mathrm{e}^{-0.2} = 0.1637$
(mittels Grenzwertsatz von Poisson mit $\lambda = n \cdot p = 0.2$).

c) $\mathrm{P}(X = 0) = \binom{100}{0} \cdot 0.0002^0 \cdot 0.9998^{100} \approx \frac{0.02^0}{0!} \mathrm{e}^{-0.02} = 0.9802$
(mittels Grenzwertsatz von Poisson mit $\lambda = n \cdot p = 0.02$).

■

Aufgaben

Aufgabe 3.2.1 Eine Zufallsgröße X besitze die Verteilungsfunktion

$$F_X(x) = \begin{cases} 0 & \text{für} \quad x < 1 \\ \frac{n}{10} & \text{für} \quad n \leq x < n+1 \quad (n = 1, \ldots, 9) \\ 1 & \text{für} \quad x \geq 10. \end{cases}$$

Man bestimme

a) die Verteilungstabelle mit den Einzelwahrscheinlichkeiten von X,

b) den Erwartungswert $\mathrm{E}X$,

c) die Varianz $\mathrm{Var}\,(X)$,

d) den Variationskoeffizienten ν_X,

e) die Standardisierung Y von X,

f) das 3. und 4. zentrale Moment von X,

g) die Schiefe und den Exzeß von X.

Aufgabe 3.2.2 Eine Zufallsgröße X besitze die Verteilungstabelle

x_k	-1	0	1
$\mathrm{P}(X = x_k)$	$\frac{1}{4}$	$\frac{1}{2}$	$\frac{1}{4}$

Man bestimme

a) die Verteilungstabellen von $Y_1 = X^2$ und $Y_2 = |X|$,

b) $\mathrm{E}Y_1$, $\mathrm{E}Y_2$, $\mathrm{Var}\,(Y_1)$, $\mathrm{Var}\,(Y_2)$.

Aufgabe 3.2.3 In einer Versicherungsgesellschaft sei u. a. eine Gruppe von 600 Personen gleichen Alters lebensversichert. Die Wahrscheinlichkeit, im Verlauf eines Jahres zu sterben, sei für jede dieser Personen $p = 0.005$ und von den anderen unabhängig. Jeder dieser Versicherten bezahlt am Anfang des Jahres 100,– DM als Versicherungsbeitrag. Seine Hinterbliebenen erhalten im Todesfall von der Gesellschaft 15000,– DM.

a) Wie groß ist der Erwartungswert des Gewinns der Gesellschaft?

b) Wie groß ist die Wahrscheinlichkeit, daß ein Mindestgewinn von 20000,– DM erzielt wird?

Aufgabe 3.2.4 Bei der automatischen Volumen–Abfüllung von Teebeuteln wird mit einer Wahrscheinlichkeit von $p = 0.001$ das angegebene Gewicht um mehr als 5% unterschritten.
Wie groß ist die Wahrscheinlichkeit, daß bei einer Stichprobe vom Umfang $n = 100$ aus einer Großpackung

a) kein Teebeutel,

b) höchstens ein Teebeutel,

c) mehr als ein Teebeutel

mit weniger als 95% des angegebenen Gewichts gefunden wird?

Aufgabe 3.2.5 Die Wahrscheinlichkeit, daß bei der Bedienung eines Webstuhles innerhalb von 10 Minuten ein Spulenwechsel vorzunehmen ist, betrage $p = \frac{1}{3}$.
Wie groß ist die Wahrscheinlichkeit, daß bei der Bedienung von zwölf unabhängig voneinander arbeitenden Webstühlen innerhalb von 10 Minuten bei

a) genau vier Maschinen,

b) allen Maschinen,

c) keiner Maschine,

d) mehr als zwei Maschinen

ein Spulenwechsel erforderlich ist?

Aufgabe 3.2.6 Der Versuch, durch einen Space–Shuttle einen Satelliten einzufangen, ist mit einer Wahrscheinlichkeit $p = 0.85$ erfolgreich. Er kann höchstens fünfmal durchgeführt werden. Das Ergebnis eines Versuches ist dabei unabhängig von dem Ergebnis der vorangegangenen Versuche.

a) Mit welcher Wahrscheinlichkeit wird der Satellit eingefangen?

b) Wie lauten die Verteilungstabelle und die Verteilungsfunktion der Anzahl X der Versuche, den Satelliten einzufangen?

c) Wie groß sind Erwartungswert $\mathrm{E}X$ und Varianz $\mathrm{Var}\,(X)$ der Zufallsgröße X?

Aufgabe 3.2.7 Es sei X eine hypergeometrisch verteilte Zufallsgröße mit $N = 10,\ M = 3,\ n = 4$.
Man ermittle die Wahrscheinlichkeiten bzw. bedingten Wahrscheinlichkeiten

a) $\mathrm{P}(X = 0)$,
b) $\mathrm{P}(X = 2)$,
c) $\mathrm{P}(X = 3)$,
d) $\mathrm{P}(X = 1)$,
e) $\mathrm{P}(X > 2)$,
f) $\mathrm{P}(X = 3 \mid X \geq 1)$.

Aufgabe 3.2.8 In einem Posten von 50 Tablettenpackungen befinden sich 5 unvollständige Packungen.
Wie groß ist die Wahrscheinlichkeit, daß ein Käufer, der

a) 20 dieser Packungen kauft, genau zwei unvollständige Packungen erhält,

b) 5 dieser Packungen kauft, genau eine unvollständige Packung erhält,

c) eine Packung kauft, eine vollständige Packung erhält?

Aufgabe 3.2.9 Erfahrungsgemäß ist die Wahrscheinlichkeit, daß die Frontscheibe bei der automatischen Montage eines PKW nicht paßgerecht eingesetzt werden kann, $p_0 = 0.005$.
Wie groß ist die Wahrscheinlichkeit $\tilde{p}$, daß dieser Fall nicht vor der Montage des 100. PKW auftritt, wenn die Montage der ersten 50 PKW fehlerfrei verlief?

Aufgabe 3.2.10 Es sei X eine poissonverteilte Zufallsgröße mit dem Parameter $\lambda = 4$. Man ermittle die Wahrscheinlichkeiten bzw. bedingten Wahrscheinlichkeiten

a) $\mathrm{P}(X = 0)$,
b) $\mathrm{P}(X < 4)$,
c) $\mathrm{P}(X = 4)$,
d) $\mathrm{P}(X > 4)$,
e) $\mathrm{P}(X = 1)$,
f) $\mathrm{P}(X = 1 \mid X > 0)$,
g) $\mathrm{P}(X = 2 \mid X > 0)$,
h) $\mathrm{P}(X > 3 \mid X > 0)$,
i) $\mathrm{P}(|X - \mathrm{E}X| > 8)$.

Aufgabe 3.2.11 An einem Augustabend werden durchschnittlich sechs Sternschnuppen pro Stunde beobachtet. Dabei kann davon ausgegangen werden, daß die Anzahl X_t der in t Minuten beobachteten Sternschnuppen poissonverteilt ist mit dem Parameter $\lambda = \frac{t}{\alpha}$ $(\alpha > 0)$.

a) Man bestimme α.

b) Wie groß ist die Wahrscheinlichkeit, daß während einer Viertelstunde mindestens zwei Sternschnuppen beobachtet werden?

Aufgabe 3.2.12 An einer Tankstelle wurde die Anzahl der PKW registiert, die innerhalb von 10 Minuten zum Tanken eintrafen:

Anzahl der PKW	0	1	2	3	4	5	6
beobachtete (absolute) Häufigkeit	25	35	24	11	4	1	0

Man ermittle das arithmetische Mittel $\tilde{\lambda}$ der Anzahl der eintreffenden PKW und vergleiche die beobachteten relativen Häufigkeiten mit den Einzelwahrscheinlichkeiten einer Poisson–Verteilung mit dem Parameter $\tilde{\lambda}$.

Aufgabe 3.2.13 In einer Urne befinden sich 900 weiße und 100 schwarze Kugeln.
Man bestimme mittels der Binomialapproximation der hypergeometrischen Verteilung

a) die Wahrscheinlichkeit, bei einer Ziehung von 50 Kugeln 5 schwarze Kugeln zu erhalten,

b) die Wahrscheinlichkeit, bei einer Ziehung von 50 Kugeln weniger als 5 schwarze Kugeln zu erhalten,

c) die Wahrscheinlichkeit, bei einer Ziehung von 50 Kugeln mehr als 5 schwarze Kugeln zu erhalten.

Aufgabe 3.2.14 Es sei X eine mit den Parametern n und p binomialverteilte Zufallsgröße.
Mittels des Grenzwertsatzes von Poisson ermittle man näherungsweise

a) für $n = 100$ und $p = 0.05$: $\mathrm{P}(X = 5)$ und $\mathrm{P}(X = 50)$,

b) für $n = 50$ und $p = 0.02$: $\mathrm{P}(X < 1)$, $\mathrm{P}(X = 10)$, $\mathrm{P}(X = 1)$,

c) für $n = 30$ und $p = 0.001$: $\mathrm{P}(X = 0)$, $\mathrm{P}(X = 1)$, $\mathrm{P}(X > 1)$.

3.3 Stetige Verteilungen

3.3.1 Grundlagen

Eine Zufallsgröße X heißt **stetig** (oder: **stetig verteilt**) mit der **Wahrscheinlichkeitsdichte** (oder: **Dichte**)

$$f_X : x \mapsto f_X(x) \geq 0 \qquad (x \in \mathbf{R}),$$

falls ihre Verteilungsfunktion $F_X : F_X(x) = \mathrm{P}(X \leq x)$ durch f_X in der Form

$$F_X(x) \;=\; \int_{-\infty}^{x} f_X(\xi)\mathrm{d}\xi \qquad (-\infty < x < \infty)$$

gegeben ist. In diesem Fall heißt F_X auch eine **stetige Verteilung**, und es ist möglich und sinnvoll, diese Zufallsgröße und ihre Verteilung durch ihre Dichte zu charakterisieren.

Bemerkungen:

1. $\int_{-\infty}^{\infty} f_X(\xi)\mathrm{d}\xi \;=\; 1.$

2. $\mathrm{P}(a < X \leq b) \;=\; F_X(b) - F_X(a) \;=\; \int_a^b f_X(\xi)\mathrm{d}\xi \qquad (-\infty < a < b < \infty).$

3. $\mathrm{P}(X = a) = 0$ für $-\infty < a < \infty$, und folglich ist
   $\mathrm{P}(a \leq X \leq b) = \mathrm{P}(a \leq X < b) = \mathrm{P}(a < X \leq b) = \mathrm{P}(a < X < b)$
   für $-\infty < a < b < \infty$.

4. $\frac{\mathrm{d}}{\mathrm{d}x}F_X(x) \;=\; f_X(x)$ für alle Stetigkeitsstellen x von f_X (aufgrund des Hauptsatzes der Differential– und Integralrechnung).

3.3.2 Momente und Quantile

Falls $\int_{-\infty}^{\infty} |x| f_X(x)\mathrm{d}x < \infty$ ist, heißt

$$\mathrm{E}X \;=\; \int_{-\infty}^{\infty} x f_X(x)\mathrm{d}x$$

der **Erwartungswert** von X.
Es gilt:

$$\mathrm{E}\,(a + bX) \;=\; a + b\mathrm{E}X$$

für a, b – reelle Zahlen.

Falls h eine reellwertige stetige Funktion ist, so ist $h(X)$ eine Zufallsgröße mit der Verteilungsfunktion

$$F_{h(X)} : F_{h(X)}(x) \;=\; \mathrm{P}(h(X) \leq x)$$

und dem Erwartungswert

$$\mathrm{E}\,(h(X)) \;=\; \int_{-\infty}^{\infty} h(x) f_X(x)\mathrm{d}x,$$

falls

$$\int_{-\infty}^{\infty} |h(x)| f_X(x)\mathrm{d}x \;<\; \infty$$

ist.

Ist $h(x) \;=\; (x - \mathrm{E}X)^2$, so heißt

$$\mathrm{Var}\,(X) \;=\; \mathrm{E}\,(X - \mathrm{E}X)^2 \;=\; \mathrm{E}\,(h(X))$$

die **Varianz** (oder: **Streuung**) von X, und es gilt:

$$\mathrm{Var}\,(a + bX) \;=\; b^2 \mathrm{Var}\,(X)$$

für a, b – reelle Zahlen. Man bezeichnet

$$\sigma_X \;=\; \sqrt{\mathrm{Var}\,(X)}$$

als die **Standardabweichung** und – im Falle $\mathrm{E}X \neq 0$ –

$$\nu_X \;=\; \frac{\sigma_X}{\mathrm{E}X}$$

als den .

Ist $h(x) \;=\; x^r$ bzw. $h(x) \;=\; (x - \mathrm{E}X)^r$, so heißen für $r = 1, 2, \ldots$

$$m_r \;=\; \mathrm{E}\,(X^r) \;=\; \int_{-\infty}^{\infty} x^r f_X(x)\mathrm{d}x \qquad \text{bzw.}$$

$$\mu_r \;=\; \mathrm{E}(X - \mathrm{E}X)^r \;=\; \int_{-\infty}^{\infty} (x - \mathrm{E}X)^r f_X(x)\mathrm{d}x$$

die **r–ten Momente** bzw. die **r–ten zentralen Momente**.

Die Quotienten

$$\gamma_1 \;:=\; \frac{\mathrm{E}(X - \mathrm{E}X)^3}{(\mathrm{Var}\,(X))^{\frac{3}{2}}} \;=\; \frac{\mu_3}{(\mu_2)^{\frac{3}{2}}} \qquad \text{bzw.}$$

$$\gamma_2 \;:=\; \frac{\mathrm{E}(X - \mathrm{E}X)^4}{(\mathrm{Var}\,(X))^2} - 3 \;=\; \frac{\mu_4}{(\mu_2)^2} - 3$$

heißen **Schiefe** bzw. **Exzeß** der Zufallsgröße X.

Die Zufallsgröße

$$Y = \frac{X - \mathrm{E}X}{\sigma_X}$$

heißt die **Standardisierung** von X mit $\mathrm{E}Y = 0$ und $\mathrm{Var}\,(Y) = 1$.

Beispiel 3.3.1: Es sei X eine stetige Zufallsgröße mit der Verteilungsfunktion F_X :

$$F_X(x) = \begin{cases} 0 & \text{für} \quad x < 0 \\ x^3(4-3x) & \text{für} \quad 0 \le x < 1 \\ 1 & \text{für} \quad x \ge 1 \end{cases} .$$

Dann erhält man die Dichte f_X :

$$f_X(x) = \begin{cases} 0 & \text{für} \quad x < 0 \\ 12x^2(1-x) & \text{für} \quad 0 \le x < 1 \\ 0 & \text{für} \quad x \ge 1 \end{cases}$$

(denn: $\frac{\mathrm{d}}{\mathrm{d}x}(x^3(4-3x)) = 12x^2(1-x)$ für $0 \le x < 1$),
den Erwartungswert

$$\begin{aligned} \mathrm{E}X &= \int_{-\infty}^{\infty} x f_X(x)\mathrm{d}x \\ &= \int_{-\infty}^{0} x \cdot 0\mathrm{d}x + \int_{0}^{1} x \cdot 12x^2(1-x)\mathrm{d}x + \int_{1}^{\infty} x \cdot 0\mathrm{d}x \\ &= 0 + \tfrac{3}{5} + 0 = 0.6 \end{aligned}$$

und die Varianz

$$\begin{aligned} \mathrm{Var}\,(X) &= \int_{-\infty}^{\infty} (x - \mathrm{E}X)^2 f_X(x)\mathrm{d}x = \int_{-\infty}^{0} \left(x - \tfrac{3}{5}\right)^2 \cdot 0 \cdot \mathrm{d}x \\ &\quad + \int_{0}^{1} \left(x - \tfrac{3}{5}\right)^2 \cdot 12x^2(1-x)\mathrm{d}x + \int_{1}^{\infty} \left(x - \tfrac{3}{5}\right)^2 \cdot 0 \cdot \mathrm{d}x \\ &= \tfrac{1}{25} = 0.04. \end{aligned}$$

Für die Momente bzw. zentralen Momente erhält man

$$\begin{aligned} m_2 &= 0.4000 & & \mu_2 = 0.0400 \\ m_3 &= 0.2857 & \text{bzw.} \quad & \mu_3 = -0.0029 \\ m_4 &= 0.2143 & & \mu_4 = 0.0038 \end{aligned}$$

und für Schiefe bzw. Exzeß

$$\gamma_1 = \frac{\mu_3}{(\mu_2)^{\frac{3}{2}}} = -0.3625 \quad \text{bzw.} \quad \gamma_2 = \frac{\mu_4}{\mu_2^2} - 3 = -0.6250.$$

Für $h : h(x) = x^2$ ist dann

$$\begin{aligned} F_{h(X)}(x) &= \mathrm{P}(h(X) \le x) \\ &= \mathrm{P}(X^2 \le x) = \begin{cases} 0 & \text{für} \quad x < 0 \\ \mathrm{P}(X \le \sqrt{x}) & \text{für} \quad 0 \le x < 1 \\ 1 & \text{für} \quad 1 \le x < \infty \end{cases}, \end{aligned}$$

d. h.

$$\begin{aligned} F_{X^2}(x) &= 0 \qquad \text{für} \quad x < 0 \qquad \text{und} \\ F_{X^2}(x) &= F_X(\sqrt{x}) = \begin{cases} \sqrt{x^3}(4 - 3\sqrt{x}) & \text{für} \quad 0 \le x < 1 \\ 1 & \text{für} \quad 1 \le x < \infty \end{cases}. \end{aligned}$$

Dabei gilt

$$f_{X^2}(x) = F'_{X^2}(x) = \begin{cases} 0 & \text{für} \quad x < 0 \\ \frac{3}{2}\sqrt{x}(4 - 3\sqrt{x}) - \frac{3}{2}x & \text{für} \quad 0 \le x < 1 \\ 0 & \text{für} \quad 1 \le x < \infty \end{cases}$$

und

$$\begin{aligned} \mathrm{E}X^2 &= \int_{-\infty}^{\infty} x f_{X^2}(x)\mathrm{d}x = \int_{-\infty}^{\infty} x^2 f_X(x)\mathrm{d}x \\ &= \int_0^1 x^2 \cdot 12x^2(1-x)\mathrm{d}x = 0.4. \end{aligned}$$

(Dieses Ergebnis ist auch durch

$$\mathrm{Var}\,(X) = \mathrm{E}X^2 - (\mathrm{E}X)^2$$

zu erhalten.)

Für $h : h(x) = 3x - 4$ ist

$$\begin{aligned} F_{h(X)}(x) &= \mathrm{P}(h(X) \le x) = \mathrm{P}(3X - 4 \le x) \\ &= \mathrm{P}\left(X \le \tfrac{x+4}{3}\right) = F_X\left(\tfrac{x+4}{3}\right) \\ &= \begin{cases} 0 & \text{für} \quad \frac{x+4}{3} < 0 \\ \left(\frac{x+4}{3}\right)^3\left(4 - 3\left(\frac{x+4}{3}\right)\right) & \text{für} \quad 0 \le \frac{x+4}{3} < 1 \\ 1 & \text{für} \quad \frac{x+4}{3} \ge 1 \end{cases}, \end{aligned}$$

d. h.

$$F_{h(X)}(x) = \begin{cases} 0 & \text{für} \quad x < -4 \\ -\frac{(x+4)^3 x}{27} & \text{für} \quad -4 \leq x < -1 \\ 1 & \text{für} \quad x \geq -1 \end{cases}$$

und

$$\begin{aligned} f_{h(X)}(x) &= F'_{h(X)}(x) = \frac{\mathrm{d}F_X\left(\frac{x+4}{3}\right)}{\mathrm{d}x} = \tfrac{1}{3} f_X\left(\tfrac{x+4}{3}\right) \\ &= \begin{cases} 0 & \text{für} \quad x < -4 \\ 4\frac{(x+4)^2}{9}\left(1 - \frac{x+4}{3}\right) & \text{für} \quad -4 \leq x < -1 \\ 1 & \text{für} \quad x \geq -1 \end{cases} . \end{aligned}$$

Darüber hinaus erhält man

$$\begin{aligned} \mathrm{E}\,(h(X)) &= \mathrm{E}\,(3X - 4) = 3\mathrm{E}X - 4 = 3 \cdot 0.6 - 4 = -2.2 \\ \mathrm{Var}\,(h(X)) &= \mathrm{Var}\,(3X - 4) = 9\mathrm{Var}\,(X) = \tfrac{9}{25} = 0.36. \end{aligned}$$

■

Ist X eine stetige Zufallsgröße mit der Verteilungsfunktion F_X bzw. der Dichte f_X, so heißt x_q $(0 < q < 1)$ ein (unteres) **Quantil der Ordnung q** (**q–Quantil**), falls

$$F_X(x_q) = \mathrm{P}(X \leq x_q) = q,$$

d. h.

$$\int_{-\infty}^{x_q} f_X(x)\mathrm{d}x = q$$

gilt. Im Fall $q = 0.5$ heißt $x_q = x_{0.5}$ auch der **Median**.

Zu Beispiel 3.3.1: Für die Verteilungsfunktion F_X ist ein Quantil x_q der Ordnung q eine Lösung der Gleichung

$$4x_q^3 - 3x_q^4 = q.$$

Für $q = 0.25$, 0.5 bzw. 0.75 ergibt sich

$$x_{0.25} = 0.456, \quad x_{0.5} = 0.614 \quad \text{bzw.} \quad x_{0.75} = 0.757.$$

■

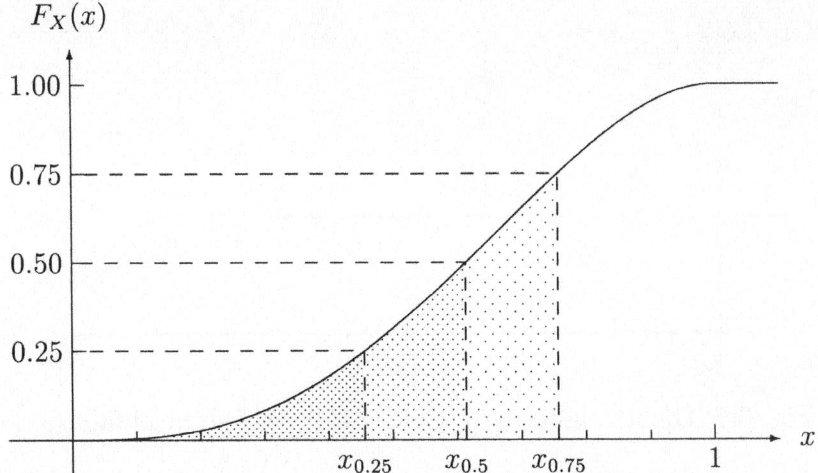

Fig. 3.4: Verteilungsfunktion mit Quantilen (Beispiel 3.3.1)

3.3.3 Spezielle stetige Verteilungen

Stetig gleichmäßige Verteilung

Eine Zufallsgröße X heißt **stetig gleichmäßig verteilt** (oder: **rechteckverteilt**) über $[a,b], a < b$, falls ihre Dichte f_X durch

$$f_X(x) = \begin{cases} 0 & \text{für} \quad x < a \\ \dfrac{1}{b-a} & \text{für} \quad a \leq x < b \\ 0 & \text{für} \quad x \geq b \end{cases}$$

gegeben ist. In diesem Fall ergibt sich die Verteilungsfunktion F_X :

$$F_X(x) = \int\limits_{-\infty}^{x} f_X(\xi)\mathrm{d}\xi = \begin{cases} 0 & \text{für} \quad x < a \\ \dfrac{x-a}{b-a} & \text{für} \quad a \leq x < b \\ 1 & \text{für} \quad x \geq b \end{cases},$$

und Erwartungswert und Varianz sind

$$\mathrm{E}X = \frac{a+b}{2} \quad \text{und} \quad \mathrm{Var}\,(X) = \frac{(b-a)^2}{12}.$$

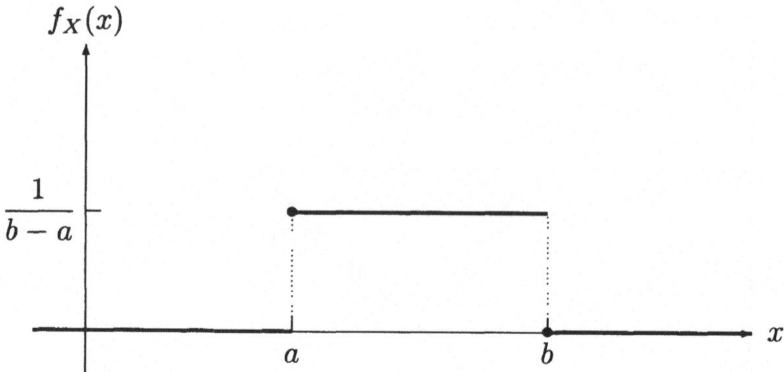

Fig. 3.5: Dichte einer stetig gleichmäßig verteilten Zufallsgröße

Beispiel 3.3.2: Die Zufallsgröße X sei stetig gleichmäßig auf $[-1, 1]$ verteilt. Folglich besitzt sie die Dichtefunktion f_X :

$$f_X(x) = \begin{cases} 0 & \text{für} \quad x < -1 \\ \frac{1}{2} & \text{für} \quad -1 \leq x < 1 \\ 0 & \text{für} \quad x \geq 1 \end{cases}$$

und die Verteilungsfunktion F_X :

$$F_X(x) = \begin{cases} 0 & \text{für} \quad x < -1 \\ \frac{x}{2} + \frac{1}{2} & \text{für} \quad -1 \leq x < 1 \\ 1 & \text{für} \quad x \geq 1 \end{cases} .$$

a) Für die Zufallsgröße $Y = |X|$ erhält man

$$\begin{aligned} F_Y(x) &= \mathrm{P}(Y \leq x) = \mathrm{P}(|X| \leq x) \\ &= \mathrm{P}(-x \leq X \leq x) = F_X(x) - F_X(-x) \\ &= \tfrac{x}{2} + \tfrac{1}{2} - \left(-\tfrac{x}{2} + \tfrac{1}{2}\right) = x \qquad \text{für} \quad 0 \leq x < 1 \end{aligned}$$

und somit

$$F_Y(x) = \begin{cases} 0 & \text{für} \quad x < 0 \\ x & \text{für} \quad 0 \leq x < 1 \\ 1 & \text{für} \quad x \geq 1 \end{cases} ,$$

d. h., Y ist stetig gleichmäßig auf $[0, 1]$ verteilt.

b) Für die Zufallsgröße $Y = X^3$ erhält man

$$
\begin{aligned}
F_Y(x) &= \mathrm{P}(Y \le x) = \mathrm{P}(X^3 \le x) \\
&= \begin{cases} \mathrm{P}\left(X \le -(-x)^{\frac{1}{3}}\right) & \text{für} \quad x < 0 \\ \mathrm{P}\left(X \le x^{\frac{1}{3}}\right) & \text{für} \quad x \ge 0 \end{cases} \\
&= \begin{cases} F_X\left(-(-x)^{\frac{1}{3}}\right) & \text{für} \quad x < 0 \\ F_X\left(x^{\frac{1}{3}}\right) & \text{für} \quad x \ge 0 \end{cases} \\
&= \begin{cases} 0 & \text{für} \quad x < -1 \\ -\frac{(-x)^{\frac{1}{3}}}{2} + \frac{1}{2} & \text{für} \quad -1 \le x < 0 \\ \frac{x^{\frac{1}{3}}}{2} + \frac{1}{2} & \text{für} \quad 0 \le x < 1 \\ 1 & \text{für} \quad x \ge 1 \end{cases}
\end{aligned}
$$

und folglich

$$
f_Y(x) = \frac{\mathrm{d}F_Y(x)}{\mathrm{d}x} = \begin{cases} 0 & \text{für} \quad x < -1 \\ \frac{1}{6}(-x)^{-\frac{2}{3}} & \text{für} \quad -1 \le x < 0 \\ \frac{1}{6}x^{-\frac{2}{3}} & \text{für} \quad 0 \le x < 1 \\ 1 & \text{für} \quad x \ge 1 \end{cases} .
$$

■

Normalverteilung

Eine stetige Zufallsgröße X heißt **normalverteilt** (oder: $\mathrm{N}(\mu, \sigma^2)$**–verteilt**) mit den Parametern μ $(-\infty < \mu < \infty)$ und σ^2 $(\sigma > 0)$, falls ihre Dichte f_X durch

$$
f_X(x) = \frac{1}{\sqrt{2\pi\sigma^2}} \mathrm{e}^{-\frac{(x-\mu)^2}{2\sigma^2}} =: \varphi(x; \mu, \sigma^2) \qquad (-\infty < x < \infty)
$$

gegeben ist. Die Funktionskurve von φ wird auch als **Gaußsche Glockenkurve** bezeichnet.
Die Verteilungsfunktion F_X lautet

$$
F_X(x) = \int_{-\infty}^{x} \frac{1}{\sqrt{2\pi\sigma^2}} \mathrm{e}^{-\frac{(\xi-\mu)^2}{2\sigma^2}} \mathrm{d}\xi =: \Phi(x; \mu, \sigma^2).
$$

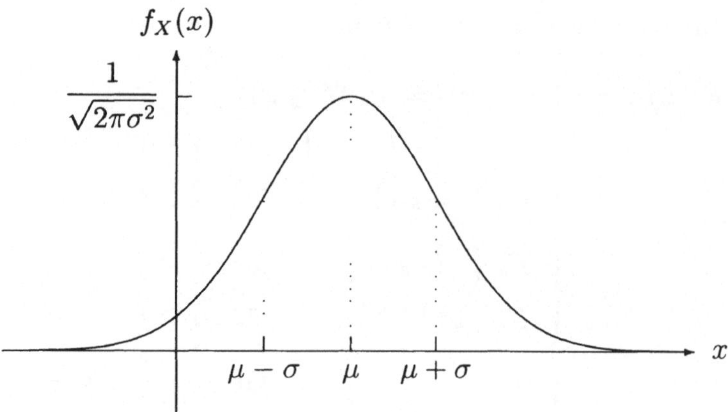

Fig. 3.6: Dichte einer $\mathrm{N}(\mu, \sigma^2)$–verteilten Zufallsgröße

Im Falle $\mu = 0$ und $\sigma^2 = 1$ wird

$$F_X(x) = \frac{1}{\sqrt{2\pi}} \int\limits_{-\infty}^{x} \mathrm{e}^{-\frac{\xi^2}{2}} \mathrm{d}\xi$$

auch als **Gaußsches Fehlerintegral** bezeichnet.
Eine normalverteilte Zufallsgröße X mit den Parametern μ und σ^2 besitzt den Erwartungswert und die Varianz

$$\mathrm{E}X = \mu \qquad \text{und} \qquad \mathrm{Var}\,(X) = \sigma^2.$$

Sind $\mu = 0$ und $\sigma^2 = 1$, d. h.

$$f_X(x) = \frac{1}{\sqrt{2\pi}} \mathrm{e}^{-\frac{x^2}{2}} =: \varphi(x),$$

so heißt X **standardisiert normalverteilt**, d. h.

$$\mathrm{E}X = 0 \qquad \text{und} \qquad \mathrm{Var}\,(X) = 1.$$

Die zugehörige Verteilungsfunktion F_X ist dann

$$F_X(x) = \frac{1}{\sqrt{2\pi}} \int\limits_{-\infty}^{x} \mathrm{e}^{-\frac{\xi^2}{2}} \mathrm{d}\xi = \Phi(x; 0, 1,) =: \Phi(x).$$

Die Funktion $\Phi : x \mapsto \Phi(x)$ besitzt folgende Eigenschaften:

- $\Phi(0) = \frac{1}{2}$,

- $\Phi(-x) = 1 - \Phi(x) \qquad (-\infty < x < \infty)$,

- $\Phi(x;\mu,\sigma^2) \;=\; \Phi\left(\frac{x-\mu}{\sigma}\right) \quad (-\infty < x < \infty)$, d. h., $Y = \frac{X-\mu}{\sigma}$ ist standardisiert normalverteilt, falls X $\mathrm{N}(\mu,\sigma^2)$–verteilt ist.

Die Funktion Φ ist in Tafel Ia angegeben.

Die **Quantile** z_q der Ordnung q der standardisierten Normalverteilung sind durch $\Phi(z_q) = q$ definiert und für $q \geq 0.5$ in Tafel Ib tabelliert. Für $q < 0.5$ verwendet man die Beziehung

$$z_q \;=\; -z_{1-q}.$$

Beispiel 3.3.3: Ist X eine normalverteilte Zufallsgröße mit den Parametern μ und σ^2, so ist

$$\begin{aligned}
\mathrm{P}(\mu-\sigma \leq X \leq \mu+\sigma) &= \mathrm{P}(X \leq \mu+\sigma) - \mathrm{P}(X \leq \mu-\sigma) \\
&= \Phi(\mu+\sigma;\mu,\sigma^2) - \Phi(\mu-\sigma;\mu,\sigma^2) \\
&= \Phi\left(\frac{\mu+\sigma-\mu}{\sigma}\right) - \left(\frac{\mu-\sigma-\mu}{\sigma}\right) \\
&= \Phi(1) - \Phi(-1) \;=\; 0.683
\end{aligned}$$

(unabhängig von μ und σ^2!). Entsprechend gilt

$$\begin{aligned}
\mathrm{P}(\mu-2\sigma \leq X \leq \mu+2\sigma) &= \Phi(2) - \Phi(-2) \;=\; 0.955 \\
\mathrm{P}(\mu-3\sigma \leq X \leq \mu+3\sigma) &= \Phi(3) - \Phi(-3) \;=\; 0.997.
\end{aligned}$$

Das bedeutet, daß 68.3%, 95.5% bzw. 99.7% aller Werte einer beliebigen $\mathrm{N}(\mu,\sigma^2)$–verteilten Zufallsgröße innerhalb der **1σ–Grenzen** $[\mu-\sigma,\mu+\sigma]$, der **2σ–Grenzen** $[\mu-2\sigma,\mu+2\sigma]$ bzw. der **3σ–Grenzen** $[\mu-3\sigma,\mu+3\sigma]$ liegen. ■

Beispiel 3.3.4: Bei einer Lieferung von Kondensatoren sei deren Kapazität K normalverteilt mit dem Erwartungswert $\mu = 200$ (in μF) und der Varianz $\sigma^2 = 25$ (in $(\mu\mathrm{F})^2$). Die Wahrscheinlichkeit, daß ein Kondensator fehlerbehaftet ist, wenn seine Kapazität

a) mindestens 198μF betragen muß,

b) höchstens 202μF betragen darf bzw.

c) maximal 5μF vom Sollwert 200μF abweichen darf,

ist

a) $$\begin{aligned} P(K < 198) &= P\left(\tfrac{K-200}{5} < \tfrac{198-200}{5}\right) \\ &= \Phi\left(-\tfrac{2}{5}\right) = \Phi(-0.4) = 0.3446 \end{aligned}$$
(denn $\frac{K-200}{5}$ ist $N(0,1)$–verteilt),

b) $$\begin{aligned} P(K \geq 202) &= 1 - P(K < 202) \\ &= 1 - P\left(\tfrac{K-200}{5} < \tfrac{202-200}{5}\right) \\ &= 1 - \Phi(0.4) = 0.3446, \end{aligned}$$

c) $$\begin{aligned} P(|K-200| > 5) &= 1 - P(|K-200| \leq 5) \\ &= 1 - P(195 \leq K \leq 205) \\ &= 1 - P\left(\tfrac{195-200}{5} \leq \tfrac{K-200}{5} \leq \tfrac{205-200}{5}\right) \\ &= 1 - (\Phi(1) - \Phi(-1)) \\ &= 1 - \Phi(1) + (1 - \Phi(1)) \\ &= 2 - 2\Phi(1) = 0.3173. \end{aligned}$$

Um festzustellen, welche Toleranzgrenzen $200 - \alpha$ (in μF) und $200 + \alpha$ (in μF) vorzugeben sind, damit die Wahrscheinlichkeit für das Auftreten eines fehlerhaften Kondensators kleiner als 0.1% ist, hat man folgende Rechnung durchzuführen:

$$\begin{aligned} 0.999 &\leq P\left(\tfrac{200-\alpha-200}{5} \leq \tfrac{K-200}{5} \leq \tfrac{200+\alpha-200}{5}\right) \\ &= P\left(-\tfrac{\alpha}{5} \leq \tfrac{K-200}{5} \leq \tfrac{\alpha}{5}\right) \\ &= \Phi\left(\tfrac{\alpha}{5}\right) - \Phi\left(-\tfrac{\alpha}{5}\right) = \Phi\left(\tfrac{\alpha}{5}\right) - 1 + \Phi\left(\tfrac{\alpha}{5}\right) \\ &= 2\Phi\left(\tfrac{\alpha}{5}\right) - 1. \end{aligned}$$

Also ist

$$\Phi\left(\tfrac{\alpha}{5}\right) \geq \tfrac{1.999}{2} = 0.9995, \qquad \text{d. h.}$$

$$\tfrac{\alpha}{5} \geq 3.29 \qquad \text{und} \qquad \alpha \geq 16.45 \qquad \text{(vgl. Tafel Ib).}$$

■

Logarithmische Normalverteilung

Eine stetige Zufallsgröße X heißt **logarithmisch normalverteilt** (oder: **lognormalverteilt**) mit den Parametern μ und σ^2, falls $Y = \ln X$ normalverteilt ist mit $\mathrm{E}Y = \mu$ $(-\infty < \mu < \infty)$ und $\mathrm{Var}\,(Y) = \sigma^2$ $(\sigma > 0)$, d. h., X besitzt die Dichte f_X:

$$f_X(x) = \begin{cases} 0 & \text{für} \quad x \leq 0 \\ \dfrac{1}{\sqrt{2\pi\sigma^2} \cdot x} \cdot \mathrm{e}^{-\frac{(\ln x - \mu)^2}{2\sigma^2}} & \text{für} \quad x > 0 \end{cases}$$

$$= \begin{cases} 0 & \text{für} \quad x \leq 0 \\ \dfrac{\varphi(\ln x; \mu, \sigma^2)}{x} & \text{für} \quad x > 0 \end{cases},$$

den Erwartungswert

$$\mathrm{E}X = \mathrm{e}^{\mu + \frac{\sigma^2}{2}}$$

und die Varianz

$$\mathrm{Var}\,(X) = \mathrm{e}^{2\mu+\sigma^2}\left(e^{\sigma^2} - 1\right).$$

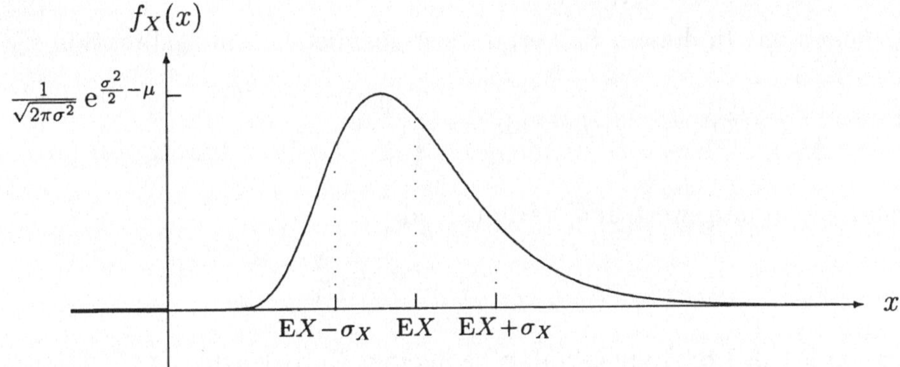

Fig. 3.7: Dichte einer logarithmisch normalverteilten Zufallsgröße

Beispiel 3.3.5: Bei einem Zerkleinerungsprozeß von Kalkstein entstehen kugelförmige Partikel, deren Kugelradius X näherungsweise logarithmisch normalverteilt ist mit $\mu = 0.2$ (in mm) und $\sigma^2 = 0.04$ (in mm^2). Dann besitzen 68.92% der Partikel einen Radius, der um weniger als 20% von $\mathrm{E}X$ abweicht, wie folgende Rechnung zeigt:
Wegen

$$\mathrm{E}X = \mathrm{e}^{\mu + \frac{\sigma^2}{2}} = \mathrm{e}^{0.2 + \frac{0.04}{2}} = 1.2461$$

ist

$$\begin{aligned}
& \mathrm{P}(\mathrm{E}X - 0.2\cdot \mathrm{E}X < X < \mathrm{E}X + 0.2\cdot \mathrm{E}X) \\
= \; & \mathrm{P}(0.9969 < X < 1.4953) \\
= \; & \mathrm{P}\left(\ln(0.9969) < \ln X < \ln(1.4953)\right) \\
= \; & \mathrm{P}\left(\tfrac{\ln(0.9969)-0.2}{0.2} < \tfrac{\ln X-\mu}{\sigma} < \tfrac{\ln(1.4953)-0.2}{0.2}\right) \\
= \; & \Phi\left(\tfrac{\ln(1.4953)-0.2}{0.2}\right) - \Phi\left(\tfrac{\ln(0.9969)-0.2}{0.2}\right) \\
= \; & 0.8441 - 0.1549 = 0.6892 \qquad \text{(vgl. Tafel Ia).}
\end{aligned}$$

■

Exponentialverteilung

Eine stetige Zufallsgröße X heißt **exponentialverteilt** mit dem Parameter λ $(\lambda > 0)$, falls ihre Dichte f_X durch

$$f_X(x) = \begin{cases} 0 & \text{für } x < 0 \\ \lambda \mathrm{e}^{-\lambda x} & \text{für } x \geq 0 \end{cases}$$

gegeben ist. In diesem Fall ergibt sich für die Verteilungsfunktion F_X :

$$F_X(x) = \int_{-\infty}^{x} f_X(\xi)\mathrm{d}\xi = \begin{cases} 0 & \text{für } x < 0 \\ 1 - \mathrm{e}^{-\lambda x} & \text{für } x \geq 0 \end{cases},$$

und Erwartungswert und Varianz sind

$$\mathrm{E}X = \frac{1}{\lambda} \qquad \text{und} \qquad \mathrm{Var}\,(X) = \frac{1}{\lambda}.$$

Beispiel 3.3.6: Eine Glühlampe in einer Notbeleuchtung sei ununterbrochen in Betrieb, bis sie ausfällt. Die Zufallsgröße X, die die (zufällige) Lebensdauer der Glühlampe angibt, sei exponentialverteilt mit der Dichte

$$f_X(x) = \begin{cases} \lambda \mathrm{e}^{-\lambda x} & \text{für } x \geq 0 \\ 0 & \text{für } x < 0 \end{cases}.$$

Weiter sei bekannt, daß derartige Glühlampen im Mittel eine Lebenszeit von 6000 Stunden besitzen.

a) Wie ist der Parameter λ zu wählen, damit $\mathrm{E}X$ gleich der mittleren Lebenszeit ist?

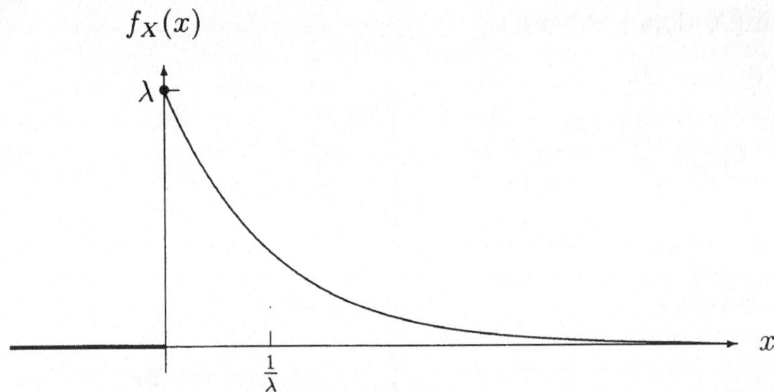

Fig. 3.8: Dichte einer exponentialverteilten Zufallsgröße

b) Wie groß ist die Wahrscheinlichkeit, daß eine Glühlampe nach 6000 Stunden bereits ausgefallen ist?

c) Wie groß ist die Wahrscheinlichkeit, daß eine Glühlampe, die bereits 3000 Stunden in Betrieb ist, mindestens noch weitere 3000 Stunden nicht ausfällt?

d) Entsprechend einer Sicherheitsvorschrift müssen Glühlampen einer Notbeleuchtung nach 6000 Stunden Betriebszeit ausgewechselt werden. Man gebe die Verteilungsfunktion der Zufallsgröße Y an, die die Einsatzzeit (Zeit bis zur Auswechslung oder Ausfall) einer Glühlampe besitzt.

Lösung:

a) Es gilt $6000 = \mathrm{E}X = \frac{1}{\lambda}$. Also ist $\lambda = \frac{1}{6000}$, d. h.

$$f_X(x) = \begin{cases} \frac{1}{6000}\,\mathrm{e}^{-\frac{x}{6000}} & \text{für } x \geq 0 \\ 0 & \text{für } x < 0 \end{cases}.$$

b)
$$\begin{aligned} \mathrm{P}(X < 6000) &= F_X(6000) = 1 - \mathrm{e}^{-\frac{6000}{6000}} \\ &= 1 - \frac{1}{\mathrm{e}} = 0.6321. \end{aligned}$$

c)
$$\begin{aligned} \mathrm{P}(X > 6000 \mid X > 3000) &= \frac{\mathrm{P}(X > 6000 \cap X > 3000)}{\mathrm{P}(X > 3000)} \\ &= \frac{\mathrm{P}(X > 6000)}{\mathrm{P}(X > 3000)} = \frac{1 - F_X(6000)}{1 - F_X(3000)} \\ &= \frac{1 - (1 - \frac{1}{\mathrm{e}})}{1 - (1 - \frac{1}{\sqrt{\mathrm{e}}})} = \frac{1}{\sqrt{\mathrm{e}}} = 0.6065. \end{aligned}$$

d) $Y = \min(X, 6000)$. Also ist

$$F_Y(x) = \mathrm{P}(Y \leq x) = \begin{cases} 0 & \text{für} \quad x \leq 0 \\ \mathrm{P}(X < x) & \text{für} \quad 0 < x < 6000 \\ 1 & \text{für} \quad x \geq 6000 \end{cases},$$

d. h.

$$F_Y(x) = \mathrm{P}(Y \leq x) = \begin{cases} 0 & \text{für} \quad x \leq 0 \\ 1 - \mathrm{e}^{-\frac{x}{6000}} & \text{für} \quad 0 < x < 6000 \\ 1 & \text{für} \quad x \geq 6000 \end{cases}.$$

(Es sei bemerkt, daß Y keine stetige Zufallsgröße ist, da $\mathrm{P}(Y = 6000) = \frac{1}{\mathrm{e}} \neq 0$ gilt.)

■

Weibull–Verteilung

Eine stetige Zufallsgröße X heißt (dreiparametrisch) **weibullverteilt** mit den Parametern a ($a > 0$), b ($b > 0$) und c ($c \in \mathbf{R}$), wenn sie die Dichte f_X :

$$f_X(x) = \begin{cases} 0 & \text{für} \quad x \leq c \\ \frac{b}{a}\left(\frac{x-c}{a}\right)^{b-1} \mathrm{e}^{-\left(\frac{x-c}{a}\right)^b} & \text{für} \quad x > c \end{cases}$$

besitzt. Die Verteilungsfunktion F_X hat dann die Form

$$F_X(x) = \begin{cases} 0 & \text{für} \quad x \leq c \\ 1 - \mathrm{e}^{-\left(\frac{x-c}{a}\right)^b} & \text{für} \quad x > c \end{cases}.$$

Dabei ist a ein Maßstabsparameter, b ein Formparameter und c ein Lageparameter der Verteilung.

Bemerkungen:

1. Der Erwartungswert ist

$$\mathrm{E}X = c + a \cdot \Gamma\left(\frac{b+1}{b}\right),$$

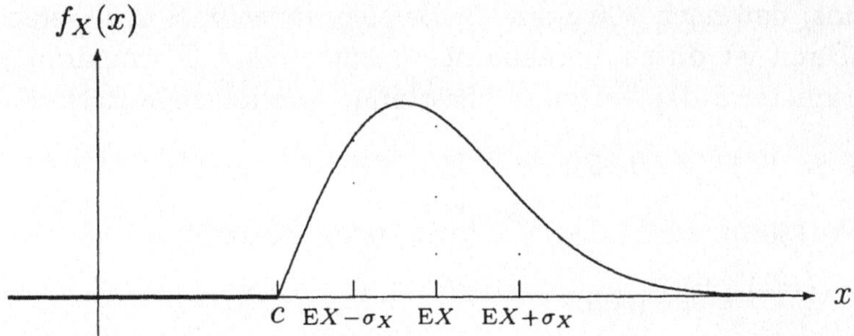

Fig. 3.9: Dichte einer weibullverteilten Zufallgröße mit den Parametern $a = 1$ und $b = 2$

und für die Varianz gilt

$$\mathrm{Var}\,(X) = a^2 \left(\Gamma\left(\frac{b+2}{b}\right) - \Gamma^2\left(\frac{b+1}{b}\right)\right).$$

Dabei bezeichnet Γ die Gamma–Funktion, definiert durch

$$\Gamma(x) = \int_0^\infty \xi^{x-1} \mathrm{e}^{-\xi} \mathrm{d}\xi \qquad (x > -1)$$

mit

$$\begin{aligned} \Gamma(x) &= (x-1)\Gamma(x-1) \qquad \text{für} \quad x > 0 \qquad \text{und} \\ \Gamma(1) &= 1, \quad \Gamma(\tfrac{1}{2}) = \sqrt{\pi}. \end{aligned}$$

2. Ist $c = 0$, so spricht man von einer **zweiparametrischen Weibull–Verteilung**.
3. Ist $a = \frac{1}{\lambda}$ $(\lambda > 0)$, $b = 1$ und $c = 0$, so erhält man die Exponentialverteilung als Spezialfall der Weibull–Verteilung.

Beispiel 3.3.7: Die zufällige Lebensdauer X von Geräten (angegeben in Stunden), die Verschleiß unterliegen, kann durch eine (zweiparametrische) Weibull–Verteilung mit der Dichte

$$f_X(x) = \begin{cases} 0 & \text{für} \quad x \leq 0 \\ \dfrac{b}{a}\left(\dfrac{x}{a}\right)^{b-1} \mathrm{e}^{-\left(\frac{x}{a}\right)^b} & \text{für} \quad x > 0 \end{cases}$$

angegeben werden.

Es sei bekannt, daß nach 300 Stunden Betriebsdauer 95% der Geräte ausgefallen sind. Dann ist durch Vorgabe des Parameters b (Formparameter) der Maßstabsparameter a der Verteilung bestimmt, wie folgende Rechnung zeigt:

$$\begin{aligned} \mathrm{P}(X \leq 300) &= 0.95, \quad \text{d. h.} \\ F_X(300) &= 1 - \mathrm{e}^{-\left(\frac{300}{a}\right)^b} = 0.95 \quad \text{und} \\ \mathrm{e}^{-\left(\frac{300}{a}\right)^b} &= 0.05. \end{aligned}$$

Also ist

$$-\left(\frac{300}{a}\right)^b = \ln 0.05 \quad \text{und} \quad a = \frac{300}{(-\ln 0.05)^{\frac{1}{b}}}.$$

Damit ergibt sich z. B. folgender numerischer Zusammenhang zwischen b und a:

b	0.1	0.5	1	2	3	4	5
a	0.005	33.43	100.42	173.33	208.11	228.03	240.89.

■

Betaverteilung

Eine stetige Zufallsgröße X heißt **betaverteilt** (1. Art) mit den Parametern p $(p > 0)$ und q $(q > 0)$, wenn sie die Dichte f_X :

$$f_X(x) = \begin{cases} 0 & \text{für} \quad x \leq 0 \\ \dfrac{x^{p-1}(1-x)^{q-1}}{\mathrm{B}(p,q)} & \text{für} \quad 0 < x < 1 \\ 0 & \text{für} \quad x \geq 1 \end{cases}$$

mit

$$\mathrm{B}(p,q) = \frac{\Gamma(p)\Gamma(q)}{\Gamma(p+q)} \quad \text{(Beta–Funktion)}$$

besitzt. Der Erwartungswert bzw. die Varianz sind

$$\mathrm{E}X = \frac{p}{p+q} \quad \text{bzw.} \quad \mathrm{Var}\,(X) = \frac{pq}{(p+q)^2(p+q+1)}.$$

Für $p = q = 1$ ergibt sich als Spezialfall die stetig gleichmäßige Verteilung auf $[0,1]$.

Beispiel 3.3.8: Eine Zufallsgröße X sei betaverteilt mit den Parametern p und q. Dann besitzt die Zufallsgröße $1 - X$ eine Betaverteilung mit den Parametern q und p, denn es ist für $0 < x < 1$:

$$\begin{aligned} \mathrm{P}(1 - X \leq x) &= \mathrm{P}(X \geq 1 - x) \\ &= 1 - \mathrm{P}(X < 1 - x) \\ &= 1 - \int\limits_0^{1-x} \frac{\xi^{p-1}(1-\xi)^{q-1}}{\mathrm{B}(p,q)} \mathrm{d}\xi \\ &= \int\limits_{1-x}^{1} \frac{\xi^{p-1}(1-\xi)^{q-1}}{\mathrm{B}(p,q)} \mathrm{d}\xi \\ &= -\int\limits_x^{0} \frac{\eta^{q-1}(1-\eta)^{p-1}}{\mathrm{B}(q,p)} \mathrm{d}\eta \\ &= \int\limits_0^{x} \frac{\eta^{q-1}(1-\eta)^{p-1}}{\mathrm{B}(q,p)} \mathrm{d}\eta \end{aligned}$$

mit $\eta = 1 - \xi$ und wegen $\mathrm{B}(p,q) = \mathrm{B}(q,p)$.
Folglich ist im Fall $p = q$ die Zufallsgröße X symmetrisch um $\mathrm{E}X = \frac{1}{2}$ verteilt, d. h.,

$$\mathrm{P}(1 - X \leq x) = \mathrm{P}(X \leq x)$$

bzw.

$$\mathrm{P}\left(X \geq \frac{1}{2} + x\right) = \mathrm{P}\left(X \leq \frac{1}{2} - x\right) \qquad \text{für} \quad 0 \leq x \leq 1.$$

■

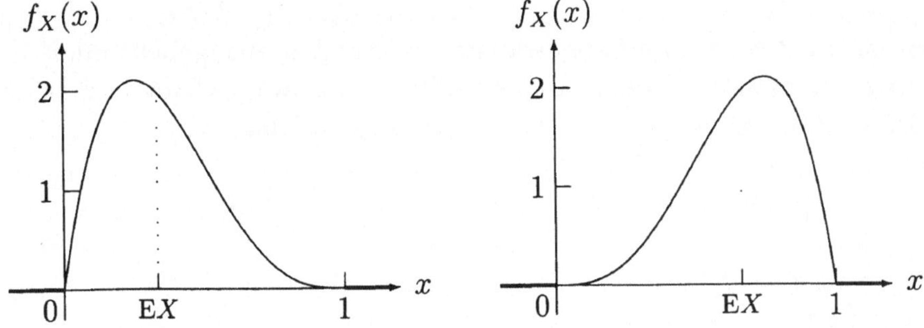

Fig. 3.10: Dichte einer betaverteilten Zufallsgröße mit den Parametern $p = 2$ und $q = 4$ (links) bzw. $p = 4$ und $q = 2$ (rechts)

Gammaverteilung

Eine stetige Zufallsgröße X heißt **gammaverteilt** mit den Parametern b ($b > 0$) und p ($p > 0$), wenn sie die Dichte f_X :

$$f_X(x) \;=\; \begin{cases} 0 & \text{für } \; x \leq 0 \\ \dfrac{b^p}{\Gamma(p)} x^{p-1} e^{-bx} & \text{für } \; x > 0 \end{cases}$$

besitzt. Der Erwartungswert bzw. die Varianz sind

$$\mathrm{E}X \;=\; \frac{p}{b} \qquad \text{bzw.} \qquad \operatorname{Var}(X) \;=\; \frac{p}{b^2}.$$

Dabei ist b ein Maßstabs– und p ein Formparameter. Für $p = 1$ ergibt sich die Exponentialverteilung mit $\lambda = b$ als Spezialfall der Gammaverteilung.

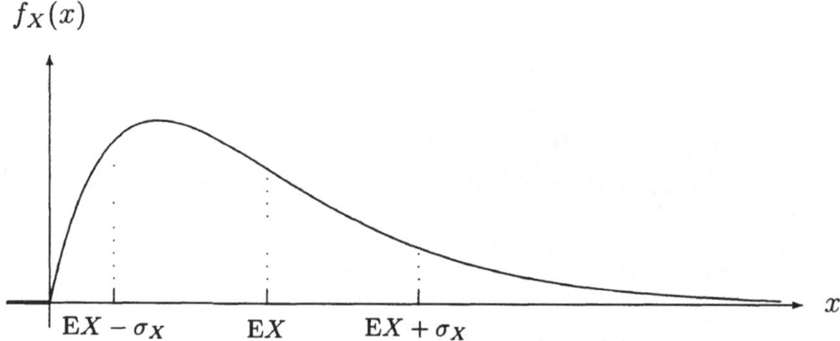

Fig. 3.11: Dichte einer gammaverteilten Zufallsgröße mit den Parametern $p = 2$ und $b = 2$

Beispiel 3.3.9: Die Lebensdauer (in Stunden angegeben) einer Elektronenröhre sei gammaverteilt mit dem Erwartungswert ("mittlere Lebensdauer") $\mathrm{E}X = 200$ und der Varianz $\operatorname{Var}(X) = 20000$. Dann ist

$$\frac{p}{b} \;=\; 200 \qquad \text{und} \qquad \frac{p}{b^2} \;=\; 20000, \quad \text{d. h.}$$

$$p \;=\; 2 \qquad \text{und} \qquad b \;=\; \frac{1}{100}.$$

Folglich ist

$$f_X(x) \;=\; \frac{1}{100^2} x e^{-\frac{x}{100}} \qquad \text{für} \quad x \geq 0,$$

und die Verteilungsfunktion läßt sich in diesem Fall explizit angeben:

$$F_X(x) = \int_{-\infty}^{x} f_X(\xi)\mathrm{d}\xi = \begin{cases} 0 & \text{für} \quad x \leq 0 \\ \int_0^x \frac{\xi}{10000}\mathrm{e}^{-\frac{\xi}{100}}\mathrm{d}\xi & \text{für} \quad x > 0 \end{cases}$$

$$= \begin{cases} 0 & \text{für} \quad x \leq 0 \\ 1 - \mathrm{e}^{-\frac{x}{100}} - \frac{x}{100}\mathrm{e}^{-\frac{x}{100}} & \text{für} \quad x > 0 \end{cases}.$$

So ist z. B. die Wahrscheinlichkeit, daß die Lebensdauer einer derartigen Elektronenröhre die mittlere Lebensdauer um mehr als 10% überschreitet,

$$\begin{aligned} \mathrm{P}(X > 220) &= 1 - \mathrm{P}(X \leq 220) \\ &= 1 - F_X(220) \\ &= \mathrm{e}^{-\frac{220}{100}} + \frac{220}{100}\mathrm{e}^{-\frac{220}{100}} = \mathrm{e}^{-2.2}(1 + 2.2) = 0.3546. \end{aligned}$$

■

Aufgaben

Aufgabe 3.3.1 Es sei f eine durch

$$f(x) = \begin{cases} 0 & \text{für} \quad x < 0 \\ \alpha x^2(2 - x) & \text{für} \quad 0 \leq x < 2 \\ 0 & \text{für} \quad x \geq 2 \end{cases}$$

gegebene Funktion.

a) Man bestimme α so, daß f die Dichte einer stetigen Zufallsgröße X ist.

b) Man bestimme die Verteilungsfunktion F_X von X sowie $\mathrm{E}X$ und $\mathrm{Var}\,(X)$.

c) Man berechne $\mathrm{P}(X < 1)$ und $\mathrm{P}(X < \mathrm{E}X)$.

d) Man ermittle für die Zufallsgröße $Y = X^2$ die Verteilungsfunktion F_Y, die Dichte f_Y, den Erwartungswert $\mathrm{E}Y$ und die Varianz $\mathrm{Var}\,(Y)$.

e) Man ermittle für die Zufallsgröße $Y = 2X - 1$ die Verteilungsfunktion F_Y, die Dichte f_Y, den Erwartungswert $\mathrm{E}Y$ und die Varianz $\mathrm{Var}\,(Y)$.

Aufgabe 3.3.2 Für die Verteilungsfunktion

$$F_X(x) = \int_{-\infty}^{x} f_X(\xi)\mathrm{d}\xi$$

mit

$$f_X(\xi) = \begin{cases} 0 & \text{für} \quad \xi < -1 \\ 1 - |\xi| & \text{für} \quad -1 \leq \xi < 1 \\ 0 & \text{für} \quad \xi \geq 1 \end{cases}$$

ermittle man die Quantile x_q der Ordnung $q = 0.25,\ 0.5$ (Median) bzw. 0.75.

Aufgabe 3.3.3 Die Zufallsgröße X sei stetig gleichmäßig verteilt über $[-\frac{\pi}{2}, \frac{\pi}{2}]$.
Man ermittle

a) die Verteilungsfunktion F_X,

b) $\mathrm{Var}\,(X)$,

c) die Schiefe γ_1,

d) den Exzeß γ_2,

e) die Verteilungsfunktion F_Y und die Dichte f_Y von $Y = \sin X$.

Aufgabe 3.3.4 Bei der automatischen Abfüllung von $\frac{1}{2}$-l-Milchflaschen wird das abgefüllte Flüssigkeitsvolumen V als normalverteilt mit $\mu = 500$ (in cm^3) und $\sigma = 5$ (in cm^3) angenommen.

a) Wie groß ist die Wahrscheinlichkeit, daß eine $\frac{1}{2}$-l-Milchflasche weniger als $490\,\mathrm{cm}^3$ enthält?

b) Wie groß ist die Wahrscheinlichkeit, daß bei einer Abfüllung die eingefüllte Milch überläuft, wenn das Volumen einer $\frac{1}{2}$-l-Milchflasche $510\,\mathrm{cm}^3$ beträgt?

Aufgabe 3.3.5 Die Zufallsgröße X sei normalverteilt mit $\mu = 1$ und $\sigma^2 = 4$.
Man ermittle

a) $\mathrm{P}(X \geq 1)$,

b) $\mathrm{P}(|X| > 4)$,

c) $\mathrm{P}(|X - 1| > 6)$,

d) $\mathrm{P}(X < 2)$,

e) $\mathrm{P}(0 \leq X < 2)$,

f) $\mathrm{P}(X^2 < 4)$,

und man bestimme die Konstante α so, daß gilt:

g) $\mathrm{P}(X < \alpha) = 0.5$, h) $\mathrm{P}(X \geq \alpha) = 0.0548$

bzw.

i) $\mathrm{P}(|X - \mu| < \alpha) = 0.95$.

Aufgabe 3.3.6 Für eine normalverteilte Zufallsgröße X gelte

$$F_X(4+x) \; = \; 1 - F_X(4-x) \qquad (-\infty < x < \infty)$$

und

$$\max_{-\infty<x<\infty} f_X(x) \; = \; \frac{1}{\sqrt{8\pi}}.$$

Man ermittle $\mathrm{E}X = \mu$ und $\mathrm{Var}\,(X) = \sigma^2$.

Aufgabe 3.3.7 Für eine normalverteilte Zufallsgröße X mit $\mathrm{Var}\,(X) = 9$ bestimme man $\mathrm{E}\,(|X - \mathrm{E}X|)$.

Aufgabe 3.3.8 Für eine logarithmisch normalverteilte Zufallsgröße X mit den Parametern $\mu = 1$ und $\sigma = 1$ ermittle man

a) $\mathrm{P}(X > 2)$,

b) $\mathrm{P}(1 < X \leq 2)$,

c) den Modalwert x_M, d. h. denjenigen Wert, für den

$$f_X(x_M) \; = \; \max_{0<x<\infty} f_X(x)$$

gilt,

d) den Variationskoeffizienten ν_X.

Aufgabe 3.3.9 Die Lebensdauer T eines elektronischen Bauelementes sei exponentialverteilt, d. h.

$$\mathrm{P}(T \leq t) \; = \; 1 - \mathrm{e}^{-\lambda t} \qquad (t \geq 0).$$

Welchen Wert nimmt der Parameter λ an, wenn man annimmt, daß die Lebensdauer mit einer Wahrscheinlichkeit $p = 0.9$ mindestens 50 Stunden beträgt? Wie groß ist in diesem Fall die mittlere Lebensdauer $\frac{1}{\lambda}$?

Aufgabe 3.3.10 Die Lebensdauer (in Stunden) eines elektrischen Bauteils lasse sich durch eine mit dem Parameter $\lambda = \frac{1}{500}$ exponentialverteilte Zufallsgröße X beschreiben.

a) Wie groß ist die Wahrscheinlichkeit, daß ein Bauteil erst nach mindestens 200 Betriebsstunden ausfällt?

b) Wie groß ist die Wahrscheinlichkeit, daß ein Bauteil vor Ablauf von 100 Betriebsstunden ausfällt?

c) Wie groß ist die Wahrscheinlichkeit, daß ein Bauteil nicht vor Ablauf von 200 Betriebsstunden, aber vor Ablauf von 300 Betriebsstunden ausfällt?

d) Wie groß ist die Wahrscheinlichkeit, daß ein Bauteil nicht vor Ablauf von 200 Betriebsstunden ausfällt, wenn es bereits 100 Stunden in Betrieb ist?

Aufgabe 3.3.11 Die Weglänge, die ein Gasmolekül zurücklegt, bevor es mit einem anderen Molekül zusammentrifft, heißt freie Weglänge. Unter der üblichen Annahme, daß diese freie Weglänge eine mit dem Parameter $\lambda = 10$ exponentialverteilte Zufallsgröße X ist, bestimme man die Wahrscheinlichkeiten für die folgenden Ereignisse:

a) Die freie Weglänge liegt zwischen 0.3 und 30,

b) Die freie Weglänge ist größer als 1.

Wie groß ist β zu wählen, damit die freie Weglänge mit einer Wahrscheinlichkeit $p = 0.05$ größer als β ist?

Aufgabe 3.3.12 Man ermittle für eine mit dem Parameter $\lambda = 0.4$ exponentialverteilte Zufallsgröße X die Wahrscheinlichkeiten bzw. bedingte Wahrscheinlichkeiten

a) $P(X < 3)$,
b) $P(X < \frac{1}{2})$,
c) $P(X \geq 3)$,
d) $P(2 < X \leq 3)$,
e) $P(X \geq 3 \mid X > 2)$,
f) $P(X \leq 3 \mid X > 2)$,
g) $P(X < 2 \mid X < 4)$,
h) $P(X \leq x \mid X > 1)$ für $x > 1$.

Aufgabe 3.3.13 Die zufällige Lebensdauer X von Geräten (angegeben in Std.), die Verschleiß unterliegen, kann durch eine Weibull–Verteilung mit der Dichte

$$f_X(x) = \begin{cases} 0 & \text{für} \quad x \leq 100 \\ \frac{5}{a}\left(\frac{x-100}{a}\right)^4 \mathrm{e}^{-\left(\frac{x-100}{a}\right)^5} & \text{für} \quad x > 100 \end{cases}$$

angegeben werden. Es sei bekannt, daß nach 400 Stunden Betriebsdauer 95% der Geräte ausgefallen sind.

a) Man ermittle (entsprechend Beispiel 3.3.7) den Maßstabsparameter a.

b) Wie groß ist die Wahrscheinlichkeit, daß ein Gerät erst nach 400 Stunden ausfällt, wenn seine Lebensdauer bereits 300 Stunden überschritten hat?

Aufgabe 3.3.14 Eine stetige Zufallsgröße X sei betaverteilt mit den Parametern p und q.

a) Für welche Werte p und q besitzt die Dichtefunktion ein Maximum?

b) Wie lautet die Maximalstelle $x_{\max} = x_{\max}(p, q)$?

c) Man ermittle $\lim\limits_{p \to 1} x_{\max}(p, 1)$ sowie $\lim\limits_{q \to 1} x_{\max}(1, q)$.

Aufgabe 3.3.15 Die Lebensdauer (in Stunden angegeben) eines elektronischen Bauelements sei gammaverteilt mit dem Variationskoeffizienten $\nu_X = \frac{1}{\sqrt{2}}$. Weiter sei bekannt, daß 40.6% dieser Bauelemente eine Lebensdauer von mindestens 220 Stunden besitzen.
Man ermittle die Parameter b und p.

Aufgabe 3.3.16 Man berechne die Schiefe γ_1 und den Exzeß γ_2 einer Zufallsgröße X mit der Dichte f_X:

a) $$f_X(x) = \begin{cases} \lambda^2 x \mathrm{e}^{-\lambda x} & \text{für} \quad x > 0 \\ 0 & \text{für} \quad x \leq 0 \end{cases} \qquad (\lambda > 0)$$

(Gammaverteilung mit den Parametern $b = \lambda$ und $p = 2$),

b) $$f_X(x) = \begin{cases} \lambda \mathrm{e}^{-\lambda x} & \text{für} \quad x > 0 \\ 0 & \text{für} \quad x \leq 0 \end{cases} \qquad (\lambda > 0).$$

Aufgabe 3.3.17 Es sei X eine weibullverteilte Zufallsgröße mit der Verteilungsfunktion

$$F_X(x) = \begin{cases} 1 - e^{-\left(\frac{x}{2}\right)^3} & \text{für} \quad x > 0 \\ 0 & \text{für} \quad x \leq 0 \end{cases} .$$

Man bestimme

a) die Dichte f_X,

b) den Median,

c) den Modalwert x_M, d. h. $f_X(x_M) = \max\limits_{x>0} f_X(x)$.

Aufgabe 3.3.18 Eine Zufallsgröße X sei

a) stetig gleichmäßig verteilt über $[-1, 1]$,

b) exponentialverteilt mit dem Parameter $\lambda > 0$ bzw.

c) normalverteilt mit den Parametern μ und σ^2.

Man bestimme die Verteilungsfunktion F_Y und die Dichte f_Y der Zufallsgröße $Y = a + bX$ (a, b – reelle Zahlen mit $b \neq 0$).

Aufgabe 3.3.19 Die Zufallsgröße X sei stetig gleichmäßig über $[1, e]$ verteilt.
Man ermittle für $Y = \frac{1}{X}$

a) die Verteilungsfunktion F_Y von Y,

b) die Dichte f_Y von Y,

c) den Erwartungswert EY und die Varianz $\mathrm{Var}(Y)$.

Aufgabe 3.3.20 Es sei X eine mit dem Parameter $\lambda = 3$ exponentialverteilte Zufallsgröße.
Man bestimme für a)–c) den Erwartungswert EY und für a) und b) die Varianz $\mathrm{Var}(Y)$ der Zufallsgröße Y:
a) $Y = e^{-X}$, b) $Y = 2X$, c) $Y = \max\left(X, \frac{1}{3}\right)$.

3.4 Zufällige Vektoren

Sind $X_1, X_2, \ldots, X_n$ Zufallsgrößen (auf **einem** Stichprobenraum Ω) mit den Verteilungsfunktionen $F_{X_1}, F_{X_2}, \ldots, F_{X_n}$, und – falls sie stetig verteilt sind – mit den Dichtefunktionen $f_{X_1}, f_{X_2}, \ldots, f_{X_n}$, dann heißt $\boldsymbol{X} = (X_1, X_2, \ldots, X_n)$ ein ***n*–dimensionaler zufälliger Vektor** (mit den **Komponenten** X_1, X_2, $\ldots$, X_n) und $F_{\boldsymbol{X}}$:

$$
\begin{aligned}
F_{\boldsymbol{X}}(x_1, x_2, \ldots, x_n) &:= \mathrm{P}\left(X_1 \le x_1, X_2 \le x_2, \ldots, X_n \le x_n\right) \\
&:= \mathrm{P}\left(X_1 \le x_1 \cap X_2 \le x_2 \cap \ldots \cap X_n \le x_n\right), \\
&\qquad (x_1, x_2, \ldots, x_n) \in \mathbf{R}^n
\end{aligned}
$$

die **Verteilungsfunktion** von $\boldsymbol{X}$. Dabei gilt:

$$
\begin{aligned}
\lim_{x_i \downarrow -\infty} F_{\boldsymbol{X}}(x_1, \ldots, x_i, \ldots, x_n) &= 0 \qquad \text{für alle} \quad i = 1, \ldots, n, \\
\lim_{\substack{x_1 \uparrow \infty \\ \vdots \\ x_n \uparrow \infty}} F_{\boldsymbol{X}}(x_1, \ldots, x_n) &= 1, \\
\lim_{h_i \downarrow 0} F_{\boldsymbol{X}}(x_1, \ldots, x_i + h_i, \ldots, x_n) &= F_{\boldsymbol{X}}(x_1, \ldots, x_i, \ldots, x_n) \\
&\qquad \text{für alle} \quad i = 1, \ldots, n
\end{aligned}
$$

(d. h., $F_{\boldsymbol{X}}$ ist in jeder Variablen x_i rechtsseitig stetig),

$$
F_{X_i}(x) = \lim_{\substack{x_1 \uparrow \infty \\ \vdots \\ x_{i-1} \uparrow \infty \\ x_{i+1} \uparrow \infty \\ \vdots \\ x_n \uparrow \infty}} F_{\boldsymbol{X}}(x_1, \ldots, x_{i-1}, x, x_{i+1}, \ldots, x_n) \qquad \text{für alle} \quad i = 1, \ldots, n.
$$

Dabei werden F_{X_i} $(i = 1, \ldots, n)$ auch **Randverteilungsfunktionen** genannt.

Die Zufallsgrößen $X_1, X_2, \ldots, X_n$ – also die Komponenten von $\boldsymbol{X}$ – heißen (in ihrer Gesamtheit) **unabhängig**, falls für alle x_i $(-\infty < x_i < \infty)$ gilt:

$$
F_{\boldsymbol{X}}(x_1, x_2, \ldots, x_n) = F_{X_1}(x_1) \cdot F_{X_2}(x_2) \cdot \ldots \cdot F_{X_n}(x_n).
$$

Ist $X_1, X_2, \ldots$ eine Folge von Zufallsgrößen, so heißen diese unabhängig, falls für jedes $n = 1, 2, \ldots$ der zufällige Vektor $\boldsymbol{X} = (X_1, \ldots, X_n)$ unabhängige Komponenten besitzt.

Beispiel 3.4.1: Es seien $X_1, X_2, \ldots, X_n$ n unabhängige Zufallsgrößen mit der Verteilungsfunktion $F := F_{X_1} = F_{X_2} = \ldots = F_{X_n}$ ("identisch verteilt"). Dann besitzt die Zufallsgröße

$$
Y = \max\left(X_1, X_2, \ldots, X_n\right)
$$

folgende Verteilungsfunktion F_Y:

$$\begin{aligned} F_Y(x) &= \mathrm{P}(Y \le x) \\ &= \mathrm{P}\left(\max(X_1, \dots, X_n) \le x\right) \\ &= \mathrm{P}(X_1 \le x, X_2 \le x, \dots, X_n \le x) \\ &= \mathrm{P}(X_1 \le x) \cdot \mathrm{P}(X_2 \le x) \cdot \ldots \cdot \mathrm{P}(X_n \le x) \\ &= \Big(F(x)\Big)^n \qquad (-\infty < x < \infty). \end{aligned}$$

Für die Zufallsgröße

$$Z = \min\left(X_1, X_2, \dots, X_n\right)$$

ist die Verteilungsfunktion F_Z:

$$\begin{aligned} F_Z(x) &= \mathrm{P}(Z \le x) \\ &= \mathrm{P}\left(\min(X_1, \dots, X_n) \le x\right) \\ &= 1 - \mathrm{P}\left(\min(X_1, \dots, X_n) > x\right) \\ &= 1 - \mathrm{P}(X_1 > x, \dots, X_n > x) \\ &= 1 - \mathrm{P}(X_1 > x) \cdot \ldots \cdot \mathrm{P}(X_n > x) \\ &= 1 - \Big(1 - \mathrm{P}(X_1 \le x)\Big) \cdot \ldots \cdot \Big(1 - \mathrm{P}(X_n \le x)\Big) \\ &= 1 - \Big(1 - F(x)\Big)^n. \end{aligned}$$

Sind z. B. X_1 bzw. X_2 die (mit $\lambda > 0$) exponentialverteilte Lebensdauer zweier elektronischer Bauteile A bzw. B, d. h. $\mathrm{P}(X_1 \le x) = \mathrm{P}(X_2 \le x) = 1 - \mathrm{e}^{-\lambda x}$ $(x \ge 0)$, dann ergibt sich – im Fall der Unabhängigkeit von X_1 und X_2 – bei Parallelschaltung von A und B für diese Schaltung die Lebensdauerverteilung

$$F_{\max(X_1,X_2)}(x) = \begin{cases} 0 & \text{für } \ x < 0 \\ \left(1 - \mathrm{e}^{-\lambda x}\right)^2 & \text{für } \ x \ge 0 \end{cases}$$

und bei Reihenschaltung von A und B für diese Schaltung die Lebensdauerverteilung

$$F_{\min(X_1,X_2)}(x) = \begin{cases} 0 & \text{für } \ x < 0 \\ 1 - \mathrm{e}^{-2\lambda x} & \text{für } \ x \ge 0 \end{cases}.$$

■

Der zufällige Vektor $\boldsymbol{X}$ heißt **diskret verteilt**, falls seine Komponenten $X_1, \dots, X_n$ diskrete Zufallsgrößen mit den Werten $x_1^{(i_1)}$ $(i_1 = 1, 2, \dots)$, …, $x_n^{(i_n)}$ $(i_n = 1, 2, \dots)$ sind. Dabei heißen

$$p_{i_1 i_2 \dots i_n} = \mathrm{P}\Big(X_1 = x_1^{(i_1)}, X_2 = x_2^{(i_2)}, \dots, X_n = x_n^{(i_n)}\Big)$$

die Einzelwahrscheinlichkeiten von $\boldsymbol{X} = (X_1, \dots, X_n)$.

Im Falle $n = 2$ ergibt sich – falls $\boldsymbol{X}$ endlich viele Werte annimmt – folgende Verteilungstabelle von $\boldsymbol{X} = (X_1, X_2)$:

$X_2 \backslash X_1$	$x_1^{(1)}$	$x_1^{(2)}$	$\dots$	$x_1^{(K)}$
$x_2^{(1)}$	p_{11}	p_{21}	$\dots$	p_{K1}
$x_2^{(2)}$	p_{12}	p_{22}	$\dots$	p_{K2}
$\vdots$	$\vdots$	$\vdots$	$\ddots$	$\vdots$
$x_2^{(L)}$	p_{1L}	p_{2L}	$\dots$	p_{KL}

mit $p_{ij} = \mathrm{P}(X_1 = x_1^{(i)}, X_2 = x_2^{(j)})$ für $i = 1, \dots, K$ und $j = 1, \dots, L$ und mit den **Randverteilungen**

$$p_{i.} := \mathrm{P}\left(X_1 = x_1^{(i)}\right) = \sum_{j=1}^{L} p_{ij} \quad (i = 1, \dots, K) \quad (\text{“Spaltensummen”})$$

$$p_{.j} := \mathrm{P}\left(X_2 = x_2^{(j)}\right) = \sum_{i=1}^{K} p_{ij} \quad (j = 1, \dots, L) \quad (\text{“Zeilensummen”})$$

sowie

$$\sum_{i=1}^{K} p_{i.} = \sum_{j=1}^{L} p_{.j} = \sum_{i=1}^{K} \sum_{j=1}^{L} p_{ij} = 1.$$

Die diskreten Zufallsgrößen X_1 und X_2 sind genau dann **unabhängig**, wenn

$$p_{i.} \cdot p_{.j} = p_{ij}$$

für alle $i = 1, \dots, K$ und $j = 1, \dots, L$ gilt.

Beispiel 3.4.2: Der zufällige diskret verteilte Vektor $\boldsymbol{X} = (X_1, X_2)$ besitze die Verteilungstabelle:

$X_2 \backslash X_1$	1	2	3
1	$\frac{1}{9}$	0	p
2	0	$\frac{1}{9}$	0
3	p	0	$\frac{1}{9}$

Dann ist

$$\begin{aligned}
p_{11} &= \mathrm{P}(X_1 = 1, X_2 = 1) = \tfrac{1}{9} \\
p_{12} &= \mathrm{P}(X_1 = 1, X_2 = 2) = 0 \\
p_{13} &= \mathrm{P}(X_1 = 1, X_2 = 3) = p \\
&\vdots \\
p_{33} &= \mathrm{P}(X_1 = 3, X_2 = 3) = \tfrac{1}{9}
\end{aligned}$$

und

$$p_{1.} = \tfrac{1}{9} + 0 + p = p + \tfrac{1}{9}$$
$$\vdots$$
$$p_{.3} = p + 0 + \tfrac{1}{9} = p + \tfrac{1}{9}.$$

Wegen

$$1 = \sum_{i=1}^{3}\sum_{j=1}^{3} p_{ij} = \tfrac{1}{9} + 0 + p + \ldots + \tfrac{1}{9} = \tfrac{3}{9} + 2p$$

ist $p = \frac{1}{3}$. ■

Im Falle $n = 2$ wird das gegenseitige (lineare) Abhängigkeitsverhalten der Komponenten X_1 und X_2 eines zufälligen Vektors $\boldsymbol{X} = (X_1, X_2)$ durch den **Korrelationskoeffizienten**

$$\varrho_{X_1X_2} = \varrho_{X_2X_1} = \frac{\operatorname{cov}(X_1, X_2)}{\sqrt{\operatorname{Var}(X_1) \cdot \operatorname{Var}(X_2)}}$$

beschrieben.
Dabei bezeichnet

$$\begin{aligned}\operatorname{cov}(X_1, X_2) &:= \mathrm{E}(X_1 - \mathrm{E}X_1)(X_2 - \mathrm{E}X_2) \\ &= \sum_{i=1}^{K}\sum_{j=1}^{L}\left(x_1^{(i)} - \mathrm{E}X_1\right)\left(x_2^{(j)} - \mathrm{E}X_2\right) p_{ij}\end{aligned}$$

die **Kovarianz** von X_1 und X_2.

Für den Korrelationskoeffizienten $\varrho_{X_1X_2}$ gilt

$$-1 \leq \varrho_{X_1X_2} \leq 1.$$

Ist $\varrho_{X_1X_2} = 0$, so heißen X_1 und X_2 **unkorreliert**. Sind X_1 und X_2 unabhängig, so gilt $\varrho_{X_1X_2} = 0$. Ist $|\varrho_{X_1X_2}| = 1$, so besteht zwischen X_1 und X_2 ein linearer Zusammenhang der Form $aX_1 + bX_2 = c$ (a, b, c – reelle Zahlen).

Beispiel 3.4.3: Ein zufälliger Vektor (X_1, X_2) genüge folgender Verteilung

$X_2 \backslash X_1$	-1	0	1
-1	$\frac{1}{8}$	0	$\frac{1}{8}$
0	0	$\frac{1}{2}$	0
1	$\frac{1}{8}$	0	$\frac{1}{8}$

d. h.
$\mathrm{P}(X_1 = -1, X_2 = -1) = \frac{1}{8}$, $\mathrm{P}(X_1 = -1, X_2 = 0) = 0$, ... ,
$\mathrm{P}(X_1 = 0, X_2 = 0) = \frac{1}{2}$, ... , $\mathrm{P}(X_1 = 1, X_2 = 1) = \frac{1}{8}$.

Dann besitzen X_1 und X_2 die (Rand-)Verteilung

$$\begin{aligned} P(X_1 = -1) &= P(X_2 = -1) = \tfrac{1}{4} \\ P(X_1 = 0) &= P(X_2 = 0) = \tfrac{1}{2} \\ P(X_1 = 1) &= P(X_2 = 1) = \tfrac{1}{4} \end{aligned}$$

mit

$$EX_1 = EX_2 = -1 \cdot \tfrac{1}{4} + 0 \cdot \tfrac{1}{2} + 1 \cdot \tfrac{1}{4} = 0$$

und der Kovarianz

$$\begin{aligned} \operatorname{cov}(X_1, X_2) = E(X_1 X_2) &= (-1) \cdot (-1) \cdot \tfrac{1}{8} + (-1) \cdot 1 \cdot \tfrac{1}{8} \\ &\quad + 0 \cdot 0 \cdot \tfrac{1}{2} + 1 \cdot (-1) \cdot \tfrac{1}{8} + 1 \cdot 1 \cdot \tfrac{1}{8} = 0 \end{aligned}$$

und damit $\varrho_{X_1 X_2} = 0$, d. h., X_1 und X_2 sind unkorreliert.

Aber: X_1 und X_2 sind nicht unabhängig, denn es ist z. B.

$$\tfrac{1}{2} = P(X_1 = 0, X_2 = 0) \neq P(X_1 = 0)P(X_2 = 0) = \tfrac{1}{4}.$$

■

Der zufällige Vektor $\boldsymbol{X} = (X_1, \dots, X_n)$ heißt **stetig verteilt** mit der Dichte $f_{\boldsymbol{X}}$:

$$(x_1, \dots, x_n) \mapsto f_{\boldsymbol{X}}(x_1, \dots, x_n),$$

falls

$$F_{\boldsymbol{X}}(x_1, \dots, x_n) = \int_{-\infty}^{x_1} \cdots \int_{-\infty}^{x_n} f_{\boldsymbol{X}}(\xi_1, \dots, \xi_n) \, d\xi_n \cdot \ldots \cdot d\xi_1$$

für alle $(x_1, \dots, x_n) \in \mathbf{R}^n$ gilt.

Sind $X_1, \dots, X_n$ unabhängig, so gilt

$$f_{\boldsymbol{X}}(x_1, \dots, x_n) = f_{X_1}(x_1) \cdot \ldots \cdot f_{X_n}(x_n);$$

dabei bezeichnen f_{X_i} die Dichten von X_i $(i = 1, \dots, n)$. Sie heißen in diesem Zusammenhang **Randverteilungsdichten**.

Im Falle $n = 2$ ist durch den **Korrelationskoeffizienten**

$$\varrho_{X_1 X_2} = \varrho_{X_2 X_1} = \frac{\operatorname{cov}(X_1, X_2)}{\sqrt{\operatorname{Var}(X_1) \cdot \operatorname{Var}(X_2)}}$$

eine Maßzahl für das gegenseitige (lineare) Abhängigkeitsverhalten der Komponenten X_1 und X_2 eines zufälligen Vektors $\boldsymbol{X} = (X_1, X_2)$ gegeben.

Dabei bezeichnet

$$\begin{aligned}\operatorname{cov}(X_1, X_2) &= \operatorname{cov}(X_2, X_1) = \mathrm{E}(X_1 - \mathrm{E}X_1)(X_2 - \mathrm{E}X_2) \\ &= \int_{-\infty}^{\infty}\int_{-\infty}^{\infty} (x_1 - \mathrm{E}X_1)(x_2 - \mathrm{E}X_2) f_{\boldsymbol{X}}(x_1, x_2)\, \mathrm{d}x_2\, \mathrm{d}x_1\end{aligned}$$

die **Kovarianz** von X_1 und X_2.

Besitzt ein zufälliger Vektor $\boldsymbol{X} = (X_1, X_2)$ die Dichte $f_{\boldsymbol{X}}$:

$$f_{\boldsymbol{X}}(x_1, x_2) = \frac{1}{2\pi\sigma_1\sigma_2\sqrt{1-\varrho^2}}\, \mathrm{e}^{-\frac{1}{2(1-\varrho^2)}\left[\frac{(x_1-\mu_1)^2}{\sigma_1^2} - 2\varrho\frac{(x_1-\mu_1)(x_2-\mu_2)}{\sigma_1\sigma_2} + \frac{(x_2-\mu_2)^2}{\sigma_2^2}\right]}$$

$$(-\infty < x_1, x_2 < \infty),$$

so heißt $\boldsymbol{X}$ **zweidimensional normalverteilt** mit den Parametern μ_1, μ_2, σ_1^2, σ_2^2, ϱ $(\mu_1, \mu_2 \in \mathbf{R};\ \sigma_1, \sigma_2 > 0;\ -1 < \varrho < 1)$.

Es gilt

$$\begin{aligned} \mathrm{E}X_1 &= \mu_1 && \text{und} && \mathrm{E}X_2 = \mu_2, \\ \operatorname{Var}(X_1) &= \sigma_1^2 && \text{und} && \operatorname{Var}(X_2) = \sigma_2^2, \qquad (*) \\ \operatorname{cov}(X_1, X_2) &= \varrho\sigma_1\sigma_2 && \text{und} && \varrho_{X_1 X_2} = \varrho. \end{aligned}$$

Ist $\varrho = 0$, so sind in diesem Fall X_1 und X_2 unabhängig.

Beispiel 3.4.4: Besitzt der zufällige Vektor (X_1, X_2) die Dichte

$$f_{(X_1,X_2)}(x_1, x_2) = \frac{1}{16\pi}\mathrm{e}^{-\frac{1}{2}\left(\frac{(x_1-1)^2}{4} + \frac{(x_2+2)^2}{16}\right)},$$

so ist – in Übereinstimmung mit $(*)$ –

$$\begin{aligned}\mathrm{E}X_1 &= \int_{-\infty}^{\infty}\int_{-\infty}^{\infty} x_1 f_{(X_1,X_2)}(x_1, x_2)\, \mathrm{d}x_1\, \mathrm{d}x_2 \\ &= \frac{1}{16\pi}\int_{-\infty}^{\infty}\int_{-\infty}^{\infty} x_1 \mathrm{e}^{-\frac{1}{2}\left(\frac{(x_1-1)^2}{4} + \frac{(x_2+2)^2}{16}\right)}\mathrm{d}x_1\, \mathrm{d}x_2 \\ &= \frac{1}{\sqrt{8\pi}}\int_{-\infty}^{\infty} x_1 \mathrm{e}^{-\frac{1}{2}\frac{(x_1-1)^2}{4}}\mathrm{d}x_1 = 1,\end{aligned}$$

$$\begin{aligned}
\mathrm{E}X_2 &= \int_{-\infty}^{\infty}\int_{-\infty}^{\infty} x_2 f_{(X_1,X_2)}(x_1,x_2)\,\mathrm{d}x_1\,\mathrm{d}x_2 \\
&= \frac{1}{16\pi}\int_{-\infty}^{\infty}\int_{-\infty}^{\infty} x_2 \mathrm{e}^{-\frac{1}{2}\left(\frac{(x_1-1)^2}{4}+\frac{(x_2+2)^2}{16}\right)}\,\mathrm{d}x_1\,\mathrm{d}x_2 \\
&= \frac{1}{\sqrt{32\pi}}\int_{-\infty}^{\infty} x_2 \mathrm{e}^{-\frac{1}{2}\frac{(x_2+2)^2}{16}}\,\mathrm{d}x_2 \;=\; -2,
\end{aligned}$$

$$\begin{aligned}
\mathrm{Var}\,(X_1) &= \int_{-\infty}^{\infty}\int_{-\infty}^{\infty} (x_1-\mathrm{E}X_1)^2 f_{(X_1,X_2)}(x_1,x_2)\,\mathrm{d}x_1\,\mathrm{d}x_2 \\
&= \frac{1}{16\pi}\int_{-\infty}^{\infty}\int_{-\infty}^{\infty} (x_1-1)^2 \mathrm{e}^{-\frac{1}{2}\left(\frac{(x_1-1)^2}{4}+\frac{(x_2+2)^2}{16}\right)}\,\mathrm{d}x_1\,\mathrm{d}x_2 \\
&= \frac{1}{\sqrt{8\pi}}\int_{-\infty}^{\infty} (x_1-1)^2 \mathrm{e}^{-\frac{1}{2}\frac{(x_1-1)^2}{4}}\,\mathrm{d}x_1 \;=\; 4 \\
\text{wegen}\quad & \frac{1}{4\sqrt{2\pi}}\int_{-\infty}^{\infty} \mathrm{e}^{-\frac{1}{2}\frac{(x_2+2)^2}{16}}\,\mathrm{d}x_2 \;=\; 1, \\
\mathrm{Var}\,(X_2) &= \ldots = 16
\end{aligned}$$

und

$$\begin{aligned}
\mathrm{cov}\,(X_1,X_2) &= \int_{-\infty}^{\infty}\int_{-\infty}^{\infty} (x_1-\mathrm{E}X_1)(x_2-\mathrm{E}X_2) f_{(X_1,X_2)}(x_1,x_2)\,\mathrm{d}x_2\,\mathrm{d}x_1 \\
&= \frac{1}{16\pi}\int_{-\infty}^{\infty}\int_{-\infty}^{\infty} (x_1-1)(x_2+2) \mathrm{e}^{-\frac{1}{2}\left(\frac{(x_1-1)^2}{4}+\frac{(x_2+2)^2}{16}\right)}\,\mathrm{d}x_2\,\mathrm{d}x_1 \\
&= \frac{1}{\sqrt{2\pi\cdot 4}}\int_{-\infty}^{\infty} (x_1-1)\mathrm{e}^{-\frac{1}{2}\frac{(x_1-1)^2}{4}}\,\mathrm{d}x_1 \cdot \\
&\quad \cdot \frac{1}{\sqrt{2\pi\cdot 16}}\int_{-\infty}^{\infty} (x_2+2)\mathrm{e}^{-\frac{1}{2}\frac{(x_2+2)^2}{16}}\,\mathrm{d}x_2 \\
&= 0\cdot 0 \;=\; 0,
\end{aligned}$$

d. h. $\varrho_{X_1X_2} = 0$.

Das heißt, X_1 und X_2 sind unkorreliert und – wegen der Normalverteilung von (X_1, X_2) – auch unabhängig. Die sogenannten Randverteilungsdichten sind folglich

$$f_{X_1}(x_1) = \frac{1}{2\sqrt{2\pi}} \mathrm{e}^{-\frac{1}{2}\frac{(x_1-1)^2}{4}} \quad \text{und} \quad f_{X_2}(x_2) = \frac{1}{4\sqrt{2\pi}} \mathrm{e}^{-\frac{1}{2}\frac{(x_2+2)^2}{16}}.$$

■

Beispiel 3.4.5: Die Funktion

$$f(x,y) = \frac{1}{2\pi}\left[\left(\sqrt{2}\mathrm{e}^{-\frac{x^2}{2}} - \mathrm{e}^{-x^2}\right)\mathrm{e}^{-y^2} + \left(\sqrt{2}\mathrm{e}^{-\frac{y^2}{2}} - \mathrm{e}^{-y^2}\right)\mathrm{e}^{-x^2}\right]$$
$$(-\infty < x, y < \infty)$$

ist zwar die Dichte $f_{(X,Y)}$ eines zufälligen Vektors (X, Y) mit unkorrelierten normalverteilten Komponenten X und Y. Die Zufallsgrößen X und Y sind aber nicht unabhängig, so daß (X, Y) nicht normalverteilt ist, wie die folgenden Rechnungen zeigen:

Wegen $x^2 \geq 0$ bzw. $y^2 \geq 0$ gilt $\frac{x^2}{2} > -\ln\sqrt{2}$ bzw. $\frac{y^2}{2} > -\ln\sqrt{2}$ und folglich

$$\mathrm{e}^{-\frac{x^2}{2}} < \sqrt{2} \quad \text{bzw.} \quad \mathrm{e}^{-\frac{y^2}{2}} < \sqrt{2},$$
$$\sqrt{2}\mathrm{e}^{-\frac{x^2}{2}} - \mathrm{e}^{-x^2} > 0 \quad \text{bzw.} \quad \sqrt{2}\mathrm{e}^{-\frac{y^2}{2}} - \mathrm{e}^{-y^2} > 0 \quad \text{und}$$
$$\left(\sqrt{2}\mathrm{e}^{-\frac{x^2}{2}} - \mathrm{e}^{-x^2}\right)\mathrm{e}^{-y^2} + \left(\sqrt{2}\mathrm{e}^{-\frac{y^2}{2}} - \mathrm{e}^{-y^2}\right)\mathrm{e}^{-x^2} > 0.$$

Weiterhin ist

$$\begin{aligned}
\int_{-\infty}^{\infty}\int_{-\infty}^{\infty} f(x,y)\,\mathrm{d}x\,\mathrm{d}y &= \int_{-\infty}^{\infty}\int_{-\infty}^{\infty} \frac{1}{2\pi}\sqrt{2}\,\mathrm{e}^{-\frac{x^2}{2}-y^2}\mathrm{d}x\,\mathrm{d}y - \int_{-\infty}^{\infty}\int_{-\infty}^{\infty} \frac{1}{2\pi}\mathrm{e}^{-x^2-y^2}\mathrm{d}x\,\mathrm{d}y \\
&\quad + \int_{-\infty}^{\infty}\int_{-\infty}^{\infty} \frac{1}{2\pi}\sqrt{2}\,\mathrm{e}^{-\frac{y^2}{2}-x^2}\mathrm{d}x\,\mathrm{d}y - \int_{-\infty}^{\infty}\int_{-\infty}^{\infty} \frac{1}{2\pi}\mathrm{e}^{-y^2-x^2}\mathrm{d}x\,\mathrm{d}y \\
&= \int_{-\infty}^{\infty} \frac{1}{\sqrt{2\pi}}\mathrm{e}^{-\frac{x^2}{2}}\mathrm{d}x \cdot \int_{-\infty}^{\infty} \frac{\sqrt{2}}{\sqrt{2\pi}}\mathrm{e}^{-y^2}\mathrm{d}y \\
&\quad - 2\int_{-\infty}^{\infty} \frac{1}{\sqrt{2\pi}}\mathrm{e}^{-x^2}\mathrm{d}x \cdot \int_{-\infty}^{\infty} \frac{1}{\sqrt{2\pi}}\mathrm{e}^{-y^2}\mathrm{d}y \\
&\quad + \int_{-\infty}^{\infty} \frac{1}{\sqrt{2\pi}}\mathrm{e}^{-\frac{y^2}{2}}\mathrm{d}y \cdot \int_{-\infty}^{\infty} \frac{\sqrt{2}}{\sqrt{2\pi}}\mathrm{e}^{-x^2}\mathrm{d}x \\
&= 1\cdot 1 - 2\cdot\frac{1}{\sqrt{2}}\cdot\frac{1}{\sqrt{2}} + 1\cdot 1 = 1.
\end{aligned}$$

Also ist f eine Dichte.

Die Randverteilungsdichte f_X von X ist

$$\begin{aligned} f_X(x) &= \int_{-\infty}^{\infty} f(x,y)\,\mathrm{d}y = \int_{-\infty}^{\infty} \frac{1}{2\pi}\left(\sqrt{2}\mathrm{e}^{-\frac{x^2}{2}} - \mathrm{e}^{-x^2}\right)\mathrm{e}^{-y^2}\,\mathrm{d}y \\ &\quad + \int_{-\infty}^{\infty} \frac{1}{2\pi}\left(\sqrt{2}\mathrm{e}^{-\frac{y^2}{2}} - \mathrm{e}^{-y^2}\right)\mathrm{e}^{-x^2}\,\mathrm{d}y \\ &= \frac{1}{\sqrt{2\pi}}\mathrm{e}^{-\frac{x^2}{2}} - \frac{1}{2\pi}\cdot\frac{1}{\sqrt{2}}\mathrm{e}^{-x^2} + \frac{\sqrt{2}}{\sqrt{2\pi}}\mathrm{e}^{-x^2} - \frac{1}{\sqrt{2\pi}}\frac{1}{\sqrt{2}}\mathrm{e}^{-x^2} \\ &= \frac{1}{\sqrt{2\pi}}\mathrm{e}^{-\frac{x^2}{2}}. \end{aligned}$$

Analog erhält man

$$f_Y(x) = \frac{1}{\sqrt{2\pi}}\mathrm{e}^{-\frac{x^2}{2}},$$

d. h., X und Y sind standardisiert normalverteilt.

Die Kovarianz $\operatorname{cov}(X,Y) = \mathrm{E}(X - \mathrm{E}X)(Y - \mathrm{E}Y) = \mathrm{E}(XY)$ errechnet sich folgendermaßen:

$$\begin{aligned} \mathrm{E}(XY) &= \int_{-\infty}^{\infty}\int_{-\infty}^{\infty} xyf(x,y)\,\mathrm{d}x\,\mathrm{d}y = \frac{\sqrt{2}}{2\pi}\int_{-\infty}^{\infty} x\mathrm{e}^{-\frac{x^2}{2}}\mathrm{d}x \cdot \int_{-\infty}^{\infty} y\mathrm{e}^{-y^2}\mathrm{d}y \\ &\quad - \frac{1}{\pi}\int_{-\infty}^{\infty} x\mathrm{e}^{-x^2}\mathrm{d}x \cdot \int_{-\infty}^{\infty} y\mathrm{e}^{-y^2}\mathrm{d}x + \frac{\sqrt{2}}{2\pi}\int_{-\infty}^{\infty} x\mathrm{e}^{-x^2}\mathrm{d}x \cdot \int_{-\infty}^{\infty} y\mathrm{e}^{-\frac{y^2}{2}}\mathrm{d}y \\ &= 0\cdot 0 + 0\cdot 0 + 0\cdot 0 = 0 \quad \text{(d. h., } X \text{ und } Y \text{ sind unkorreliert).} \end{aligned}$$

Weiter ist z. B.

$$\tfrac{1}{\sqrt{2\pi}}\left[(\sqrt{2}-1)\cdot 1 + (\sqrt{2}-1)\cdot 1\right] = f(0,0) \neq f_X(0)\cdot f_Y(0) = \tfrac{1}{\sqrt{2\pi}}\cdot\tfrac{1}{\sqrt{2\pi}},$$

d. h., X und Y sind nicht unabhängig und also (X,Y) nicht normalverteilt. ■

Aufgaben

Aufgabe 3.4.1 Man gebe die Wahrscheinlichkeiten dafür an, daß beim zehnmaligen Würfeln mit einem idealen Würfel die kleinste gewürfelte Zahl eine Eins, eine Zwei bzw. eine Drei ist. Man überlege sich, wie sich die Verteilungsfunktion der kleinsten gewürfelten Zahl bei n–maligem Würfeln für $n \to \infty$ verhält.

Aufgabe 3.4.2 Es sei (X,Y) ein zufälliger Vektor, dessen Komponenten X und Y nur die Werte 0 und 1 annehmen können. Dabei ist $\mathrm{P}(X=0) = 0.1$ und $\mathrm{P}(Y=0) = 0.8$.

a) Welche Werte p kann die Wahrscheinlichkeit $P(X = 1, Y = 1)$ annehmen?

b) Man ermittle den Korrelationskoeffizienten ϱ_{XY} für alle nach a) möglichen Werte p.

c) Welche Werte p kann $P(X = 1, Y = 1)$ annehmen, damit X und Y unabhängig sind? Wie lautet in diesem Fall die Verteilungstabelle für die Zufallsgröße $Z = X - Y$?

Aufgabe 3.4.3 Der zufällige Vektor (X, Y) besitze folgende Verteilung:

$Y \backslash X$	-1	0	1
-1	$\frac{1}{5}$	0	$\frac{1}{5}$
0	0	$\frac{1}{5}$	0
1	$\frac{1}{5}$	0	$\frac{1}{5}$

Man gebe die Randverteilungen von X und Y an, ermittle EX, EY, $\text{Var}\,(X)$, $\text{Var}\,(Y)$ sowie die Kovarianz $\text{cov}\,(X, Y)$ und den Korrelationskoeffizienten ϱ_{XY} und entscheide, ob die Zufallsgrößen X und Y unabhängig sind.

Aufgabe 3.4.4 In einer Urne befinden sich 6 weiße, 10 rote und 14 schwarze Kugeln. Aus dieser Urne wird zufällig eine dieser Kugeln entnommen.
Für die Zufallsgrößen

$$X = \begin{cases} 1 & \text{“Entnahme einer weißen Kugel”} \\ 0 & \text{“Entnahme einer roten oder schwarzen Kugel”} \end{cases}$$

$$Y = \begin{cases} 1 & \text{“Entnahme einer schwarzen Kugel”} \\ 0 & \text{“Entnahme einer roten oder weißen Kugel”} \end{cases}$$

$$Z = \begin{cases} 1 & \text{“Entnahme einer roten Kugel”} \\ 0 & \text{“Entnahme einer weißen oder schwarzen Kugel”} \end{cases}$$

bestimme man

a) die gemeinsame Verteilung von X, Y und Z, d. h.

$$\begin{aligned} p_{000} &= P(X = 0,\ Y = 0,\ Z = 0) \\ p_{100} &= P(X = 1,\ Y = 0,\ Z = 0) \\ &\vdots \\ p_{111} &= P(X = 1,\ Y = 1,\ Z = 1) \end{aligned}$$

b) EX, EY, EZ,

c) $\operatorname{Var}(X)$, $\operatorname{Var}(Y)$, $\operatorname{Var}(Z)$,

d) $\operatorname{cov}(X,Y)$, $\operatorname{cov}(X,Z)$, $\operatorname{cov}(Y,Z)$,

e) ϱ_{XY}, ϱ_{XZ}, ϱ_{YZ}.

Aufgabe 3.4.5 Es sei X eine diskrete Zufallsgröße mit $\mathrm{P}(X=1)=\frac{1}{2}$ und $\mathrm{P}(X=2)=\frac{1}{2}$. Weiter sei Y eine stetige Zufallsgröße mit

$$\mathrm{P}(Y \le y \mid X=i) \;=\; \Phi(y;i,\sigma^2) \qquad \text{für} \quad i=1,2.$$

a) Man bestimme die Verteilungsfunktion $F_{(X,Y)}$ des zufälligen Vektors (X,Y).

b) Man gebe die Dichte f_Y von Y an.

Aufgabe 3.4.6 Ist durch

$$f(x_1,x_2) \;=\; \frac{\sqrt{5}}{4\pi}\,\mathrm{e}^{-\frac{1}{2}\left(x_1^2-\sqrt{3}x_1x_2+2x_2^2\right)} \qquad (-\infty < x_1, x_2 < \infty)$$

die Dichte eines zweidimensionalen zufälligen Vektors definiert?

Aufgabe 3.4.7 Die Zufallsgröße X sei stetig gleichmäßig über $[-1,1]$ verteilt.

a) Sind die Zufallsgrößen X und $Y=X^2$ unkorreliert?

b) Sind X und Y unabhängig?

Aufgabe 3.4.8 Die Zufallsgrößen X und Y nehmen die Werte 1, 2 und 3 an. Dabei seien die folgenden Wahrscheinlichkeiten bekannt:

$$\mathrm{P}(X=1)=0.5, \qquad \mathrm{P}(X=2)=0.3,$$
$$\mathrm{P}(Y=1)=0.7, \qquad \mathrm{P}(Y=2)=0.2,$$

$$\begin{aligned} \mathrm{P}(X=1,\ Y=1) &= 0.35, \\ \mathrm{P}(X=2,\ Y=2) &= 0.06 \quad \text{und} \\ \mathrm{P}(X=3,\ Y=1) &= 0.20. \end{aligned}$$

a) Man stelle die Verteilungstabelle von (X,Y) auf.

b) Sind X und Y unabhängig?

c) Man bestimme $\mathrm{E}X$, $\mathrm{E}Y$, $\operatorname{Var}(X)$, $\operatorname{Var}(Y)$, ϱ_{XY}.

Aufgabe 3.4.9 Ein Punkt, der auf einem kreisförmigen Radarbildschirm mit dem Radius r_0 ein beobachtetes Objekt darstellt, kann auf diesem Radarschirm eine beliebige Lage einnehmen. Unter der Voraussetzung, daß dieser Punkt (X, Y) gleichmäßig stetig auf der Kreisfläche mit dem Mittelpunkt $(0, 0)$ verteilt ist, bestimme man

a) die Verteilungsfunktion des Abstandes $R = \sqrt{X^2 + Y^2}$ des Punktes (X, Y) von $(0, 0)$,

b) die gemeinsame Dichte von X und Y,

c) die Randverteilungsdichten von X und Y,

d) $\mathrm{P}\left(|Y| < \frac{r_0}{2}\right)$ und $\mathrm{P}\left(|X| > \frac{r_0}{2}\right)$.

Sind X und Y unabhängig?

3.5 Summen von Zufallsgrößen

Sind X_1 und X_2 unabhängige diskrete Zufallsgrößen mit den Einzelwahrscheinlichkeiten

$$\begin{aligned} p_i^{(1)} &= \mathrm{P}(X_1 = x_1^{(i)}), \qquad i = 0, 1, 2, \ldots \\ p_j^{(2)} &= \mathrm{P}(X_2 = x_2^{(j)}), \qquad j = 0, 1, 2, \ldots, \end{aligned}$$

so ist die Summe $Y = X_1 + X_2$ eine diskrete Zufallsgröße mit den Einzelwahrscheinlichkeiten

$$\begin{aligned} \mathrm{P}(Y = y) &= \sum_{i,j:\ x_1^{(i)} + x_2^{(j)} = y} \mathrm{P}\left(X_1 = x_1^{(i)}\right) \cdot \mathrm{P}\left(X_2 = x_2^{(j)}\right) \\ &= \sum_{i,j:\ x_1^{(i)} + x_2^{(j)}} p_i^{(1)} p_j^{(2)}. \end{aligned}$$

Ist $x_1^{(i)} = i$ und $x_2^{(j)} = j$, so gilt

$$p_k = \mathrm{P}(Y = k) = \sum_{i=0}^{k} \mathrm{P}(X_1 = i)\mathrm{P}(X_2 = k - i)$$

für $k = 0, 1, 2, \ldots$

Für diskrete Zufallsgrößen X_1 und X_2 ist

$$\mathrm{E}\,(X_1 + X_2) = \mathrm{E}X_1 + \mathrm{E}X_2$$

und im Fall der Unabhängigkeit von X_1 und X_2

$$\operatorname{Var}(X_1 + X_2) = \operatorname{Var}(X_1) + \operatorname{Var}(X_2).$$

Beispiel 3.5.1: Ist A ein zufälliges Ereignis mit $\mathrm{P}(A) = p$ und demzufolge $\mathrm{P}(\bar{A}) = 1 - p$, so ist die Zufallsgröße

$$X = \begin{cases} 1 & A \text{ tritt ein} \\ 0 & \bar{A} \text{ tritt ein} \end{cases}$$

zweipunktverteilt mit $\mathrm{P}(X = 1) = p$ und $\mathrm{P}(X = 0) = 1 - p$.
Sind $X_1, X_2, \ldots, X_n$ unabhängige, wie X verteilte Zufallsgrößen, so ist $Y = X_1 + X_2 + \ldots + X_n$ binomialverteilt mit den Parametern n und p. ∎

Beispiel 3.5.2: Es seien X_1 und X_2 unabhängige poissonverteilte Zufallsgrößen mit den Parametern λ_1 bzw. λ_2. Dann ist $Y = X_1 + X_2$ poissonverteilt mit dem Parameter $\lambda_1 + \lambda_2$, wie die folgende Rechnung zeigt:

$$\begin{aligned} \mathrm{P}(Y = k) &= \sum_{i=0}^{k} \mathrm{P}(X_1 = i)\mathrm{P}(X_2 = k - i) \\ &= \sum_{i=0}^{k} \frac{\lambda_1^i}{i!} \mathrm{e}^{-\lambda_1} \frac{\lambda_2^{k-i}}{(k-i)!} \mathrm{e}^{-\lambda_2} \\ &= \frac{\mathrm{e}^{-(\lambda_1+\lambda_2)}}{k!} \sum_{i=0}^{k} \binom{k}{i} \lambda_1^i \lambda_2^{k-i} \\ &= \frac{(\lambda_1 + \lambda_2)^k}{k!} \mathrm{e}^{-(\lambda_1+\lambda_2)} \qquad (k = 0, 1, \ldots). \end{aligned}$$

∎

Sind X_1 und X_2 unabhängige stetige Zufallsgrößen mit den Dichten f_{X_1} bzw. f_{X_2}, so ist die Summe $Y = X_1 + X_2$ eine stetige Zufallsgröße mit der Dichte

$$f_Y(y) = \int_{-\infty}^{\infty} f_{X_1}(x) f_{X_2}(y - x)\,\mathrm{d}x,$$

und es gilt

$$\begin{aligned} \mathrm{E}(X_1 + X_2) &= \mathrm{E}X_1 + \mathrm{E}X_2 \\ \operatorname{Var}(X_1 + X_2) &= \operatorname{Var}(X_1) + \operatorname{Var}(X_2). \end{aligned}$$

Beispiel 3.5.3: Es seien X_1 und X_2 unabhängige normalverteilte Zufallsgrößen mit $\mathrm{E}X_i = \mu_i$ und $\mathrm{Var}(X_i) = \sigma_i^2$ $(i = 1, 2)$. Dann erhält man für $Y = X_1 + X_2$:

$$\begin{aligned} \mathrm{E}Y &= \mathrm{E}(X_1 + X_2) &= \mu_1 + \mu_2 \\ \mathrm{Var}(Y) &= \mathrm{Var}(X_1 + X_2) &= \sigma_1^2 + \sigma_2^2. \end{aligned}$$

Um zu zeigen, daß $Y = X_1 + X_2$ normalverteilt ist, genügt es, die Standardisierungen Y_1 bzw. Y_2 von X_1 bzw. X_2 zu betrachten und zu beweisen, daß $Z = Y_1 + \alpha Y_2$ $(\alpha > 0)$ normalverteilt ist. Dann gilt

$$f_{Y_1}(x) = \frac{1}{\sqrt{2\pi}} \mathrm{e}^{-\frac{x^2}{2}}, \qquad f_{\alpha Y_2}(z - x) = \frac{1}{\sqrt{2\pi\alpha^2}} \mathrm{e}^{-\frac{(z-x)^2}{2\alpha^2}}$$

und

$$\begin{aligned} f_Z(x) &= \int_{-\infty}^{\infty} \frac{1}{\sqrt{2\pi}} \mathrm{e}^{-\frac{x^2}{2}} \cdot \frac{1}{\sqrt{2\pi\alpha^2}} \mathrm{e}^{-\frac{(z-x)^2}{2\alpha^2}} \mathrm{d}x \\ &= \frac{1}{\sqrt{2\pi}} \mathrm{e}^{-\frac{z^2}{2\alpha^2}} \int_{-\infty}^{\infty} \frac{1}{\sqrt{2\pi\alpha^2}} \mathrm{e}^{-\frac{1}{2}(x^2 - \frac{2}{\alpha^2} zx + \frac{x^2}{\alpha^2})} \mathrm{d}x \\ &= \frac{1}{\sqrt{2\pi}} \mathrm{e}^{-\frac{z^2}{2\alpha^2}} \int_{-\infty}^{\infty} \frac{1}{\sqrt{2\pi\alpha^2}} \mathrm{e}^{-\frac{1}{2\alpha^2}\left[(1+\alpha^2)x^2 - 2zx + \frac{z^2}{1+\alpha^2}\right]} \mathrm{e}^{\frac{1}{2\alpha^2}\frac{z^2}{1+\alpha^2}} \mathrm{d}x \\ &= \frac{1}{\sqrt{2\pi}} \int_{-\infty}^{\infty} \frac{1}{\sqrt{2\pi\alpha^2}} \mathrm{e}^{-\frac{1}{2\alpha^2}(\sqrt{1+\alpha^2}x - \frac{z}{\sqrt{1+\alpha^2}})^2} \mathrm{e}^{-\frac{1}{2}\frac{z^2}{1+\alpha^2}} \mathrm{d}x \\ &= \frac{1}{\sqrt{2\pi(1+\alpha^2)}} \mathrm{e}^{-\frac{1}{2}\frac{z^2}{1+\alpha^2}} \frac{1}{\sqrt{2\pi\alpha^2}} \int_{-\infty}^{\infty} \mathrm{e}^{-\frac{1}{2\alpha^2}(\xi - \frac{z}{\sqrt{1+\alpha^2}})^2} \mathrm{d}\xi \\ &\quad (\text{mit } \xi = \sqrt{1+\alpha^2}x). \end{aligned}$$

Wegen $\int_{-\infty}^{\infty} \frac{1}{\sqrt{2\pi\alpha^2}} \mathrm{e}^{-\frac{1}{2\alpha^2}(\xi - \frac{z}{\sqrt{1+\alpha^2}})^2} \mathrm{d}\xi = 1$ erhält man

$$f_Z(z) = \frac{1}{\sqrt{2\pi(1+\alpha^2)}} \mathrm{e}^{-\frac{1}{2}\frac{z^2}{1+\alpha^2}},$$

d. h., Z ist $\mathrm{N}(0, 1+\alpha^2)$-verteilt, und $Y = X_1 + X_2$ ist folglich $\mathrm{N}(\mu_1 + \mu_2, \sigma_1^2 + \sigma_2^2)$-verteilt.

■

Sind $X_1, X_2, \ldots, X_n$ unabhängige $\mathrm{N}(\mu_i, \sigma_i^2)$–verteilte Zufallsgrößen $(i = 1, \ldots, n)$, so gilt:

(1) $Y = X_1 + X_2 + \ldots + X_n$ ist $\mathrm{N}(\mu_1 + \mu_2 + \ldots + \mu_n, \sigma_1^2 + \sigma_2^2 + \ldots + \sigma_n^2)$–verteilt. Gilt speziell $\mu_1 = \mu_2 = \ldots = \mu_n =: \mu$ und $\sigma_1^2 = \sigma_2^2 = \ldots = \sigma_n^2 =: \sigma^2$, so ist $\bar{X}_n := \frac{1}{n}\sum_{i=1}^{n} X_i = \frac{1}{n}(X_1 + \ldots + X_n)$ $\mathrm{N}(\mu, \frac{\sigma^2}{n})$–verteilt.

(2) $\frac{1}{\sigma^2}\Big((X_1 - \mu)^2 + \ldots + (X_n - \mu)^2\Big)$ ist **χ^2_n–verteilt** (oder: **χ^2–verteilt mit n Freiheitsgraden**).

$\frac{1}{\sigma^2}\Big((X_1 - \bar{X}_n)^2 + \ldots + (X_n - \bar{X}_n)^2\Big)$ ist χ^2_{n-1}–verteilt.

Dabei heißt eine Zufallsgröße X **χ^2_m–verteilt**, falls sie die Dichte

$$f_X(x) = \begin{cases} 0 & \text{für } x \leq 0 \\ \dfrac{x^{\frac{m}{2}-1}}{2^{\frac{m}{2}}\Gamma\left(\frac{m}{2}\right)} \mathrm{e}^{-\frac{x}{2}} & \text{für } x > 0 \end{cases}$$

besitzt. Es gilt $\mathrm{E}X = m$ und $\mathrm{Var}\,(X) = 2m$.

Die Quantile $\chi^2_{m;q}$ der Ordnung q einer χ^2_m–Verteilung sind für $m = 1, \ldots, 100$ in Tafel III tabelliert. Für $m > 100$ kann die Näherungsformel

$$\chi^2_{m;q} \approx \frac{(\sqrt{2m-1} + z_q)^2}{2}$$

(mit dem q–Quantil z_q der standardisierten Normalverteilung, vgl. Tafel Ib) verwendet werden.

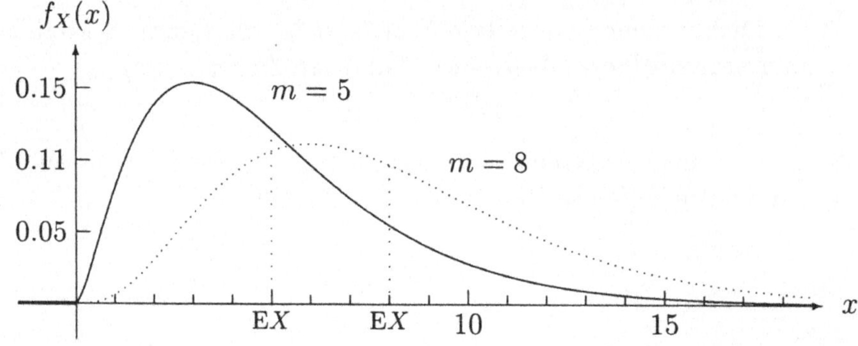

Fig. 3.12: Dichte einer χ^2–verteilten Zufallsgröße mit 5 bzw. 8 Freiheitsgraden

(3) $\frac{\bar{X}_n - \mu}{\sqrt{\frac{S^2}{n}}}$ mit $S^2 := \frac{1}{n-1}\sum_{i=1}^{n}(X_i - \bar{X}_n)^2$ ist $\mathbf{t_{n-1}}$**–verteilt** (oder: **t–verteilt mit $n-1$ Freiheitsgraden**).

Dabei heißt eine Zufallsgröße X **t–verteilt mit m Freiheitsgraden**, falls sie die Dichte

$$f_X(x) \quad = \quad \frac{\Gamma\left(\frac{m+1}{2}\right)}{\sqrt{\pi m}\,\Gamma\left(\frac{m}{2}\right)}\left(1+\frac{x^2}{m}\right)^{-\frac{m+1}{2}} \qquad (-\infty < x < \infty)$$

besitzt.

Die Quantile $t_{m;q}$ der Ordnung q einer t_m–Verteilung sind in Tafel II tabelliert. Darüber hinaus gilt $t_{m;q} = -t_{m;1-q}$.

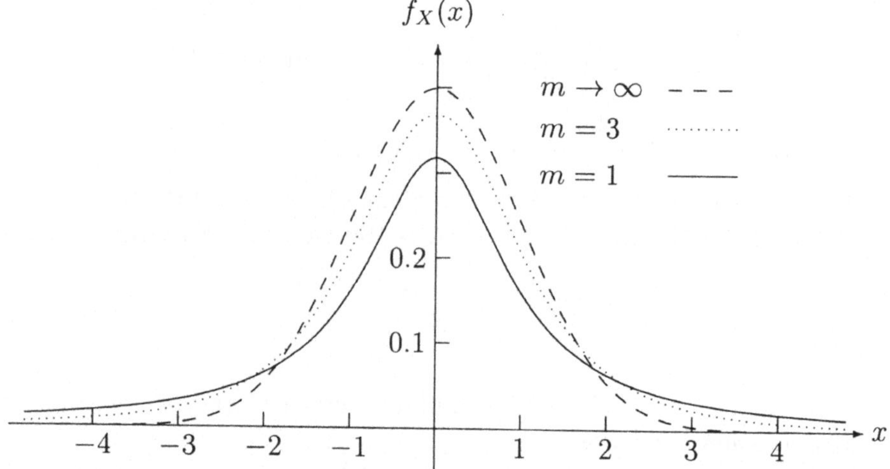

Fig. 3.13: Dichte einer t–verteilten Zufallsgröße mit 1 bzw. 3 Freiheitsgraden sowie einer standardnormalverteilten Zufallsgröße ($m \to \infty$)

(4) Sind X_1 eine $\chi^2_{m_1}$–verteilte Zufallsgröße und X_2 eine (von X_1 unabhängige) $\chi^2_{m_2}$–verteilte Zufallsgröße, so ist die Zufallsgröße

$$F = \frac{m_2 X_1}{m_1 X_2}$$

$\mathbf{F_{m_1,m_2}}$**–verteilt** (oder: **F–verteilt mit (m_1, m_2) Freiheitsgraden**).

Dabei heißt eine Zufallsgröße X **F_{m_1,m_2}–verteilt**, falls sie die Dichte

$$f_X(x) = \begin{cases} 0 & \text{für } x \leq 0 \\ \dfrac{m_1^{\frac{m_1}{2}} m_2^{\frac{m_2}{2}}}{\mathrm{B}\left(\frac{m_1}{2}, \frac{m_2}{2}\right)} \cdot \dfrac{x^{\frac{m_1}{2}-1}}{(m_2 + m_1 x)^{\frac{m_1+m_2}{2}}} & \text{für } x > 0 \end{cases}$$

besitzt.

Die Quantile $F_{m_1,m_2;q}$ der Ordnung q einer F_{m_1,m_2}–Verteilung sind in Tafel IV tabelliert, und es gilt

$$F_{m_1,m_2;q} = \frac{1}{F_{m_2,m_1;1-q}}.$$

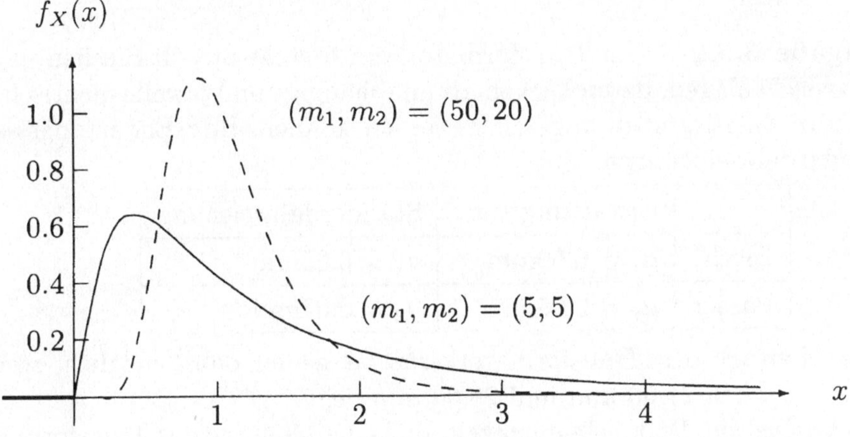

Fig. 3.14: Dichte einer F–verteilten Zufallsgröße mit (5,5) bzw. (50,20) Freiheitsgraden

Bemerkung: Sind $X_1, \ldots, X_{n_1}$ und $Y_1, \ldots, Y_{n_2}$ unabhängige normalverteilte Zufallsgrößen mit

$$\mathrm{E}X_1 = \ldots = \mathrm{E}X_{n_1}, \quad \mathrm{E}Y_1 = \ldots = \mathrm{E}Y_{n_2}$$

und

$$\mathrm{Var}\,(X_1) = \ldots = \mathrm{Var}\,(X_{n_1}) = \mathrm{Var}\,(Y_1) = \ldots = \mathrm{Var}\,(Y_{n_2}),$$

so ist

$$\frac{\frac{1}{n_1-1}\sum_{i=1}^{n_1}(X_i-\bar{X}_{n_1})^2}{\frac{1}{n_2-1}\sum_{j=1}^{n_2}(Y_j-\bar{Y}_{n_2})^2}$$

F–verteilt mit (n_1-1, n_2-1) Freiheitsgraden.

Aufgaben

Aufgabe 3.5.1 Es seien X und Y unabhängige binomialverteilte Zufallsgrößen mit den Parametern (n_1, p) bzw. (n_2, p).
Welche Verteilung besitzt $Z = X + Y$?
Man interpretiere das Ergebnis!
Hinweis: $\sum\limits_{k=0}^{n}\binom{n_1}{k}\binom{n_2}{n-k} = \binom{n_1+n_2}{n}$

Aufgabe 3.5.2 Ein Transformatorkern bestehe aus 50 Blechen und 49 Papierzwischenlagen, deren Dicken als unabhängige und jeweils identisch normalverteilte Zufallsgrößen angesehen werden können. Ihre Erwartungswerte und Standardabweichungen sind:

	Erwartungswert	Standardabweichung
Blech	$\mu_1 = 0.50$mm	$\sigma_1 = 0.05$mm
Papier	$\mu_2 = 0.05$mm	$\sigma_2 = 0.02$mm

Eine Montage des Transformatorkerns ist genau dann möglich, wenn seine Dicke zwischen 27.00 mm und 28.00 mm liegt.
Wie groß ist die Wahrscheinlichkeit, daß eine Montage des Transformatorkerns möglich ist?

Aufgabe 3.5.3 (zu Aufgabe 3.4.8:) Man ermittle die Einzelwahrscheinlichkeiten der Zufallsgrößen

$$Z_1 = X + 3Y \qquad \text{und} \qquad Z_2 = X^2 - Y$$

sowie $\mathrm{E}Z_1$, $\mathrm{E}Z_2$, $\mathrm{Var}\,(Z_1)$ und $\mathrm{Var}\,(Z_2)$.

Aufgabe 3.5.4 Zwei Ohmsche Widerstände R_1 und R_2 werden hintereinandergeschaltet. Sie seien unabhängig und normalverteilt mit

$$\mu_1 = 500 \text{ (in } \Omega) \qquad \text{und} \qquad \sigma_1 = 10 \text{ (in } \Omega),$$
$$\mu_2 = 200 \text{ (in } \Omega) \qquad \text{und} \qquad \sigma_2 = 4 \text{ (in } \Omega).$$

In welchen Grenzen $700 - \tilde{\mu}$ und $700 + \tilde{\mu}$ liegt mit einer Wahrscheinlichkeit von 99% der Gesamtwiderstand $R_1 + R_2$?

Aufgabe 3.5.5 Es seien X_k $(k = 1, 2, 3)$ unabhängige Zufallsgrößen mit

$$\mathrm{E}X_k = k \quad \text{und} \quad \mathrm{Var}(X_k) = k^2.$$

Man ermittle

a) $\mathrm{E}(2X_1 + X_2 + 3X_3)$,

b) $\mathrm{E}(X_1 - X_2 - X_3)$,

c) $\mathrm{Var}(X_1 + X_2 + X_3)$,

d) $\mathrm{Var}(X_1 - 2X_2 + 3X_3 + 4)$,

e) $\mathrm{E}(2X_1^2 + 4X_2^2 + X_3)$.

Aufgabe 3.5.6 Man bestimme mittels Tabellen folgende Quantile

a) $z_{0.95}$, $z_{0.99}$, $z_{0.995}$;

b) $\chi^2_{10;0.95}$, $\chi^2_{20;0.99}$, $\chi^2_{200;0.95}$;

c) $t_{10;0.01}$, $t_{30;0.99}$, $t_{200;0.99}$;

d) $F_{10,10;0.99}$, $F_{15,10;0.01}$.

Aufgabe 3.5.7 Ein LKW mit einer Nutzlast von 6t wird durch einen Kran mit Kies beladen. Bei jedem Beladungsvorgang erfaßt der Kran eine Masse (Kies), die normalverteilt ist mit $\mu = 250$ (in kg) und $\sigma = 50$ (in kg). Wie viele unabhängige Beladungsvorgänge sind mindestens erforderlich, damit die Wahrscheinlichkeit, die Nutzlast des LKW mindestens zu 95% auszunutzen, mehr als

a) 0.95, b) 0.99, c) 0.999 beträgt?

d) Wie groß ist die Wahrscheinlichkeit, daß im Falle c) die Nutzlast des LKW überschritten wird?

Wie groß ist die Wahrscheinlichkeit, daß die Nutzlast mindestens zu 90% ausgenutzt wird, wenn der LKW mit

e) 24 Kranfüllungen,

f) 27 Kranfüllungen

beladen wird?

g) Man löse a)–e) für den Fall, daß $\mu = 250$ (in kg) und $\sigma = 10$ (in kg) ist.

Aufgabe 3.5.8 Die Zufallsgrößen X und Y seien unabhängig und stetig gleichmäßig über $[-1, 1]$ verteilt.
Man bestimme die Verteilungsfunktion F_Z und die Dichte f_Z der Summe $Z = X + Y$.

Aufgabe 3.5.9 Für eine Folge $(X_i)_{i=1,2,...}$ unabhängiger Zufallsgrößen mit

$$\left.\begin{array}{rcl} P(X_i = 0) & = & 1 - p \\ P(X_i = 1) & = & p \end{array}\right\} \quad (0 < p < 1)$$

ermittle man die Einzelwahrscheinlichkeiten der Zufallsgröße

$$Z = \begin{cases} X_1 + X_2 + \ldots + X_Y & \text{für} \quad Y = 1, 2, \ldots \\ 0 & \text{für} \quad Y = 0, \end{cases}$$

falls die Zufallsgröße Y poissonverteilt mit dem Parameter λ $(\lambda > 0)$ und unabhängig von den Zufallsgrößen X_i, $i = 1, 2, \ldots$ ist.

3.6 Grenzwertsätze und Gesetze der großen Zahlen

Normalapproximation der Binomialverteilung

Ist $(X_n)_{n=1,2,...}$ eine Folge binomialverteilter Zufallsgrößen mit den Parametern n und p, so gilt

$$\lim_{n\to\infty} P\left(\frac{X_n - np}{\sqrt{np(1-p)}} < x\right) = \Phi(x) \quad \text{für} \quad -\infty < x < \infty$$

(**Grenzwertsatz von de Moivre–Laplace**).
In praxi verwendet man diesen Grenzwertsatz in der Form

$$P(a < X_n \leq b) \approx \Phi\left(\frac{b - np}{\sqrt{np(1-p)}}\right) - \Phi\left(\frac{a - np}{\sqrt{np(1-p)}}\right),$$

d. h., eine mit den Parametern n und p binomialverteilte Zufallsgröße ist für "große" n näherungsweise $N(np, np(1-p))$–verteilt.

Beispiel 3.6.1: Bei der Endkontrolle von Transistorgeräten werden diese unabhängig voneinander geprüft. Bei einer jeweils ersten Prüfung, die 10 sec in Anspruch nimmt, kann mit einer Wahrscheinlichkeit $p = 0.5$ über die Funktionstüchtigkeit entschieden werden. Falls die jeweils erste Prüfung zu keiner Entscheidung führt, wird unmittelbar danach eine jeweils zweite Prüfung, die ebenfalls 10 sec dauert, vorgenommen und dabei endgültig über die Funktionstüchtigkeit entschieden.

a) Es sei $T_{(950)}$ die (zufällige) Zeitdauer für die Prüfung von 950 Geräten. Wie lauten die Verteilungstabelle von $T_{(950)}$, der Erwartungswert und die Varianz von $T_{(950)}$?

b) Mit Hilfe des Grenzwertsatzes von de Moivre–Laplace ermittle man – näherungsweise – die Wahrscheinlichkeit, daß 950 Geräte innerhalb von vier Stunden geprüft werden.

c) Mit Hilfe dieses Grenzwertsatzes ermittle man – näherungsweise – die Anzahl n_0 von zu prüfenden Geräten, über deren Funktionsfähigkeit mit einer Wahrscheinlichkeit $p_0 = 0.99$ innerhalb von 3 Stunden entschieden werden kann.

Lösung:

a) X_i sei die (zufällige) Zeitdauer für die Prüfung des i-ten Gerätes $(i = 1, \ldots, 950)$ mit

$$\left.\begin{aligned} \mathrm{P}(X_i = 10) &= 0.5 \\ \mathrm{P}(X_i = 20) &= 0.5 \end{aligned}\right. \qquad (i = 1, \ldots, 950).$$

Also ist $Y_i = \frac{X_i - 10}{10}$ zweipunktverteilt mit

$$\mathrm{P}(Y_i = 0) = \mathrm{P}(Y_i = 1) = 0.5 \qquad (i = 1, \ldots, 950),$$

und

$$Y_{(950)} = Y_1 + Y_2 + \ldots + Y_{950}$$

ist dann (vgl. Aufgabe 3.5.1) binomialverteilt mit $n = 950$ und $p = 0.5$, d. h.

$$\mathrm{P}(Y_{(950)} = k) = \binom{950}{k}(0.5)^{950-k}(0.5)^k = \binom{950}{k}(0.5)^{950}.$$

Folglich ist

$$\mathrm{E}Y_{(950)} = 950 \cdot 0.5 = 475$$

und

$$\operatorname{Var}\left(Y_{(950)}\right) = 950 \cdot 0.5 \cdot 0.5 = 237.5.$$

Für die zufällige Zeitdauer der Prüfung aller Geräte

$$T_{(950)} = X_1 + X_2 + \ldots + X_{950}$$

gilt dann wegen $X_i = 10(Y_i + 1),\ i = 1, \ldots, 950,$

$$T_{(950)} = 10(Y_1 + \ldots + Y_{950}) + 9500 = 10Y_{(950)} + 9500$$

und

$$Y_{(950)} = \frac{T_{(950)} - 9500}{10}$$

sowie

$$\begin{aligned} \mathrm{P}(Y_{(950)} = k) &= \mathrm{P}\left(\frac{T_{(950)} - 9500}{10} = k\right) \\ &= \mathrm{P}(T_{(950)} = 10k + 9500) \\ &= \binom{950}{k}(0.5)^{950} \qquad \text{für} \quad k = 0, 1, \ldots, 950. \end{aligned}$$

Also ist die Verteilungstabelle von $Y_{(950)}$:

k	0	1	...	k	...	950
p_k	$(0.5)^{950}$	$950 \cdot (0.5)^{950}$	...	$\binom{950}{k}(0.5)^{950}$	...	$(0.5)^{950}$

,

und es gilt

$$\begin{aligned} \mathrm{E}T_{(950)} &= \mathrm{E}\left(10Y_{(950)} + 9500\right) = 10\mathrm{E}Y_{(950)} + 9500 \\ &= 4750 + 9500 = 14250 \end{aligned}$$

sowie

$$\begin{aligned} \operatorname{Var}\left(T_{(950)}\right) &= \operatorname{Var}\left(10Y_{(950)} + 9500\right) \\ &= 100 \cdot \operatorname{Var}\left(Y_{(950)}\right) = 23750. \end{aligned}$$

b) $$\begin{aligned} P(T_{(950)} \leq 4 \cdot 60 \cdot 60) &= P(10 \cdot Y_{(950)} + 9500 \leq 14400) \\ &= P\left(Y_{(950)} \leq \tfrac{14400-9500}{10}\right) \\ &= P(Y_{(950)} \leq 490) \\ &\approx \Phi\left(\frac{490 - EY_{(950)}}{\sqrt{\operatorname{Var}\left(Y_{(950)}\right)}}\right) \\ &= \Phi(0.9733) = 0.8348 \end{aligned}$$

(entsprechend dem Grenzwertsatz von de Moivre–Laplace).

c) $T_{(n)} = X_1 + \ldots + X_n$ $(n = 1, 2, \ldots)$ sei die (zufällige) Zeitdauer für die Prüfung von n Geräten. Dann ist

$$Y_{(n)} = Y_1 + \ldots + Y_n$$

mit $Y_i = \frac{X_i - 10}{10}$ $(i = 1, \ldots, n)$ binomialverteilt (vgl. a)), d. h.

$$P(Y_{(n)} = k) = \binom{n}{k}(0.5)^{n-k}(0.5)^k = \binom{n}{k}(0.5)^n.$$

Folglich ist

$$EY_{(n)} = 0.5n \quad \text{und} \quad \operatorname{Var}\left(Y_{(n)}\right) = n \cdot 0.5 \cdot 0.5 = 0.25n.$$

Die Anzahl der mit einer Wahrscheinlichkeit von $p_0 = 0.99$ in 3 Stunden prüfbaren Geräte ergibt sich dann als Lösung der Gleichung

$$P(T_{(n)} \leq 3 \cdot 60 \cdot 60) = 0.99,$$

d. h.

$$P(10(Y_{(n)} + n) \leq 10800) = 0.99$$

bzw.

$$P(Y_{(n)} \leq 1080 - n) = 0.99,$$

da $Y_{(n)} = \frac{X_1 - 10}{10} + \ldots + \frac{X_n - 10}{10} = \frac{1}{10}(T_{(n)} - 10n)$ ist.

Entsprechend dem Grenzwertsatz von de Moivre–Laplace (vgl. a)) erhält man

$$\begin{aligned} & \mathrm{P}\left(\frac{Y_{(n)} - \mathrm{E}Y_{(n)}}{\sqrt{\mathrm{Var}\,(Y_{(n)})}} \leq \frac{1080 - n - \mathrm{E}Y_{(n)}}{\sqrt{\mathrm{Var}\,(Y_{(n)})}}\right) \\ = & \mathrm{P}\left(\frac{Y_{(n)} - \mathrm{E}Y_{(n)}}{\sqrt{\mathrm{Var}\,(Y_{(n)})}} \leq \frac{1080 - 1.5n}{0.5\sqrt{n}}\right) \\ \approx & \Phi\left(\frac{1080 - 1.5n}{0.5\sqrt{n}}\right) = 0.99. \end{aligned}$$

Also ist (vgl. Tafel Ib)

$$\frac{1080 - 1.5n}{0.5\sqrt{n}} = 2.3264,$$

d. h. $1080 - 1.5n - 1.1632\sqrt{n} = 0$ bzw. $n + 0.7755\sqrt{n} - 720 = 0$.

Diese Gleichung hat eine positive Lösung $n = 699.507$, d. h. $n_0 = 699$.

■

Zentraler Grenzwertsatz

Es sei $(X_n)_{n=1,2,\ldots}$ eine Folge unabhängiger und identisch verteilter Zufallsgrößen mit

$$\mathrm{E}X_n = \mu \quad \text{und} \quad \mathrm{Var}\,(X_n) = \sigma^2 \qquad \text{für alle } n = 1, 2, \ldots$$

Dann ist

$$Y_n = \frac{\frac{1}{n}\sum_{i=1}^{n} X_i - \mu}{\sqrt{\frac{\sigma^2}{n}}}$$

asymptotisch $\mathrm{N}(0,1)$–verteilt, d. h., es gilt

$$\lim_{n\to\infty} \mathrm{P}(Y_n \leq x) = \Phi(x) \qquad \text{für } -\infty < x < \infty.$$

In praxi verwendet man diesen **zentralen Grenzwertsatz** in der Form

$$\mathrm{P}(X_1 + \ldots + X_n \leq x) \approx \Phi\left(\frac{x - n\mu}{\sqrt{n\sigma^2}}\right) \quad (-\infty < x < \infty)$$

und

$$P(a < X_1 + \ldots + X_n \leq b) \approx \Phi\left(\frac{b - n\mu}{\sqrt{n\sigma^2}}\right) - \Phi\left(\frac{a - n\mu}{\sqrt{n\sigma^2}}\right) \quad (-\infty < a < b < \infty).$$

Im Falle von diskreten Zufallsgrößen $X_1, X_2, \ldots$, die nur ganzzahlige Werte annehmen, erhält man für ganzzahlige Werte a und b eine i. allg. bessere Approximation durch eine "Stetigkeitskorrektur":

$$P(a < X_1 + \ldots + X_n \leq b) \approx \Phi\left(\frac{b - n\mu + \frac{1}{2}}{\sqrt{n\sigma^2}}\right) - \Phi\left(\frac{a - n\mu - \frac{1}{2}}{\sqrt{n\sigma^2}}\right).$$

Beispiel 3.6.2: Der zufällige Fehler X eines Meßinstrumentes habe den Mittelwert (= Erwartungswert) $EX = 0$ und die Standardabweichung $\sigma_X = 20$ (μm). Dann bestimmt sich die Wahrscheinlichkeit, daß das arithmetische Mittel aus $n = 25$ unabhängigen Messungen von der wahren Länge des zu messenden Werkstückes dem Betrage nach um höchstens 3 (μm) abweicht, näherungsweise durch folgende Überlegung:
Der Fehler des Meßinstruments bei der i-ten Messung sei die Zufallsgröße X_i mit $EX_i = 0$ und $\mathrm{Var}(X_i) = \sigma_X^2 = 400 \quad (i = 1, 2, \ldots, 25)$. Dann ist das arithmetische Mittel

$$Y_{(25)} = \tfrac{1}{25} \sum_{i=1}^{25} X_i$$

asymptotisch $N\left(0, \frac{\sigma_X^2}{25}\right)$-verteilt mit $\sigma_X^2 = 400$.
Folglich ist

$$\begin{aligned} P(|Y_{(25)}| \leq 3) &= P(-3 \leq Y_{(25)} \leq 3) \\ &= P\left(\frac{-3}{\sqrt{\frac{400}{25}}} \leq \frac{Y_{(25)}}{\sqrt{\frac{400}{25}}} \leq \frac{3}{\sqrt{\frac{400}{25}}}\right) \\ &= P\left(-0.75 \leq \tfrac{5Y_{(25)}}{20} \leq 0.75\right) \\ &\approx \Phi(0.75) - \Phi(-0.75) \\ &= 2\Phi(0.75) - 1 = 0.547. \end{aligned}$$

■

Gesetz der Großen Zahlen

Eine wichtige Ungleichung in der Wahrscheinlichkeitsrechnung ist die **Tschebyscheffsche Ungleichung**:

$$\mathrm{P}(|Y - \mathrm{E}Y| \geq \varepsilon) \;\leq\; \frac{\mathrm{Var}\,(Y)}{\varepsilon^2} \qquad (\varepsilon > 0).$$

Sie besagt, daß die Wahrscheinlichkeit, daß eine Zufallsgröße Y mindestens um den Wert ε von ihrem Erwartungswert $\mathrm{E}Y$ abweicht, höchstens gleich dem Quotienten $\dfrac{\mathrm{Var}\,(Y)}{\varepsilon^2}$ ist.

Beispiel 3.6.3: Ist Y eine Zufallsgröße mit dem Erwartungswert $\mathrm{E}Y = \mu$ und der Varianz $\mathrm{Var}\,(Y) = \sigma^2$, so gilt zum Beispiel

$$\mathrm{P}(|Y - \mu| \geq \sigma) \;\leq\; 1$$

(das ist natürlich trivial), sowie

$$\begin{array}{llll} \mathrm{P}(|Y - \mu| \geq 2\sigma) \;\leq\; \frac{1}{4}, & \text{d. h.} & \mathrm{P}(|Y - \mu| < 2\sigma) \;\geq\; \frac{3}{4}, \\ \mathrm{P}(|Y - \mu| \geq 3\sigma) \;\leq\; \frac{1}{9}, & \text{d. h.} & \mathrm{P}(|Y - \mu| < 3\sigma) \;\geq\; \frac{8}{9}, \\ \quad\vdots & & \end{array}$$

d. h., das Ereignis

$$\{\mu - 2\sigma < Y < \mu + 2\sigma\}$$

besitzt stets eine Wahrscheinlichkeit, die mindestens gleich $\frac{3}{4}$ ist, usw. ∎

Beispiel 3.6.4: Gegeben sei eine Folge $X_0, X_1, X_2, \ldots$ unabhängiger identisch verteilter Zufallsgrößen mit der Varianz $\sigma^2 := \mathrm{Var}\,(X_0) < \infty$ und dem Erwartungswert $\mu = \mathrm{E}X_0 > 0$. Dann gilt für $n \to \infty$:

$$\mathrm{P}(X_1 + \ldots + X_n < X_0) \;\to\; 0,$$

denn es ist

$$\begin{aligned} \mathrm{P}\left(\sum_{i=1}^{n} X_i < X_0\right) &= \mathrm{P}\left(\sum_{i=1}^{n} X_i - X_0 - (n-1)\mu < -(n-1)\mu\right) \\ &= \mathrm{P}\left(\sum_{i=1}^{n} X_i - X_0 - \mathrm{E}\left(\sum_{i=1}^{n} X_i - X_0\right) < -(n-1)\mu\right) \\ &\leq \mathrm{P}\left(\left|\sum_{i=1}^{n} X_i - X_0 - \mathrm{E}\left(\sum_{i=1}^{n} X_i - X_0\right)\right| > (n-1)\mu\right) \end{aligned}$$

(wegen $\mathrm{P}(Y < -a) + \mathrm{P}(Y > a) = \mathrm{P}(|Y| > a)$ für jedes $a > 0$).

Entsprechend der Tschebyscheffschen Ungleichung ist dann

$$\mathrm{P}\left(\sum_{i=1}^{n} X_i < X_0\right) \leq \frac{\mathrm{Var}\left(\sum\limits_{i=1}^{n} X_i - X_0\right)}{(n-1)^2\mu^2} = \frac{(n+1)\sigma^2}{(n-1)^2\mu^2} \to 0$$
$$(n \to \infty).$$

Entscheidend an dieser Aussage ist natürlich die Voraussetzung, daß der Erwartungswert $\mathrm{E}X_0$ positiv ist.

■

Beispiel 3.6.5: Mit einem idealen Würfel werde n-mal gewürfelt. Die Zufallsgröße X_n zähle, wie oft dabei eine "Sechs" aufgetreten ist. Man gebe eine (möglichst kleine) Zahl n_0 an, so daß für alle $n \geq n_0$ mit einer Wahrscheinlichkeit von mindestens $\frac{1}{2}$:

$$\tfrac{17}{108}n < X_n < \tfrac{19}{108}n$$

gilt, d. h. $\mathrm{P}\left(\frac{17}{108}n < X_n < \frac{19}{108}n\right) \geq \frac{1}{2}$ ist.

Lösung:

Da X_n binomialverteilt ist mit den Parametern n und $p = \frac{1}{6}$, erhält man

$$\mathrm{E}\left(\frac{X_n}{n}\right) = \frac{1}{n}\mathrm{E}X_n = \frac{n \cdot \frac{1}{6}}{n} = \frac{1}{6}$$

und

$$\mathrm{Var}\left(\frac{X_n}{n}\right) = \frac{1}{n^2} \cdot n \cdot \frac{1}{6}\left(1 - \frac{1}{6}\right) = \frac{5}{36n}.$$

Also tritt das Ereignis

$$\left\{\tfrac{17}{108}n < X_n < \tfrac{19}{108}n\right\}$$

genau dann ein, wenn

$$-\tfrac{1}{108} < \tfrac{X_n}{n} - \tfrac{1}{6} < \tfrac{1}{108}, \qquad \text{d. h.} \qquad \left|\tfrac{X_n}{n} - \tfrac{1}{6}\right| < \tfrac{1}{108},$$

gilt.

Entsprechend der Tschebyscheffschen Ungleichung ist

$$\mathrm{P}\left(\left|\frac{X_n}{n} - \mathrm{E}\left(\frac{X_n}{n}\right)\right| \geq \varepsilon\right) \leq \frac{\mathrm{Var}\left(\frac{X_n}{n}\right)}{\varepsilon^2}$$

und daraus folgend

$$\mathrm{P}\left(\left|\frac{X_n}{n} - \mathrm{E}\left(\frac{X_n}{n}\right)\right| < \varepsilon\right) \geq 1 - \frac{\mathrm{Var}\left(\frac{X_n}{n}\right)}{\varepsilon^2}.$$

Wählt man $\varepsilon = \frac{1}{108}$, so erhält man wegen $\mathrm{E}\left(\frac{X_n}{n}\right) = \frac{1}{6}$ und $\mathrm{Var}\left(\frac{X_n}{n}\right) = \frac{5}{36n}$

$$\begin{aligned} \mathrm{P}\left(\left|\frac{X_n}{n} - \frac{1}{6}\right| < \frac{1}{108}\right) &\geq 1 - \frac{5 \cdot 108^2}{36n} \\ &= 1 - \frac{5 \cdot 3 \cdot 108}{n} = \frac{1}{2}. \end{aligned}$$

Daraus folgt $n = 3240$.

■

Es sei $(X_n)_{n=1,2,\dots}$ eine Folge unabhängiger und identisch verteilter Zufallsgrößen mit $\mathrm{E}X_n = \mu$ und $\mathrm{Var}(X_n) = \sigma^2$ $(n = 1, 2, \dots)$. Dann ist

$$\mathrm{E}\left(\frac{1}{N}\sum_{n=1}^{N} X_n\right) = \mu \quad \text{und} \quad \mathrm{Var}\left(\frac{1}{N}\sum_{n=1}^{N} X_n\right) = \frac{\sigma^2}{N},$$

woraus entsprechend der Tschebyscheffschen Ungleichung

$$\mathrm{P}\left(\left|\frac{1}{N}\sum_{n=1}^{N} X_n - \mu\right| \geq \varepsilon\right) \leq \frac{\sigma^2}{\varepsilon^2 \cdot N}$$

folgt, d. h., für alle $\varepsilon > 0$ ist

$$\lim_{N\to\infty} \mathrm{P}\left(\left|\frac{1}{N}\sum_{n=1}^{N} X_n - \mu\right| \geq \varepsilon\right) = 0$$

(**schwaches Gesetz der großen Zahlen**).

Dieser Sachverhalt wird auch als **Konvergenz in Wahrscheinlichkeit** der Folge $\left(\frac{1}{N}\sum_{n=1}^{N} X_n\right)_{N=1,2,\dots}$ gegen μ bezeichnet. Verbal formuliert heißt das: Die Wahrscheinlichkeit, daß das arithmetische Mittel vom Erwartungswert ("theoretischer Mittelwert") um mindestens eine vorgegebene Zahl $\varepsilon > 0$ abweicht, wird für hinreichend großes N ("Stichprobenumfang") beliebig klein.

Bemerkung: Wird eine Serie von N unabhängigen zufälligen Versuchen, in denen ein Ereignis A mit der Wahrscheinlichkeit $\mathrm{P}(A) = p$ $(0 < p < 1)$ auftritt, betrachtet, so sind die Zufallsgrößen

$$X_n = \begin{cases} 1, & \text{falls } A \text{ im } n\text{-ten Versuch eintritt,} \\ 0, & \text{falls } \bar{A} \text{ im } n\text{-ten Versuch eintritt,} \end{cases}$$

$(n = 1, 2, \dots)$ zweipunktverteilt mit $\mathrm{P}(X_n = 0) = 1 - p$ und $\mathrm{P}(X_n = 1) = p$.

Folglich gilt für die relative Häufigkeit $h_N(A) = \frac{1}{N}\sum_{n=1}^{N} X_n$ das Gesetz der großen Zahlen in folgender Form:

$$\lim_{N\to\infty} \mathrm{P}(|h_N(A) - p| \geq \varepsilon) = 0.$$

Fortsetzung des Beispiels 3.6.2: Betrachtet man N Messungen mit den zufälligen Fehlern X_i $(i = 1, \ldots, N)$, so ist das arithmetische Mittel

$$Y_N = \frac{1}{N}\sum_{i=1}^{N} X_i$$

asymptotisch $\mathrm{N}\left(0, \frac{\sigma_X^2}{N}\right)$-verteilt mit $\sigma_X^2 = 400$. Folglich ist für $\varepsilon > 0$:

$$\begin{aligned}
\mathrm{P}(|Y_N| \leq \varepsilon) &= \mathrm{P}(-\varepsilon \leq Y_N \leq \varepsilon) \\
&= \mathrm{P}\left(\frac{-\varepsilon\sqrt{N}}{20} \leq \frac{Y_N\sqrt{N}}{20} \leq \frac{\varepsilon\sqrt{N}}{20}\right) \\
&\approx 2\Phi\left(\frac{\varepsilon\sqrt{N}}{20}\right) - 1,
\end{aligned}$$

d. h., zum Beispiel ist $\mathrm{P}(|Y_N| \leq \varepsilon)$:

$\varepsilon \setminus N$	25	50	75	100	1000
3	0.5467	0.7112	0.8061	0.8664	0.9999
2	0.3829	0.5205	0.6135	0.6827	0.9984
1	0.1974	0.2763	0.3350	0.3829	0.8862

■

Aufgaben

Aufgabe 3.6.1 Bei einem Fährunternehmen weiß man, daß im Mittel 16% derjenigen Personen, die einen Platz für ihren PKW auf einer Fähre buchen, zur Abfahrt nicht erscheinen. Um die Zahl der somit ungenutzten Plätze nicht zu groß werden zu lassen, werden daher für eine Überfahrt, bei der 120 PKW–Plätze zur Verfügung stehen, mehr als 120 Buchungen vorgenommen.

a) Man ermittle näherungsweise mittels des Grenzwertsatzes von de Moivre-Laplace die Wahrscheinlichkeit dafür, daß alle zur Abfahrt erschienenen

Personen, für die ein PKW–Platz reserviert wurde, diesen auch erhalten, wenn 130 Buchungen vorgenommen werden. Dabei gehe man davon aus, daß das Erscheinen zur Abfahrt der einzelnen Personen unabhängig voneinander ist.

b) Wie viele Buchungen für PKW–Plätze dürfen höchstens wahrgenommen werden, damit die entsprechende Wahrscheinlichkeit mindestens 0.99 beträgt?

Aufgabe 3.6.2 Der zufällige Fehler X einer optischen Längenmessung habe die Standardabweichung $\sigma_X = 400$ (in cm) und den Erwartungswert $\mathrm{E}X = 0$ (in cm).

a) Man bestimme (mittels des zentralen Grenzwertsatzes) näherungsweise die Wahrscheinlichkeit dafür, daß das arithmetische Mittel aus 40 unabhängigen Messungen von der wahren Länge der zu messenden Entfernung (dem Betrage nach) um höchstens 5 cm abweicht.

b) Wie viele unabhängige Messungen müssen mindestens durchgeführt werden, damit das arithmetische Mittel aller Messungen von der wahren Länge der zu messenden Entfernung mit einer Wahrscheinlichkeit von mindestens 99% um höchstens 10 cm abweicht?

Aufgabe 3.6.3 Bei der Bestimmung der Konzentration von Kohlenmonoxid im Abgas eines Heizwerks wird angenommen, daß dies durch eine Zufallsgröße X mit $\mathrm{E}X = \mu$ und der Varianz $\mathrm{Var}\,(X) = 0.0001$ (in $(\mathrm{g/cm}^3)^2$) beschrieben werden kann.
Wie viele unabhängige Bestimmungen der Konzentration sind durchzuführen, so daß mit einer Wahrscheinlichkeit von mindestens 90% der Betrag der Differenz zwischen μ und dem arithmetischen Mittel der erhaltenen Meßwerte kleiner als 0.003 ($\mathrm{g/cm}^3$) ist?
Man löse diese Aufgabe

a) mittels der Tschebyscheffschen Ungleichung,

b) mittels des zentralen Grenzwertsatzes.

Aufgabe 3.6.4 Es seien $X_1, \ldots, X_n$ unabhängige und normalverteilte Zufallsgrößen mit $\mathrm{E}X_i = \mu$ und $\mathrm{Var}\,(X_i) = \sigma^2$ für alle $i = 1, \ldots, n$.

a) Man bestimme $\mathrm{E}(S_n^2)$ und $\mathrm{Var}(S_n^2)$ für $S_n^2 = \frac{1}{n-1}\sum_{i=1}^{n}(X_i - \bar{X}_n)^2$ mit $\bar{X}_n = \frac{1}{n}\sum_{i=1}^{n} X_i$.

b) Mittels der Tschebyscheffschen Ungleichung zeige man

$$\lim_{n\to\infty} \mathrm{P}(|S_n^2 - \sigma^2| > \varepsilon) = 0$$

für jedes $\varepsilon > 0$.

Hinweis: Man verwende die Aussage von Seite 157 (2) und berücksichtige, daß eine χ_m^2-verteilte Zufallsgröße X den Erwartungswert $\mathrm{E}X = m$ und die Varianz $\mathrm{Var}(X) = 2m$ besitzt.

Aufgabe 3.6.5 Es seien $X_1, \ldots, X_n$ unabhängige und normalverteilte Zufallsgrößen mit $\mathrm{E}X_i = 0$ und $\mathrm{Var}(X_i) = \sigma^2$.

a) Man ermittle für

$$U_n = \frac{1}{n}\sum_{i=1}^{n} X_i^2$$

den Erwartungswert $\mathrm{E}U_n$ und die Varianz $\mathrm{Var}(U_n)$.

b) Mittels der Tschebyscheffschen Ungleichung zeige man

$$\lim_{n\to\infty} \mathrm{P}(|U_n - \sigma^2| < \varepsilon) = 1$$

für jedes $\varepsilon > 0$.

Aufgabe 3.6.6 Ein Werkstück wird einer Zuverlässigkeitsprüfung unterzogen. Die Wahrscheinlichkeit dafür, daß diese Prüfung nicht bestanden wird, sei $p = 0.05$.
Wie groß ist die Wahrscheinlichkeit, daß von 120 Werkstücken, die unabhängig voneinander geprüft werden, mindestens sechs und höchstens zehn die Prüfung nicht bestehen?

Aufgabe 3.6.7 Erfahrungsgemäß liegt der Anteil fehlerhafter Schrauben bei der Produktion in einem Betrieb zwischen 0.8% und 3.0%.
Wie viele Schrauben müssen geprüft werden, damit die relative Häufigkeit fehlerhafter Schrauben mit einer Wahrscheinlichkeit von 0.95 um höchstens 15% vom wahren Anteil abweicht?

Kapitel 4

Punkt- und Intervallschätzungen

4.1 Grundbegriffe

Punkt- und Intervallschätzungen sind Anliegen der beurteilenden, schließenden oder induktiven Statistik.

Die **beurteilende Statistik** beschäftigt sich damit, von den Eigenschaften eines oder mehrerer Merkmale in einer Teilmenge, der Stichprobe, auf die Eigenschaften in einer dazugehörigen Gesamtheit, der Grundgesamtheit, zu schließen.

Zur mathematischen Präzisierung wird das Merkmal als Zufallsgröße X mit der Verteilungsfunktion $F_X = F$ aufgefaßt. Die **Grundgesamtheit** M_X besteht aus allen möglichen Realisierungen von X, und man sagt: "die Grundgesamtheit ist nach F verteilt" oder "die Grundgesamtheit besitzt die Verteilung F". Bei den Problemen der beurteilenden Statistik ist F vollständig oder teilweise unbekannt.

Unter einer **mathematischen Stichprobe vom Umfang n** aus der Grundgesamtheit M_X versteht man den n-dimensionalen zufälligen Vektor $\boldsymbol{X} = (X_1, \ldots, X_n)$, wobei in den meisten Fällen die Zufallsgrößen X_i $(i = 1, \ldots, n)$ alle die gleiche Verteilung F wie X besitzen und voneinander in ihrer Gesamtheit stochastisch unabhängig sind. Die Verteilungsfunktion von $\boldsymbol{X}$ oder einer Funktion von $\boldsymbol{X}$ ist dann durch F vollständig bestimmt. Jede Realisierung $\boldsymbol{x} = (x_1, \ldots, x_n)$ von $\boldsymbol{X}$ heißt eine **konkrete Stichprobe**. Derartige konkrete Stichproben werden mit Hilfe der beschreibenden Statistik aufbereitet (s. Kap. 1). Anhand einer konkreten Stichprobe sind Aussagen über die Verteilung F der Grundgesamtheit zu treffen.

Die **statistischen Schätzverfahren** dienen zur Bestimmung von Punkt- und Intervallschätzungen für die Verteilung der Grundgesamtheit oder ihre unbekannten Parameter.
Demgegenüber werden mit **statistischen Tests** Annahmen, sog. statistische Hypothesen, über die vollständig oder teilweise unbekannte Verteilung der Grundgesamtheit überprüft.

Bei den weiteren Betrachtungen wird angenommen, daß die Verteilungsfunktion F der Grundgesamtheit von unbekannten Parametern $\theta_1, \ldots, \theta_p$, $p \geq 1$, abhängt, wobei in den häufigsten Fällen der Verteilungstyp bekannt ist. Die Parameter faßt man auch zu einem Vektor $\theta = (\theta_1, \ldots, \theta_p) \in \Theta$, $\Theta \subseteq \mathbf{R}^p$, zusammen.

Beispiel 4.1.1: Besitzt die Zufallsgröße X eine Poisson-Verteilung mit dem unbekannten Parameter λ, so gilt $\theta = \lambda \in \Theta$, $\Theta = \mathbf{R}^+$, $p = 1$.

■

Beispiel 4.1.2: Besitzt X und damit die Grundgesamtheit eine Normalverteilung mit den beiden unbekannten Parametern μ (Mittelwert der Grundgesamtheit) und σ^2 (Varianz der Grundgesamtheit), d. h. $X \in \mathrm{N}(\mu, \sigma^2)$, so gilt $\theta = (\mu, \sigma^2) \in \Theta$, $\Theta = \mathbf{R} \times \mathbf{R}^+$, $p = 2$.

■

4.2 Punktschätzungen

Anhand einer konkreten Stichprobe $\boldsymbol{x}$ werden für den unbekannten Parameter θ oder eine Funktion $g : \theta \to g(\theta)$ mit Hilfe der Methoden der beschreibenden Statistik (s. Kap. 1) "gute" Näherungswerte als Schätzungen ermittelt.
Eine von der konkreten Stichprobe $\boldsymbol{x}$ abhängige **Stichprobenfunktion** $t_n = T_n(\boldsymbol{x})$, die zur Schätzung von θ verwendet wird, nennt man **Schätzwert** oder **Schätzer** für θ und schreibt: $t_n = \hat{\theta}(\boldsymbol{x}) = \hat{\theta}$. Die zugehörige, von der mathematischen Stichprobe $\boldsymbol{X}$ abhängige Stichprobenfunktion $T_n = T_n(\boldsymbol{X}) = \hat{\theta}(\boldsymbol{X})$ heißt **Schätzfunktion, Punktschätzung** oder **Schätzung** für θ.
Sie besitzt die vom Verteilungstyp F und von θ abhängige Verteilungsfunktion F_{T_n}, den Erwartungswert $\mathrm{E}T_n$ und die Varianz $\mathrm{Var}\,(T_n)$.
Die Berechnung dieser Größen geschieht mit Hilfe der Wahrscheinlichkeitsrechnung (s. Kap. 3).

Beispiel 4.2.1: Zur Schätzung des Parameters λ der Poisson-Verteilung kann man den Schätzwert $\hat{\lambda} = \overline{x} = \frac{1}{n} \sum\limits_{i=1}^{n} x_i$ (arithmetisches Mittel) verwenden.

Da für die Poisson-Verteilung

$$\mathrm{E}X_i = \mathrm{E}X = \lambda \text{ und } \mathrm{Var}(X_i) = \mathrm{Var}(X) = \lambda \text{ für } i = 1, \ldots, n$$

gilt und die X_i unabhängig sind, ergibt sich für die Punktschätzung $T_n = \overline{X} = \frac{1}{n}\sum_{i=1}^{n} X_i$ (Stichprobenmittel):

$$\begin{aligned} \mathrm{E}\overline{X} &= \mathrm{E}\left(\frac{1}{n}\sum_{i=1}^{n} X_i\right) &= \frac{1}{n}\sum_{i=1}^{n} \mathrm{E}X_i &= \lambda, \\ \mathrm{Var}(\overline{X}) &= \mathrm{Var}\left(\frac{1}{n}\sum_{i=1}^{n} X_i\right) &= \frac{1}{n^2}\sum_{i=1}^{n} \mathrm{Var}(X_i) &= \frac{\lambda}{n}. \end{aligned}$$

($n\overline{X} = \sum_{i=1}^{n} X_i$ ist wieder poissonverteilt mit dem Parameter $n\lambda$.)

■

Beispiel 4.2.2: Geeignete Schätzwerte für die Parameter μ und σ^2 der normalverteilten Grundgesamtheit sind:

$$\begin{aligned} \hat{\mu} &= \overline{x} \quad \text{(arithmetisches Mittel)} \quad \text{bzw.} \\ \hat{\sigma^2} &= s^2 = \frac{1}{n-1}\sum_{i=1}^{n}(x_i - \overline{x})^2 \quad \text{(empirische Varianz).} \end{aligned}$$

Nach Abschnitt 3.5 ist die Punktschätzung $T_n = \overline{X}$ normalverteilt mit $\mathrm{E}\overline{X} = \mu$ und $\mathrm{Var}(\overline{X}) = \sigma_{\overline{X}}^2 = \frac{\sigma^2}{n}$.

Für die Schätzung $S^2 = \frac{1}{n-1}\sum_{i=1}^{n}(X_i - \overline{X})^2$ gilt nach 3.5:

$$\begin{aligned} Y &= \frac{(n-1)S^2}{\sigma^2} \quad \text{ist } \chi^2_{n-1}\text{-verteilt mit} \\ \mathrm{E}Y &= n-1, \quad \mathrm{Var}(Y) = 2(n-1). \end{aligned}$$

Damit erhält man:

$$\begin{aligned} \mathrm{E}(S^2) &= \frac{\sigma^2}{n-1}(n-1) &= \sigma^2, \\ \mathrm{Var}(S^2) &= \frac{\sigma^4}{(n-1)^2}\,2(n-1) &= \frac{2\sigma^4}{n-1}. \end{aligned}$$

■

4.2.1 Eigenschaften von Punktschätzungen

Zur Auswahl und zum Vergleich geeigneter Schätzungen verwendet man **Gütekriterien**.

a) Eine Punktschätzung T_n für $g(\theta)$ heißt **erwartungstreu** (**unverzerrt, unbiased**), falls

$$\mathrm{E}T_n = g(\theta) \quad \text{für alle} \quad \theta \in \Theta$$

gilt. Das bedeutet, daß die Schätzung T_n im Mittel gerade den zu schätzenden Wert $g(\theta)$ ergibt.

b) Die Folge der Punktschätzungen T_n, $n = 1, 2, \ldots$, heißt **asymptotisch erwartungstreu** für $g(\theta)$, falls

$$\lim_{n\to\infty} \mathrm{E}T_n = g(\theta) \quad \text{für alle} \quad \theta \in \Theta$$

gilt. Die Größe $\mathrm{B}(T_n) = \mathrm{E}T_n - g(\theta)$ heißt **Bias** (**Verzerrung**) von T_n.

c) Die Folge der Punktschätzungen T_n, $n = 1, 2, \ldots$, heißt (schwach) **konsistent** für $g(\theta)$, falls für jedes $\theta \in \Theta$ und jedes $\varepsilon > 0$

$$\lim_{n\to\infty} \mathrm{P}(|T_n - g(\theta)| < \varepsilon) = 1$$

gilt.
Das bedeutet, daß mit wachsendem Stichprobenumfang n die Schätzung T_n in Wahrscheinlichkeit gegen $g(\theta)$ konvergiert (s. Abschnitt 3.6).

Eine Folge (asymptotisch) erwartungstreuer Schätzungen T_n ist konsistent für $g(\theta)$, falls $\lim\limits_{n\to\infty} \mathrm{Var}(T_n) = 0$ gilt.

d) Der **mittlere quadratische Fehler** (mean squared error = MSE) der Schätzung T_n ist gegeben durch

$$\mathrm{MSE}(T_n) = \mathrm{E}[T_n - g(\theta)]^2 = \mathrm{Var}(T_n) + [\mathrm{B}(T_n)]^2.$$

Ist T_n erwartungstreu für $g(\theta)$, so erhält man wegen $\mathrm{B}(T_n) = 0$

$$\mathrm{MSE}(T_n) = \mathrm{Var}(T_n).$$

e) Es seien $T_n^{(1)}$ und $T_n^{(2)}$ zwei erwartungstreue und konsistente Schätzungen für $g(\theta)$. $T_n^{(1)}$ heißt **wirksamer** als $T_n^{(2)}$, falls $\mathrm{Var}\left(T_n^{(1)}\right) \leq \mathrm{Var}\left(T_n^{(2)}\right)$ für alle $\theta \in \Theta$ gilt. Man benutzt dann bevorzugterweise die wirksamere Schätzung.

Der Quotient

$$\eta(\theta) = \frac{\mathrm{Var}(T_n^{(1)})}{\mathrm{Var}(T_n^{(2)})} \quad \text{mit} \quad 0 \leq \eta(\theta) \leq 1$$

ist der **Wirkungsgrad** von $T_n^{(2)}$ in bezug auf $T_n^{(1)}$.

Beispiel 4.2.3: Gegeben sei eine beliebige Verteilung mit den unbekannten Parametern $\mathrm{E}X = \mu$ und $\mathrm{Var}(X) = \mathrm{E}(X-\mu)^2 = \sigma^2$.

a) Die Punktschätzung $\overline{X} = \frac{1}{n}\sum_{i=1}^{n} X_i$ ist erwartungstreu und konsistent für $\theta = \mu$, denn es gilt

$$\begin{aligned} \mathrm{E}\overline{X} &= \frac{1}{n}\sum_{i=1}^{n}\mathrm{E}X_i &&= \frac{1}{n}\,n\,\mu &&= \mu, \\ \mathrm{Var}(\overline{X}) &= \frac{1}{n^2}\sum_{i=1}^{n}\mathrm{Var}(X_i) &&= \frac{1}{n^2}\,n\,\sigma^2 &&= \frac{\sigma^2}{n} \to 0 \text{ für } n \to \infty. \end{aligned}$$

b) Die Punktschätzung $S^2 = \frac{1}{n-1}\sum_{i=1}^{n}(X_i - \overline{X})^2$ ist erwartungstreu für $\theta = \sigma^2$, wie folgende Rechnung zeigt:

$$\begin{aligned} \mathrm{E}(S^2) &= \frac{1}{n-1}\mathrm{E}\left[\sum_{i=1}^{n}(X_i - \overline{X})^2\right] \\ &= \frac{1}{n-1}\mathrm{E}\left[\sum_{i=1}^{n}(X_i-\mu)^2 + 2(\mu - \overline{X})\sum_{i=1}^{n}(X_i - \mu)\right. \\ &+ \left. n(\mu - \overline{X})^2\right] = \frac{1}{n-1}\mathrm{E}\left[\sum_{i=1}^{n}(X_i-\mu)^2 - n(\overline{X}-\mu)^2\right] \\ &= \frac{n}{n-1}\sigma^2 - \frac{n}{n-1}\cdot\frac{\sigma^2}{n} = \sigma^2. \end{aligned}$$

Betrachtet man dagegen die Schätzung $S_1^2 = \frac{1}{n}\sum_{i=1}^{n}(X_i - \overline{X})^2 = \frac{n-1}{n}S^2$, so ist diese wegen $\mathrm{E}(S_1^2) = \frac{n-1}{n}\mathrm{E}(S^2) = \frac{n-1}{n}\sigma^2$ nicht erwartungstreu für σ^2.

Wegen $\lim\limits_{n\to\infty}\mathrm{E}(S_1^2) = \sigma^2$ ist S_1^2 asymptotisch erwartungstreu für σ^2.

Falls $\mathrm{E}(X^4) < \infty$ für alle $\theta \in \Theta$ gilt, so ist S^2 (und auch S_1^2) konsistent für σ^2.

■

Beispiel 4.2.4: Der Mittelwert $\theta = \mu$ der normalverteilten Grundgesamtheit wird durch

$$T_n^{(1)} = \overline{X} \quad \text{und} \quad T_n^{(2)} = \widetilde{X}_{0.5} \quad \text{(Stichprobenmedian)}$$

geschätzt. Man kann zeigen, daß

$$\mathrm{E}\widetilde{X}_{0.5} = \mu, \quad \mathrm{Var}(\widetilde{X}_{0.5}) = c_n^2 \cdot \frac{\sigma^2}{n} \quad \text{mit } c_n > 1 \text{ für } n > 2 \text{ und } \lim_{n\to\infty} c_n = \sqrt{\frac{\pi}{2}}$$

gilt. Damit ist $\overline{X}$ wirksamer als $\widetilde{X}_{0.5}$, und der von μ unabhängige (asymptotische) Wirkungsgrad von $\widetilde{X}_{0.5}$ in bezug auf $\overline{X}$ beträgt

$$\lim_{n\to\infty}\eta(\mu) = \lim_{n\to\infty}\frac{\sigma^2/n}{c_n^2\sigma^2/n} = \frac{2}{\pi} \approx 0.64.$$

■

4.2.2 Methoden zur Konstruktion von Punktschätzungen

Maximum-Likelihood-Methode

Die **Maximum-Likelihood-Methode** (kurz ML-Methode) setzt voraus, daß F bis auf den Parameter $\theta = (\theta_1, \ldots, \theta_p)$ bekannt ist. θ ist anhand der Stichprobe $\boldsymbol{x} = (x_1, \ldots, x_n)$ zu schätzen. Für festes $\boldsymbol{x}$ heißt die Funktion

$$\theta \to L(\theta; \boldsymbol{x}) = p(\theta; x_1) \cdot \ldots \cdot p(\theta; x_n) = \prod_{i=1}^{n} p(\theta; x_i), \quad \theta \in \Theta,$$

mit

$$p(\theta; x_i) = \begin{cases} \text{Dichte } f(x_i), & \text{falls } X \text{ stetig,} \\ \text{Einzelwahrscheinlichkeit } \mathrm{P}(X = x_i), & \text{falls } X \text{ diskret} \end{cases}$$

Likelihood-Funktion zur Stichprobe $\boldsymbol{x}$.

Ein Parameterwert $\hat{\theta} = \hat{\theta}(\boldsymbol{x}) = (\hat{\theta}_1, \dots, \hat{\theta}_p)$ mit $L(\hat{\theta}; \boldsymbol{x}) \geq L(\theta; \boldsymbol{x})$ für alle $\theta \in \Theta$ heißt **Maximum - Likelihood - Schätzer** (kurz: **ML - Schätzer**), $\hat{\theta}(\boldsymbol{X})$ **ML-Schätzung** für θ.

Der ML-Schätzwert $\hat{\theta}$ für θ kann in vielen Fällen durch Lösen der **Maximum-Likelihood-Gleichungen**

$$\frac{\partial \ln L(\theta; \boldsymbol{x})}{\partial \theta_j} = 0, \quad j = 1, \dots, p,$$

erhalten werden. ML-Schätzungen sind - unter bestimmten Bedingungen - asymptotisch erwartungstreu, konsistent, asymptotisch effizient und asymptotisch normalverteilt.

Beispiel 4.2.5: Der unbekannte Parameter λ einer poissonverteilten Grundgesamtheit ist mit der ML-Methode zu schätzen.
Wegen $\mathrm{P}(X = x_i) = \frac{\lambda^{x_i}}{x_i!} \cdot \mathrm{e}^{-\lambda}$ für $x_i \in \mathbb{N}_0$ erhält man

$$\begin{aligned} \ln L(\lambda; \boldsymbol{x}) &= \sum_{i=1}^{n} \ln \mathrm{P}(X = x_i) = \ln \lambda \sum_{i=1}^{n} x_i - \sum_{i=1}^{n} \ln(x_i!) - n\lambda, \\ \frac{\mathrm{d} \ln L}{\mathrm{d}\lambda} &= \frac{1}{\lambda} \sum_{i=1}^{n} x_i - n = 0, \qquad \hat{\lambda} = \frac{1}{n} \sum_{i=1}^{n} x_i = \overline{x}. \end{aligned}$$

Die ML-Schätzung für $\lambda = \mathrm{E}X$ ist das Stichprobenmittel $\overline{X}$ (vgl. Beispiel 4.2.1). ■

Beispiel 4.2.6: Gegeben ist eine normalverteilte Grundgesamtheit mit den unbekannten Parametern μ und σ^2. Für $\theta = (\mu, \sigma^2)$ ist ein ML-Schätzer zu bestimmen. Mit

$$f(x_i) = \frac{1}{\sqrt{2\pi\sigma^2}} \mathrm{e}^{-\frac{(x_i - \mu)^2}{2\sigma^2}}$$

erhält man

$$\ln L(\theta; \boldsymbol{x}) = \sum_{i=1}^{n} \ln f(x_i) = \sum_{i=1}^{n} \left[-\frac{1}{2} \ln(2\pi\sigma^2) - \frac{(x_i - \mu)^2}{2\sigma^2} \right]$$

und damit die ML-Gleichungen

$$\begin{aligned} \frac{\partial \ln L}{\partial \mu} &= \frac{1}{\sigma^2} \sum_{i=1}^{n} (x_i - \mu) = 0, \\ \frac{\partial \ln L}{\partial \sigma^2} &= -\frac{n}{2\sigma^2} + \frac{1}{2(\sigma^2)^2} \sum_{i=1}^{n} (x_i - \mu)^2 = 0. \end{aligned}$$

Ihre Lösung ergibt die ML-Schätzwerte

$$\hat{\mu} = \frac{1}{n}\sum_{i=1}^{n} x_i = \overline{x}, \qquad \hat{\sigma^2} = \frac{1}{n}\sum_{i=1}^{n}(x_i - \overline{x})^2 = s_1^2.$$

Als ML-Schätzungen erhält man für μ die erwartungstreue Schätzung $\overline{X}$, für σ^2 die asymptotisch erwartungstreue Schätzung S_1^2 (vgl. Beispiel 4.2.3). ■

Momentenmethode

Die **Momentenmethode** setzt voraus, daß F bis auf den Parameter $\theta = (\theta_1, \ldots, \theta_p)$ bekannt ist. Grundlage dieser Methode zur Schätzung von θ anhand der Stichprobe $\boldsymbol{x}$ bildet der Zusammenhang zwischen den Parametern $\theta_1, \ldots, \theta_p$ und den Anfangs- bzw. zentralen Momenten m_r bzw. μ_r der Ordnung r $(r = 1, \ldots, l,\ l \geq p)$ der Verteilung von X (vgl. Kap. 3, 3.2 und 3.3). Ersetzt man in diesen Gleichungen die Momente durch die entsprechenden empirischen Momente der Ordnung r:

$$\hat{m}_r = \frac{1}{n}\sum_{i=1}^{n} x_i^r \quad \text{bzw.} \quad \hat{\mu}_r = \frac{1}{n}\sum_{i=1}^{n}(x_i - \overline{x})^r$$

und löst diese - falls möglich - nach den Parametern auf, so erhält man die **Momenten-Schätzer**:

$$\hat{\theta}_j = T_j^*(\hat{m}_1, \hat{m}_2, \ldots, \hat{m}_p) \quad \text{für} \quad \theta_j,\ j = 1, \ldots, p.$$

Beispiel 4.2.7: Für die Exponentialverteilung mit dem Parameter λ gilt $m_1 = \mathrm{E}X = \frac{1}{\lambda}$. Mit $\hat{m}_1 = \overline{x}$ erhält man als Momenten-Schätzer für λ also $\hat{\lambda} = \frac{1}{\overline{x}}$. ■

Aufgaben

Aufgabe 4.2.1 Die Lebensdauer X eines elektrischen Gerätes sei exponentialverteilt. Der Parameter $\lambda (> 0)$ sei unbekannt und mit Hilfe einer Stichprobe vom Umfang n zu schätzen.

a) Die mittlere Lebensdauer $\mathrm{E}X = \frac{1}{\lambda} = g(\lambda)$ wird durch $T_1 = \overline{X} = \frac{1}{n}\sum_{i=1}^{n} X_i$ geschätzt. Ist T_1 erwartungstreu und konsistent?
Welche Verteilung hat $Z = n \cdot \overline{X}$?

b) Für $EX = \frac{1}{\lambda}$ verwende man die Schätzung $T_2 = \min(X_1, \dots, X_n)$. Welche Verteilung hat T_2? Wie groß ist der Bias von T_2? Man bestimme den Faktor $k(> 0)$ so, daß die Schätzung $T_3 = k \cdot T_2$ erwartungstreu für $\frac{1}{\lambda}$ ist. Ist T_3 konsistent für $\frac{1}{\lambda}$?

c) Man vergleiche die Schätzungen T_1 (in a)) und T_3 (in b)) bezüglich ihrer Wirksamkeit und gebe den Wirkungsgrad von T_3 in bezug auf T_1 an.

d) Man untersuche die Schätzung $T_4 = \frac{1}{\overline{X}}$ für λ auf Erwartungstreue und bestimme gegebenenfalls eine erwartungstreue Schätzung T_5 für λ. Hinweis: $Z = n \cdot \overline{X}$ besitzt eine Gammaverteilung mit $b = \lambda$, $p = n$.

e) An 12 Haushaltgeräten gleichen Typs wurde die Lebensdauer (in Jahren) gemessen:
3.62, 0.24, 7.37, 2.60, 0.56, 8.25, 1.87, 4.43, 13.54, 2.19, 9.37, 2.63.
Es kann angenommen werden, daß die Lebensdauer exponentialverteilt ist. Man berechne für die mittlere Lebensdauer die Schätzwerte t_1, t_2, t_3. Welche Schätzwerte ergeben sich daraus für λ? Man vergleiche diese mit dem Schätzwert t_5 für λ.

Aufgabe 4.2.2 Die Lebensdauer X eines Bauelementes besitze eine sog. verschobene Exponentialverteilung mit der Dichte

$$f(x) = \begin{cases} 0 & \text{für} \quad x < \theta \\ \frac{1}{100} e^{-\frac{1}{100}(x-\theta)} & \text{für} \quad x \geq \theta \quad (\theta > 0). \end{cases}$$

Die minimale Lebensdauer θ sei unbekannt. Sie ist mit Hilfe einer Stichprobe vom Umfang n zu schätzen.

a) Als Schätzungen für θ sollen die Punktschätzungen

$$T_1 = \overline{X} \quad \text{und} \quad T_2 = \min(X_1, \dots, X_n)$$

verwendet werden. Sind diese Schätzungen erwartungstreu für θ? Falls nicht, gebe man (durch geeignete Transformationen von T_1 und T_2) erwartungstreue Schätzungen T_1^* bzw. T_2^* an. Sind diese Schätzungen konsistent?

b) Gesucht ist derjenige Stichprobenumfang n, für den die Wahrscheinlichkeit dafür, daß der Schätzfehler $T_2 - \theta$ dem Betrag nach höchstens $d = 1$ ist, mindestens 0.99 beträgt.

Aufgabe 4.2.3 Gegeben sei eine nach $N(0, \sigma^2)$-verteilte Zufallsgröße X mit dem unbekannten Parameter σ^2 ($< \infty$).

a) Ist die aus der Stichprobe $\boldsymbol{X}$ ermittelte Schätzung $T_n = \frac{1}{n}\sum_{i=1}^{n} X_i^2$ eine erwartungstreue Schätzung für σ^2?
Ist T_n konsistent für σ^2?

b) Der Meßfehler eines Wellendurchmessers kann als normalverteilt angesehen werden mit dem Erwartungswert 0 und der unbekannten Varianz σ^2. Eine Stichprobe vom Umfang $n = 10$ ergab die folgenden Werte (in μm):
-0.87, -1.68, 3.55, -2.52, -4.05, 1.53, 6.17, 1.09, -0.43, -1.14.
Berechnen Sie den Schätzwert $t_n = \hat{\sigma}^2$ (vgl. a)).

Aufgabe 4.2.4 In einer Grundgesamtheit besitze die Zufallsgröße X eine Normalverteilung mit bekanntem Erwartungswert μ und unbekannter Varianz σ^2. Mit einer Stichprobe vom Umfang n wird die Standardabweichung σ durch $T_n = \sqrt{\frac{\pi}{2}\frac{1}{n}}\sum_{i=1}^{n} |X_i - \mu|$ geschätzt. Untersuchen Sie T_n auf Erwartungstreue und Konsistenz.

Aufgabe 4.2.5 Die Grundgesamtheit sei gleichmäßig stetig verteilt auf $[0, \theta]$, $\theta > 0$. Zur Schätzung des unbekannten Parameters θ aus einer Stichprobe werden die folgenden Schätzungen vorgeschlagen:

$$T_1 = 2\overline{X}, \quad T_2 = \frac{2}{n-1}\sum_{i=1}^{n-1} X_i, \quad T_3 = \max(X_1, \ldots, X_n).$$

a) Sind diese Schätzungen erwartungstreu für θ? Falls nicht, konstruiere man entsprechende erwartungstreue Schätzungen (z. B. durch Multiplikation mit einem Faktor).

b) Berechnen Sie die Varianzen von T_1, T_2 und T_3, und untersuchen Sie die Konsistenz dieser Schätzungen.

c) Wie groß ist der Wirkungsgrad von T_1 in bezug auf $T_4 = \frac{n+1}{n} T_3$?

Aufgabe 4.2.6 Die Teile eines Lieferpostens werden auf Ausschuß (Ereignis A) untersucht. Als Schätzwert der unbekannten Ausschußwahrscheinlichkeit $p = P(A)$ anhand einer Stichprobe vom Umfang n verwende man die relative Häufigkeit für $A : t_n = \hat{p} = h_n(A) = \frac{x}{n}$, wobei x die Anzahl der Ausschußteile in der Stichprobe angibt. Ist diese Schätzung erwartungstreu und konsistent?

Aufgabe 4.2.7 Die unbekannte Verteilungsfunktion $F_X : F_X = \mathrm{P}(X \leq x)$, $x \in \mathbf{R}$, der stetigen Zufallsgröße X wird aus einer Stichprobe vom Umfang n durch die empirische Verteilungsfunktion $F_n(x) = \dfrac{m_x}{n}$ geschätzt, wobei für beliebiges x, $x \in \mathbf{R}$, m_x die Anzahl derjenigen Werte x_i in der Stichprobe angibt, die höchstens gleich x sind.

a) Berechnen Sie Erwartungswert und Varianz der (aus der mathematischen Stichprobe gebildeten) empirischen Verteilungsfunktion $F_n(x) = \frac{M_x}{n}$ für beliebiges, aber festes $x \in \mathbf{R}$. Ist diese Schätzung erwartungstreu und konsistent für $F_X(x)$?

b) Mit der Stichprobe der Aufgabe 1.1.7, Kap. 1, (Merkmal X: Körpergröße von Studenten, $n = 30$) schätze man die Verteilungsfunktion F_X der Zufallsgröße X für $x \in \mathbf{R}$ durch $F_n(x)$. Welche Schätzung erhält man für die Wahrscheinlichkeit dafür, daß die Körpergröße der Studenten höchstens 175 cm beträgt?

Aufgabe 4.2.8 Eine Gemeinde wird zur Wahl des Bürgermeisters in 2 Wahlbezirke I und II mit 1200 bzw. 1500 Wählern eingeteilt. Einige Tage vor der Wahl möchte ein Info-Institut den relativen Anteil p für einen bestimmten Kandidaten schätzen. Dazu werden n_1 Wähler im Wahlbezirk I und n_2 Wähler im Wahlbezirk II befragt, von denen x_1 bzw. x_2 für diesen Kandidaten stimmen würden. Die Zufallsgrößen $\hat{p}_1 = \frac{X_1}{n_1}$ bzw. $\hat{p}_2 = \frac{X_2}{n_2}$ beschreiben die relativen Anteile für den Kandidaten in den Stichproben vom Umfang n_1 bzw. n_2.

a) Man zeige, daß die Schätzung $\hat{p} = \frac{1200}{2700} \cdot \hat{p}_1 + \frac{1500}{2700} \cdot \hat{p}_2$ eine erwartungstreue Schätzung für p ist.

b) Man schätze p speziell mit $\dfrac{x_1}{n_1} = 65\%$ und $\dfrac{x_2}{n_2} = 58\%$.

c) Wann ist die Schätzung $\hat{p} = \frac{1}{2}(\hat{p}_1 + \hat{p}_2)$ erwartungstreu für p?

Aufgabe 4.2.9 Schaltrelais einer Produktionsserie werden kurzzeitigen gleichen Belastungen ausgesetzt. Die Wahrscheinlichkeit, daß ein Relais der Serie eine Belastung nicht übersteht, sei p $(0 < p < 1)$. Die Lebensdauer X ist die Anzahl der überstandenen Belastungen für ein Relais. Eine Untersuchung von 8 Relais ergab die folgenden Lebensdauerwerte: 120, 40, 10, 60, 10, 30, 20, 0. Unter der Annahme, daß X geometrisch verteilt ist mit den Einzelwahrscheinlichkeiten $p_k = \mathrm{P}(X = k) = p\,(1-p)^k$, $k = 0, 1, 2, \ldots$, gebe man für p a) eine Maximum-Likelihood-Schätzung, b) eine Momenten-Schätzung an. Wie lauten die Schätzwerte für die konkrete Stichprobe?

Aufgabe 4.2.10 Der unbekannte Parameter p $(0 < p < 1)$ einer Binomialverteilung bei gegebenem Parameter m ist unter Verwendung der Maximum-Likelihood-Methode zu schätzen. Ist diese Schätzung erwartungstreu und konsistent?

Aufgabe 4.2.11 Bei der Herstellung von Transistoren läßt es sich nicht vermeiden, daß einige Transistoren defekt sind. Zur Schätzung des unbekannten Ausschußanteils wird dem Fertigungsprozeß eine Stichprobe von 160 Erzeugnissen entnommen und geprüft. Man erhält 12 defekte Transistoren. Bestimmen Sie die Maximum-Likelihood-Schätzung für die Ausschußwahrscheinlichkeit p. Welche Eigenschaften hat sie?

Aufgabe 4.2.12 Eine elektrische Schaltung besteht aus m gleichartigen, unabhängig voneinander arbeitenden und parallel geschalteten Bauelementen. Die Wahrscheinlichkeit, daß ein Bauelement während einer Arbeitsperiode ausfällt, sei p $(0 < p < 1)$. Zur Schätzung von p wurden n Arbeitsperioden der Schaltung beobachtet. Dabei fiel die Schaltung k-mal aus $(k = 0, 1, \ldots, n)$.

a) Man ermittle die Maximum-Likelihood-Schätzung $\hat{p}$ für p.
b) Man berechne $\hat{p}$ speziell für $m = 10$, $n = 10$ und $k = 2$.

Aufgabe 4.2.13

a) Für den unbekannten Parameter λ der Exponentialverteilung bestimme man anhand einer Stichprobe die Maximum-Likelihood-Schätzung.
b) Wie lautet die Maximum-Likelihood-Schätzung für $g(\lambda) = \frac{1}{\lambda}$?
c) Welche Maximum-Likelihood-Schätzung erhält man für den Median (vgl. 3.3) der Exponentialverteilung?

Aufgabe 4.2.14 Die stetige Zufallsgröße X sei gleichmäßig auf $[0, \theta]$, $\theta > 0$, verteilt.

a) Für den Parameter θ gebe man eine Maximum-Likelihood-Schätzung an.
b) Wie lautet die Momenten-Schätzung für θ?

Aufgabe 4.2.15 Die Bedienungszeit X von Kunden an einem Fahrkartenschalter besitze eine Gamma-Verteilung. Für die unbekannten Parameter p (> 0) und b (> 0) sind Schätzungen zu bestimmen

a) mit der ML-Methode,

b) mit der Momentenmethode.
Hinweis: Für die ersten beiden Momente von X gilt
$m_1 = \mathrm{E}X = \frac{p}{b}$, $m_2 = \mathrm{E}(X^2) = \frac{p(1+p)}{b^2}$.

c) Eine Stichprobe vom Umfang $n = 5$ ergab die Bedienungszeiten (in Minuten): 8.0, 2.5, 4.3, 0.8, 1.7. Welche Schätzwerte für p und b erhält man mit der Momentenmethode?

Aufgabe 4.2.16 Für den unbekannten Parameter θ der in Aufgabe 4.2.2 betrachteten verschobenen Exponentialverteilung der Lebensdauer X gebe man

a) eine Maximum-Likelihood-Schätzung und

b) eine Momenten-Schätzung an.

Man vergleiche beide Schätzungen bezüglich ihrer mittleren quadratischen Fehler (MSE).

Aufgabe 4.2.17 Die Zufallsgröße X genüge einer logarithmischen Normalverteilung.

a) Für die Parameter μ ($\in \mathbf{R}$) und σ (> 0) sind Maximum-Likelihood-Schätzungen zu bestimmen.

b) Eine Stichprobe bestehe aus folgenden Werten:
10.22, 9.17, 10.48, 10.87, 7.90, 9.37, 9.40, 11.22.
Welche ML-Schätzwerte ergeben sich daraus für μ und σ und damit für Erwartungswert und Varianz von X?
Vergleichen Sie diese Werte mit den Schätzwerten
$\overline{x} = \frac{1}{n}\sum_{i=1}^{n} x_i$ bzw. $s^2 = \frac{1}{n-1}\sum_{i=1}^{n}(x_i - \overline{x})^2$ für EX bzw. Var(X)
(Momenten-Schätzer).

Aufgabe 4.2.18 Gegeben ist eine (zweiparametrisch) weibullverteilte Zufallsgröße mit dem Maßstabsparameter a (> 0) und dem Formparameter b (> 0).

a) Für a und b sind Momenten-Schätzer anzugeben.

b) Unter der Annahme, daß der Formparameter b bekannt ist, bestimme man einen Maximum-Likelihood-Schätzer für a.

c) Zur Untersuchung der Lebensdauer X von Elektromotoren kann vorausgesetzt werden, daß X eine Weibull-Verteilung mit $b = 2$ besitzt. Eine Stichprobe ergab bei 15 Motoren folgende Werte (in 100 h):
30.0, 100.8, 18.8, 183.7, 147.6, 59.6, 27.5, 92.2, 94.0, 61.4, 121.8, 91.9, 68.8, 72.8, 108.4.
Bestimmen Sie für a je einen Schätzwert nach der Momenten- und der ML-Methode und daraus entsprechende Schätzungen für EX und Var(X).

4.3 Konfidenzintervalle

Um Aussagen über die Genauigkeit der Schätzung für einen Parameter θ, insbesondere in Abhängigkeit vom Stichprobenumfang n, treffen zu können, werden Intervalle (allgemeiner: Bereiche) bestimmt, die den unbekannten Parameter θ der Verteilung der Grundgesamtheit mit großer Wahrscheinlichkeit überdecken.
Das von der mathematischen Stichprobe $\boldsymbol{X}$ abhängige zufällige Intervall

$$I(\boldsymbol{X}) = [G_u(\boldsymbol{X}); G_o(\boldsymbol{X})] \quad \text{mit} \quad G_u(\boldsymbol{X}) \leq G_o(\boldsymbol{X})$$

für den unbekannten Parameter θ (oder allgemeiner eine Funktion $g : \theta \to g(\theta)$), für das die Beziehung

$$\mathrm{P}(G_u(\boldsymbol{X}) \leq \theta \leq G_o(\boldsymbol{X})) \geq \varepsilon = 1 - \alpha \qquad (0 < \varepsilon < 1) \tag{4.1}$$

für alle $\theta \in \Theta$ erfüllt ist, heißt **zweiseitiges Konfidenz-** oder **Vertrauensintervall** für θ zum **Konfidenzniveau** ε. Für eine konkrete Stichprobe $\boldsymbol{x}$ ergibt sich das **konkrete Konfidenzintervall** $I(\boldsymbol{x})$ mit der **unteren** bzw. **oberen Konfidenzgrenze** $g_u = G_u(\boldsymbol{x})$ bzw. $g_o = G_o(\boldsymbol{x})$.
Im Mittel enthalten also (mindestens) $100 \cdot \varepsilon$ % aller, aus einer Anzahl konkreter Stichproben (gleichen Umfangs n) berechneten Konfidenzintervalle für θ den wahren, aber unbekannten Parameter θ, (höchstens) $100 \cdot \alpha$ % dagegen nicht.
Die Wahrscheinlichkeit ε heißt auch **Konfidenzkoeffizient, statistische Sicherheit, Überdeckungswahrscheinlichkeit, Sicherheitswahrscheinlichkeit** oder **Vertrauenswahrscheinlichkeit**, und α heißt **Irrtumswahrscheinlichkeit.** ε bzw. α ($= 1 - \varepsilon$) werden vorgegeben.
Bevorzugte Werte sind
für ε : 0.90, 0.95, 0.99, für α: 0.10, 0.05, 0.01.

Bei praktischen Problemen interessiert manchmal nur eine obere oder nur eine untere Grenze für θ. In diesen Fällen ist $g_u = -\infty$ (für $\theta \in \mathbf{R}$) bzw. 0 (für

$\theta \geq 0$) oder $g_o = +\infty$ zu setzen, und man spricht von einem **einseitigen Konfidenzintervall** für θ. Hierfür gilt (statt (4.1)):

$$P(\theta \leq G_o(\boldsymbol{X})) \geq \varepsilon \quad \text{bzw.} \quad P(\theta \geq G_u(\boldsymbol{X})) \geq \varepsilon.$$

Zur Konstruktion von Konfidenzintervallen werden die Punktschätzungen für θ und deren (asymptotische) Verteilungen benötigt.

4.3.1 Konfidenzintervalle für Erwartungswert μ und Varianz σ^2 der Normalverteilung

(s. Tabelle 4.1)

Beispiel 4.3.1: Die Messung des Durchmessers X von $n = 20$ Dichtungsringen eines bestimmten Typs (s. Beipiel 1.1.2 in Kap. 1) ergab das arithmetische Mittel $\overline{x} = 5.070$ mm und die empirische Varianz $s^2 = 0.1022$ mm^2. Unter der Annahme, daß die Stichprobe der 20 Durchmesserwerte aus einer normalverteilten Grundgesamtheit stammt, sind für den Mittelwert μ (bei unbekannter Varianz σ^2) und die Varianz σ^2 (bei unbekanntem Mittelwert μ) der Grundgesamtheit zweiseitige Konfidenzintervalle zum Konfidenzniveau $\varepsilon = 0.95$ zu bestimmen.
Mit $t_{19;0.975} = 2.09$ (s. Tafel II) und $\chi^2_{19;0.975} = 32.85$ bzw. $\chi^2_{19;0.025} = 8.91$ (s. Tafel III) erhält man
als Konfidenzintervall für μ:

$$[5.070 - 2.09\frac{\sqrt{0.1022}}{\sqrt{20}};\ 5.070 + 2.09\frac{\sqrt{0.1022}}{\sqrt{20}}] = [4.921;\ 5.219]$$

und als Konfidenzintervall für σ^2:

$$\left[\frac{19 \cdot 0.1022}{32.85}; \frac{19 \cdot 0.1022}{8.91}\right] = [0.059; 0.218].$$

Interessiert man sich jeweils nur für eine obere Konfidenzgrenze, so ergeben sich wegen $t_{19;0.95} = 1.73$ und $\chi^2_{19;0.05} = 10.12$ die einseitigen Konfidenzintervalle

für μ: $\left(-\infty; 5.070 + 1.73\frac{\sqrt{0.1022}}{\sqrt{20}}\right] = (-\infty; 5.194]$,

für σ^2: $[0; \frac{19 \cdot 0.1022}{10.12}] = [0; 0.192]$. ∎

Die **Länge des Konfidenzintervalls** $L = g_o - g_u$ ist ein Maß für die Genauigkeit der Schätzung. Je kleiner L, umso größer ist die Schätzgenauigkeit. Die Länge L wächst mit wachsendem ε.

Tabelle 4.1 Konfidenzintervalle für Erwartungswert μ und Varianz σ^2 der Normalverteilung (Konfidenzniveau $\varepsilon = 1 - \alpha$)

	zweiseitig	einseitig	
für μ			
σ^2 bekannt	$\left[\overline{x} - z_{1-\frac{\alpha}{2}}\frac{\sigma}{\sqrt{n}};\ \overline{x} + z_{1-\frac{\alpha}{2}}\frac{\sigma}{\sqrt{n}}\right]$	$\left(-\infty;\ \overline{x} + z_{1-\alpha}\frac{\sigma}{\sqrt{n}}\right]$	$\left[\overline{x} - z_{1-\alpha}\frac{\sigma}{\sqrt{n}};\ +\infty\right)$
σ^2 unbekannt	$\left[\overline{x} - t_{n-1;1-\frac{\alpha}{2}}\frac{s}{\sqrt{n}};\ \overline{x} + t_{n-1;1-\frac{\alpha}{2}}\frac{s}{\sqrt{n}}\right]$	$\left(-\infty;\ \overline{x} + t_{n-1;1-\alpha}\frac{s}{\sqrt{n}}\right]$	$\left[\overline{x} - t_{n-1;1-\alpha}\frac{s}{\sqrt{n}};\ +\infty\right)$
für σ^2			
μ bekannt	$\left[\frac{n \cdot s^{*2}}{\chi^2_{n;1-\frac{\alpha}{2}}};\ \frac{n \cdot s^{*2}}{\chi^2_{n;\frac{\alpha}{2}}}\right]$	$\left[0;\ \frac{n \cdot s^{*2}}{\chi^2_{n;\alpha}}\right]$	$\left[\frac{n \cdot s^{*2}}{\chi^2_{n;1-\alpha}};+\infty\right)$
μ unbekannt	$\left[\frac{(n-1) \cdot s^2}{\chi^2_{n-1;1-\frac{\alpha}{2}}};\ \frac{(n-1) \cdot s^2}{\chi^2_{n-1;\frac{\alpha}{2}}}\right]$	$\left[0;\ \frac{(n-1) \cdot s^2}{\chi^2_{n-1;\alpha}}\right]$	$\left[\frac{(n-1) \cdot s^2}{\chi^2_{n-1;1-\alpha}};\ +\infty\right)$

Dabei bezeichnen $\overline{x} = \frac{1}{n}\sum_{i=1}^{n} x_i$ das arithmetische Mittel, $s^{*2} = \frac{1}{n}\sum_{i=1}^{n}(x_i-\mu)^2$ bzw. $s^2 = \frac{1}{n-1}\sum_{i=1}^{n}(x_i-\overline{x})^2$ die empirischen Varianzen und z_q bzw. $t_{m;q}$ bzw. $\chi^2_{m;q}$ das q-Quantil der standardisierten Normalverteilung bzw. der t_m-Verteilung bzw. der χ^2_m-Verteilung (s. Tafel Ib bzw. Tafel II bzw. Tafel III).

Im Fall des zweiseitigen Konfidenzintervalls für μ bei bekanntem σ^2 ergibt sich

$$L = 2d = 2z_{1-\frac{\alpha}{2}} \cdot \frac{\sigma}{\sqrt{n}}$$

(d halbe Länge). Bei festem σ und ε nimmt L mit wachsendem n monoton ab. Gibt man andererseits die Schätzgenauigkeit $L = 2d$ (bei festem σ und ε) vor, so bestimmt sich der dazu notwendige **Mindest-Stichprobenumfang** n (als ganze Zahl) aus:

$$n \geq n_o = \left(\frac{2z_{1-\frac{\alpha}{2}}\,\sigma}{L}\right)^2 = \frac{z^2_{1-\frac{\alpha}{2}}\,\sigma^2}{d^2} = \frac{z^2_{1-\frac{\alpha}{2}}\,(\nu\%)^2}{(d\%)^2}$$

($\nu\%$: Variationskoeffizient in Prozent, $d\%$: d in Prozent vom Mittelwert).

Zu Beispiel 4.3.1: Um den mittleren Durchmesser der Dichtungsringe mit einer Genauigkeit von $d = 0.05$ zu schätzen, wird angenommen, daß die Grundgesamtheit normalverteilt ist mit der Varianz $\sigma^2 = 0.10$. Für $\varepsilon = 0.95$ erhält man wegen $z_{0.975} = 1.96$ (s. Tafel Ib) den dazu notwendigen Mindest-Stichprobenumfang aus

$$n_o = \frac{1.96^2 \cdot 0.10}{0.05^2} = 153.664, \text{ d. h. } n = 154.$$

■

4.3.2 Approximative Konfidenzintervalle

Bei beliebiger Verteilung der Grundgesamtheit können Konfidenzintervalle für den Parameter θ für großen Stichprobenumfang n auf der Grundlage des Zentralen Grenzwertsatzes (oder seiner Spezialfälle) (s. Kap. 3, Abschnitt 3.6) bestimmt werden:

Konfidenzintervalle für den Erwartungswert μ

Die in Tabelle 4.1 angegebenen Konfidenzintervalle für μ gelten approximativ für großes n ("Faustregel": $n \geq 30$).

Konfidenzintervall für die Wahrscheinlichkeit p

Ein approximatives, zweiseitiges Konfidenzintervall für die Wahrscheinlichkeit $p = \mathrm{P}(A)$ eines zufälligen Ereignisses A zum Konfidenzniveau $\varepsilon = 1 - \alpha$ ist gegeben durch $[g_u; g_o]$ mit den Konfidenzgrenzen

$$g_{u,o} = \frac{1}{n + z_q^2}\left(x + \frac{z_q^2}{2} \mp z_q\sqrt{\frac{x(n-x)}{n} + \frac{z_q^2}{4}}\,\right). \tag{4.2}$$

Dabei bezeichnen x die Anzahl des Auftretens von A (absolute Häufigkeit von A) in der Stichprobe vom Umfang n und z_q das Quantil der Ordnung $q = 1 - \frac{\alpha}{2}$ der standardisierten Normalverteilung (s. Tafel Ib). "+" gilt für die obere und "−" für die untere Konfidenzgrenze.
Den Formeln (4.2) liegt der Grenzwertsatz von de Moivre-Laplace zugrunde. Sie werden empfohlen, wenn die Bedingungen $np(1-p) > 9$ und $n \geq 50$ ("Faustregel") erfüllt sind.

Beispiel 4.3.2: Bei der Untersuchung der Lebensdauer spezieller Kühlaggregate (s. Aufgabe 1.1.8, Kap. 1) interessiert, in welchen Grenzen die Wahrscheinlichkeit für das Ereignis A "Die Lebensdauer ist geringer als 300 h" zu erwarten ist. Die Stichprobe vom Umfang $n = 500$ hat für A die absolute Häufigkeit $x = 20$, d. h. die relative Häufigkeit $h = \frac{x}{n} = 0.04$, ergeben. Wählt man für die statistische Sicherheit $\varepsilon = 0.95$, so erhält man wegen $z_q = z_{0.975} = 1.96$ (Tafel Ib):

$$g_{u,o} = \frac{1}{500 + 1.96^2}\left(20 + \frac{1.96^2}{2} \mp 1.96\sqrt{\frac{20 \cdot 480}{500} + \frac{1.96^2}{4}}\right),$$

d. h. das Intervall $[0.026; 0.061]$.
Für $\varepsilon = 0.99$ ergibt sich dagegen wegen $z_q = z_{0.995} = 2.576$ das größere Intervall $[0.023; 0.069]$.

■

Zur Bestimmung von einseitigen Konfidenzintervallen der Form $[0; g_o]$ oder $[g_u; 1]$ hat man in (4.2) $z_q = z_{1-\alpha}$ zu verwenden.
Der **Mindest-Stichprobenumfang** n, der erforderlich ist, um die Wahrscheinlichkeit p mit der Genauigkeit d zu schätzen, kann näherungsweise aus

$$n \geq n_o = \frac{z_q^2}{d^2} \cdot p^*(1 - p^*) \tag{4.3}$$

mit $q = 1 - \frac{\alpha}{2}$ ermittelt werden. Dabei setzt man für p^* eine aus Vorinformationen bekannte Schätzung für p ein. Ist keine derartige Schätzung gegeben, so kann wegen $p^*(1-p^*) \leq \frac{1}{4}$ für alle $p \in [0, 1]$ der Mindest-Stichprobenumfang n nach

$$n \geq n_o = \frac{z_q^2}{4d^2} \tag{4.4}$$

$(q = 1 - \frac{\alpha}{2})$ bestimmt werden.

Zu Beispiel 4.3.2: Es soll die Wahrscheinlichkeit p für das Ereignis A "Die Lebensdauer ist geringer als 300 h" mit der Genauigkeit $d = 0.01$ geschätzt werden. Als statistische Sicherheit ist $\varepsilon = 0.95$ vorgegeben. Mit $z_q = z_{0.975} = 1.96$ erhält man aus (4.4):

$$n \geq n_o = \frac{1.96^2}{4 \cdot 0.01^2} = 9604.$$

Es sind also mindestens 9604 Kühlaggregate auf ihre Lebensdauer zu untersuchen, um die interessierende Wahrscheinlichkeit mit der Genauigkeit 0.01 schätzen zu können. Nutzt man die Kenntnis einer Vorinformation für p, z. B. $p^* = 0.04$, so ergibt sich nach (4.3) $n_o = \frac{1.96^2}{0.01^2} \cdot 0.04 \cdot 0.96 \approx 1475.2$, also der (kleinere) Wert $n = 1476$.

■

Konfidenzintervall für den Parameter λ der Poisson-Verteilung

Ein zweiseitiges Konfidenzintervall für $\lambda = EX$ zum Konfidenzniveau $\varepsilon = 1-\alpha$ hat die Konfidenzgrenzen

$$g_u = \frac{1}{2n}\chi^2_{2n\overline{x};\frac{\alpha}{2}} \qquad g_o = \frac{1}{2n}\chi^2_{2(n\overline{x}+1);1-\frac{\alpha}{2}}.$$

Dabei bedeuten $\overline{x}$ das arithmetische Mittel der Stichprobe vom Umfang n und $\chi^2_{m;q}$ das Quantil der Ordnung q der χ^2-Verteilung mit m Freiheitsgraden (s. Tafel III). Bemerkt sei, daß hier die Freiheitsgrade m von dem Ergebnis $\overline{x}$ der konkreten Stichprobe abhängen.

Da für die Poisson-Verteilung $\mu = \lambda$ gilt, können für großes n approximative Konfidenzgrenzen nach Tabelle 4.1 berechnet werden.

Beispiel 4.3.3: Eine Stichprobe vom Umfang $n = 30$ aus einer poissonverteilten Grundgesamtheit ergab die folgenden Werte für X: zehnmal 0, elfmal 1, fünfmal 2, zweimal 3, einmal 4, einmal 5. Für den Parameter λ und damit für μ ist ein Konfidenzintervall zum Konfidenzniveau $\varepsilon = 0.95$ zu bestimmen. Mit $\overline{x} = 1.20$, $n\overline{x} = 36$ und $\chi^2_{72;0.025} \approx 50$, $\chi^2_{74;0.975} \approx 100$ (Interpolation in Tafel III) erhält man das Konfidenzintervall $[g_u; g_o] = [0.83; 1.67]$.
Ein approximatives Konfidenzintervall für $\mu = \lambda$ ergibt sich wegen $s = 1.27$ (empirische Standardabweichung) und $t_{29;0.975} = 2.05$ (Tafel II) zu

$$[g_u; g_o] = [1.20 - 2.05\frac{1.27}{\sqrt{30}};\ 1.20 + 2.05\frac{1.27}{\sqrt{30}}] = [0.72; 1.68].$$

■

Aufgaben

Aufgabe 4.3.1 Bei 10 Messungen der Streckgrenze X des Kohlenstoffstahls St 70 ergaben sich folgende Werte (in N/mm^2):
332, 354, 338, 340, 345, 360, 366, 352, 346, 342.
Unter der Annahme, daß diese Werte eine konkrete Stichprobe aus einer normalverteilten Grundgesamtheit darstellen, ermittle man zweiseitige Konfidenzintervalle zum Konfidenzniveau $\varepsilon = 0.95$ für

a) den Erwartungswert μ bei bekannter Varianz $\sigma^2 = 105$ (in N^2/mm^4),
b) den Erwartungswert μ bei unbekannter Varianz σ^2,
c) die Varianz σ^2.
d) Wie groß müßte der Stichprobenumfang n im Falle a) mindestens gewählt werden, damit bei gleichem Konfidenzniveau 0.95 die Länge des Konfidenzintervalls höchstens 8 N/mm^2 beträgt?

Aufgabe 4.3.2 Von 30 Studenten wurde die Körpergröße X (in cm) gemessen (s. Aufgabe 1.1.7, Kap. 1). Mit dieser Stichprobe berechne man je ein zweiseitiges Konfidenzintervall zum Konfidenzniveau 0.95 für die mittlere Körpergröße μ und die Varianz σ^2 der zugehörigen Grundgesamtheit. Dabei kann davon ausgegangen werden, daß die Körpergröße X normalverteilt ist. Mit welcher Genauigkeit kann μ geschätzt werden?

Aufgabe 4.3.3 Bei der automatischen Abfüllung von Kilotüten mit Mehl ergab eine Kontrolle von 20 Tüten folgende Gewichte (in g):

997.8, 1000.1, 998.7, 999.9, 998, 998.9, 999, 998.6, 999.4, 1000.8, 999.1, 998.5, 997.2, 998.4, 998.9, 1000.7, 998.8, 999.1, 999.8, 998.8.

Es kann angenommen werden, daß das Gewicht normalverteilt ist.

a) Bestimmen Sie für das mittlere Gewicht, das mit dem Automaten erreicht wird, ein einseitiges Konfidenzintervall mit der oberen Grenze g_o zur statistischen Sicherheit 99%. Kann man aus dem Ergebnis schließen, daß der Automat richtig abfüllt?
b) Welche obere Grenze des einseitigen Konfidenzintervalls $[0; g_o]$ für die Varianz σ^2 erhält man bei gleicher statistischer Sicherheit?

Aufgabe 4.3.4 Unter den Voraussetzungen der Aufgabe 4.2.3 bestimme man mit der dort angegebenen Stichprobe ein zweiseitiges Konfidenzintervall für die Varianz σ^2 des Meßfehlers eines Wellendurchmessers zum Konfidenzniveau 0.90.

Aufgabe 4.3.5 Aus einer Stichprobe vom Umfang n wird ein zweiseitiges Konfidenzintervall für den Mittelwert μ einer normalverteilten Grundgesamtheit zum Konfidenzniveau ε bei bekanntem σ^2 bestimmt (s. Tabelle 4.1). Man untersuche die Länge L des Intervalls in Abhängigkeit von n und ε. Dazu setze man $\sigma^2 = 1$ und nacheinander $\varepsilon_1 = 0.95$ und $\varepsilon_2 = 0.99$ und stelle L in Abhängigkeit von n grafisch dar. Man interpretiere die Ergebnisse!

Aufgabe 4.3.6 Wie groß muß man den Stichprobenumfang n mindestens wählen, wenn man den Mittelwert μ einer normalverteilten Grundgesamtheit (bei bekannter Varianz σ^2) mit einer Genauigkeit von $d\% = 10\%$ schätzen möchte? Als statistische Sicherheit wähle man 95%. Geben Sie n in Abhängigkeit vom Variationskoeffizienten für $\nu\% = 5\%, 10\%, 15\%, 20\%, 25\%, 30\%$ tabellarisch an. Wie ändern sich die Werte für n, wenn man die Genauigkeit der Schätzung verdoppelt?

Aufgabe 4.3.7 Für eine Anzahl von Personen soll die Reaktionszeit für eine bestimmte Tätigkeit gemessen werden. Erfahrungsgemäß kann die Reaktionszeit als normalverteilt angesehen werden mit der Standardabweichung $\sigma = 0.1$ sec. Wie viele Personen müssen mindestens untersucht werden, damit man die mittlere Reaktionszeit für diese Tätigkeit mit einem Fehler von höchstens 0.04 sec schätzen kann? Als statistische Sicherheit ist 0.99 zu wählen.

Aufgabe 4.3.8 In einem Umweltamt wurde über $n = 72$ Monate die (durchschnittliche, monatliche) Schwebestaubkonzentration in der Luft (in μg/m^3) ermittelt und daraus das arithmetische Mittel $\overline{x} = 76.19$ μg/m^3 und die empirische Standardabweichung $s = 25.86$ μg/m^3 berechnet. Welches (approximative) Konfidenzintervall ergibt sich damit für den Mittelwert μ der Schwebestaubkonzentration zum Konfidenzniveau $\varepsilon = 0.95$?

Aufgabe 4.3.9 Eine Umfrage bei 300 zufällig ausgewählten PKW-Fahrern nach ihrer jährlichen Fahrleistung ergab das arithmetische Mittel $\overline{x} = 15000$ km und die empirische Streuung $s^2 = 110 \cdot 10^6$ km^2.

a) Man bestimme ein (approximatives) zweiseitiges Konfidenzintervall zur statistischen Sicherheit 0.95 für die mittlere jährliche Fahrleistung eines PKW-Fahrers.
b) Welche (approximativen) Konfidenzgrenzen zur statistischen Sicherheit 0.95 erhält man für die Streuung σ^2 der jährlichen Fahrleistung?

Aufgabe 4.3.10 Zur Untersuchung der Luftbelastung wurden in einer meteorologischen Station von 1985 bis 1990 monatlich die (mittleren) Ozonwerte (Maßeinheit μg/m^3) bestimmt. Dabei überschritten 12 der 72 Monatsmittel den Wert 60 (Ereignis A). Geben Sie für die Wahrscheinlichkeit dieses Ereignisses A ein approximatives Konfidenzintervall zur statistischen Sicherheit 95% an. Wie ändern sich die Konfidenzgrenzen, wenn man als statistische Sicherheit 99% wählt?

Aufgabe 4.3.11 Bei einer Landtagswahl wurden nach Auszählung von 5 000 Stimmzetteln 750 für die Partei A registriert.

a) Schätzen Sie den prozentualen Anteil p an Stimmen für diese Partei, und bestimmen Sie für p ein Konfidenzintervall zum Konfidenzniveau $\varepsilon = 0.99$.
b) Wie ändern sich die Ergebnisse, wenn bei der weiteren Auszählung 1 500 von 10 000 Wählern für die Partei A gestimmt haben?
c) Wie viele Stimmzettel sind mindestens auszuzählen, damit man (bei gleichem Konfidenzniveau wie in a) und b)) den Stimmenanteil für die Partei A mit einer Genauigkeit von 0.005 angeben kann,
   I) wenn man keine Vorinformation über p hat,
   II) wenn man als Vorinformation $p^* = 0.15$ verwendet?

Aufgabe 4.3.12 Die Leitung eines Supermarktes möchte wissen, wie bekannt ein spezielles Waschmittel unter den Kunden ist. Zu diesem Zweck wurden n zufällig ausgewählte Kunden befragt und der Bekanntheitsgrad p (%) als Anteil der Kunden, die das Waschmittel kennen, geschätzt. Man berechne Konfidenzintervalle für p zur statistischen Sicherheit 95%, falls
a) $n = 100$, b) $n = 1000$, c) $n = 10000$
Kunden befragt wurden und jeweils 40% der Kunden das Waschmittel kannten.

d) Wie viele Kunden müßten mindestens befragt werden, damit man den Bekanntheitsgrad mit einer Genauigkeit von $d = 0.01$ schätzen kann? Man wähle die gleiche statistische Sicherheit wie in a) bis c).

Aufgabe 4.3.13 Für die Ausschußwahrscheinlichkeit p der Transistoren in Aufgabe 4.2.11 bestimme man ein Konfidenzintervall zum Konfidenzniveau 0.95. Mit welcher Genauigkeit kann p geschätzt werden?

Aufgabe 4.3.14 Ein Tierarzt behandelt 80 kranke Tiere mit einem Medikament. 75 Prozent der Tiere werden geheilt. Bestimmen Sie ein Konfidenzintervall für die Heilungswahrscheinlichkeit p zur statistischen Sicherheit 0.95. Dabei kann angenommen werden, daß das Medikament bei jedem Tier mit gleicher Wahrscheinlichkeit p zur Heilung führt.

Aufgabe 4.3.15 Um die Auslastung einer Telefonzelle zu überprüfen, wurde die in Aufgabe 1.1.4 (Kap. 1) angegebene Stichprobe erhoben. Unter der Annahme, daß die Anzahl der Telefonkunden, die pro Stunde die Telefonzelle aufsuchen, eine Poisson-Verteilung besitzt, bestimme man für die mittlere Anzahl der Kunden ein Konfidenzintervall zum Konfidenzniveau $\varepsilon = 0.95$ (exakt und approximativ).
Welches (approximative) Konfidenzintervall zum Konfidenzniveau 0.95 erhält man für die Wahrscheinlichkeit, daß 4 oder mehr Kunden pro Stunde die Telefonzelle aufsuchen?

Aufgabe 4.3.16 In einer Kleinstadt wird an 100 Tagen die Anzahl X der Autounfälle registriert mit folgendem Ergebnis:

Anzahl der Unfälle pro Tag	0	1	2	3	4
Anzahl der Tage	42	36	14	6	2

Es kann angenommen werden, daß X poissonverteilt ist. Für die mittlere Anzahl EX der Unfälle ist ein Konfidenzintervall zum Konfidenzniveau $\varepsilon = 0.99$ zu bestimmen (exakt und approximativ).

Aufgabe 4.3.17 Gegeben sind eine exponentialverteilte Grundgesamtheit mit dem Parameter $\lambda(> 0)$ und eine Stichprobe vom Umfang n aus dieser Grundgesamtheit.

a) Für λ ist ein (zweiseitiges) Konfidenzintervall zum Konfidenzniveau $\varepsilon = 1-\alpha$ zu bestimmen. Dabei gehe man davon aus, daß die Zufallsgröße $Z = 2n\lambda\overline{X}$ ($\overline{X}$ Stichprobenmittel) eine χ^2-Verteilung mit $2n$ Freiheitsgraden besitzt.

b) An 12 Haushaltgeräten gleichen Typs wurde die Lebensdauer X (in Jahren) gemessen:

   3.62, 0.24, 7.37, 2.60, 0.56, 8.25, 1.87, 4.43, 13.54, 2.19, 9.37, 2.63.

   Unter der Voraussetzung, daß die Lebensdauer exponentialverteilt ist mit dem Parameter λ, berechne man mit a) konkrete Konfidenzintervalle für λ und für die mittlere Lebensdauer E$X = \frac{1}{\lambda}$ zum Konfidenzniveau $\varepsilon = 0.95$.

c) Welches asymptotische (zweiseitige) Konfidenzintervall für λ zum Konfidenzniveau $\varepsilon = 1-\alpha$ ergibt sich, wenn man beachtet, daß $\overline{X}$ asymptotisch (für große n) normalverteilt ist mit $\mu = \dfrac{1}{\lambda}$ und $\sigma^2 = \dfrac{1}{n\lambda^2}$? Man berechne dieses Intervall für das Beispiel in b) mit $\varepsilon = 0.95$.

Kapitel 5

Statistische Tests

5.1 Grundbegriffe

Statistische Tests oder **Prüfverfahren** dienen zur Überprüfung von Annahmen, sog. **statistischen Hypothesen**, über die (vollständig oder teilweise) unbekannten Verteilungen der Grundgesamtheiten anhand von konkreten Stichproben.
Gegeben sei eine konkrete Stichprobe $\boldsymbol{x}$ aus einer nach F verteilten Grundgesamtheit (s. 4.1). F hänge von dem unbekannten (eindimensionalen) Parameter $\theta \in \Theta$ ab, d. h. $F = F_\theta$, $\theta \in \Theta$. Annahmen über θ werden als **Nullhypothese** $H_0 : \theta \in \Theta_0$ $(\subset \Theta)$ und **Alternativhypothese** $H_1 : \theta \in \Theta_1$ $(\subset \Theta \backslash \Theta_0)$ formuliert. Dabei ist H_0 in der Regel die zu überprüfende Hypothese.

Beispiele	für H_0:	für H_1:
5.1.1:	$H_0 : \theta = \theta_0$	$H_1 : \theta = \theta_1 \quad (\neq \theta_0)$
5.1.2:	$H_0 : \theta = \theta_0$	$H_1 : \theta \neq \theta_0$
5.1.3:	$H_0 : \theta \leq \theta_0$	$H_1 : \theta > \theta_0$
5.1.4:	$H_0 : \theta \geq \theta_0$	$H_1 : \theta < \theta_0$

Eine Hypothese heißt **einfach**, wenn sie den Parameter auf einen Wert festlegt (z. B. H_0 und H_1 im Beispiel 5.1.1), andernfalls heißt sie **zusammengesetzt**. Im Beispiel 5.1.2 spricht man von einer **zweiseitigen Fragestellung** oder einem **zweiseitigen Test(problem)**, da in H_1 sowohl Werte $\theta > \theta_0$ als auch Werte $\theta < \theta_0$ zugelassen sind. In den Beispielen 5.1.3 und 5.1.4 liegt eine **einseitige Fragestellung** oder ein **einseitiger(s) Test(problem)** vor.
Mit einem **Test** wird auf Grund einer (von der konkreten Stichprobe $\boldsymbol{x}$ abhängigen) **Testgröße** entschieden, ob die Hypothesen abzulehnen sind oder nicht. Ein Test, bei dem die Entscheidung vor allem auf die Ablehnung der zu überprüfenden Nullhypothese H_0 (zugunsten der Alternativhypothese H_1)

gerichtet ist, wird als **Signifikanztest** bezeichnet. Werden H_0 und H_1 gleichwertig behandelt, so liegt ein **Alternativtest** vor.

Beziehen sich die Hypothesen H_0 und H_1 nicht nur auf einzelne Parameter, sondern auf die gesamte Verteilungsfunktion F der Grundgesamtheit, so nennt man Tests zu ihrer Überprüfung **parameterfreie, nichtparametrische** (oder auch **verteilungsfreie**) **Tests**. Bei ihnen wird also keine spezielle Verteilungsannahme gemacht. Demgegenüber heißen Tests zur Überprüfung von Hypothesen über Parameter von - als bekannt angenommenen - Verteilungsfunktionen auch genauer **Parametertests**.

Durchführung eines Signifikanztests für H_0 gegen H_1 :

Mit dem durch H_0 festgelegten Wert θ_0 und einem aus der konkreten Stichprobe $\boldsymbol{x}$ berechneten geeigneten Schätzwert $\hat{\theta}$ für θ wird eine **Testgröße** $t = T(\boldsymbol{x})$ ($\in \mathbf{R}$) gebildet. Der **Test** besteht in der Vorgabe eines **Ablehnungsbereiches** oder **kritischen Bereiches** K ($\subset \mathbf{R}$) für H_0 und in der Entscheidung, die Nullhypothese H_0 (zugunsten der Alternativhypothese H_1) abzulehnen, falls die Testgröße t in K liegt, d. h. $t \in K$ gilt. In diesem Fall bezeichnet man den Unterschied zwischen dem Schätzwert $\hat{\theta}$ und θ_0 als **wesentlich, signifikant** oder **statistisch gesichert**. Liegt dagegen die Testgröße t nicht im kritischen Bereich $K (t \notin K)$, so kann die Nullhypothese H_0 auf Grund der Beobachtungsdaten nicht abgelehnt werden, man entschließt sich deshalb zur Beibehaltung von H_0.

Die Wahl von K erfolgt in Abhängigkeit von der Verteilung der Stichprobenfunktion $T = T(\boldsymbol{X})$ (oft ebenfalls Testgröße genannt) bei Gültigkeit von H_0, einem vorzugebenden **Signifikanzniveau** α $(0 < \alpha < 1)$ und der Art der Fragestellung. Dabei ist α die obere Schranke für die Wahrscheinlichkeit, eine richtige Nullhypothese H_0 fälschlicherweise abzulehnen (**Fehler 1. Art**), α heißt deshalb auch **Risiko 1. Art** oder **Irrtumswahrscheinlichkeit**, $1-\alpha$ **statistische Sicherheit, Vertrauenswahrscheinlichkeit** oder **Sicherheitswahrscheinlichkeit**. Bei Vorgabe von α (bevorzugte Werte: 0.01, 0.05, 0.10) spricht man von einem **Signifikanztest zum Niveau** α oder auch von einem α-**Test**.

Ein **Fehler 2. Art** liegt vor, wenn die Nullhypothese H_0 beibehalten oder nicht abgelehnt wird, obwohl sie falsch ist, d. h. $\theta \in \Theta_1$ gilt. Die Wahrscheinlichkeit für einen Fehler 2. Art hängt also von dem wahren Parameter $\theta \in \Theta_1$ der Verteilung F bei Gültigkeit der Alternativhypothese H_1 ab. Sie ist bei einem Signifikanztest im allgemeinen nicht bekannt, da $\theta \in \Theta_1$ unbekannt ist. Diesem Sachverhalt trägt man Rechnung, indem man im Fall $t \notin K$ für die Testentscheidung häufig die Formulierung “es ist nichts gegen H_0 einzuwenden” verwendet.

Die Funktion

$$\theta \to \beta(\theta) = \mathrm{P}(T \notin K), \quad \theta \in \Theta,$$

die die Wahrscheinlichkeit für die Annahme von H_0 angibt, heißt **Operationscharakteristik**, die Funktion

$$\theta \to G(\theta) = 1 - \beta(\theta) = \mathrm{P}(T \in K), \ \theta \in \Theta,$$

d. h. die Wahrscheinlichkeit für die Ablehnung von H_0, demgegenüber **Gütefunktion** des Tests. Für $\theta \in \Theta_1$ ist $\beta(\theta) = 1 - G(\theta)$ gerade die Wahrscheinlichkeit für einen Fehler 2. Art, für $\theta \in \Theta_0$ gilt $\sup\limits_{\theta \in \Theta_0} G(\theta) \leq \alpha$.

Zwischen einem zweiseitigen Konfidenzintervall für den Parameter θ zum Konfidenzniveau $\varepsilon = 1 - \alpha$ (s. 4.3) und einem zweiseitigen Signifikanztest für $H_0 : \theta = \theta_0$ gegen $H_1 : \theta \neq \theta_0$ zum Niveau α besteht ein unmittelbarer Zusammenhang: Für alle θ_0, die im konkreten Konfidenzintervall $[g_u; g_o]$ liegen, wird H_0 nicht abgelehnt.

5.2 Signifikanztests bei Normalverteilung

Einstichprobenproblem: Es liege eine Stichprobe $\boldsymbol{x} = (x_1, \ldots, x_n)$ vom Umfang n aus einer normalverteilten Grundgesamtheit mit Erwartungswert (Mittelwert) μ und Varianz σ^2 vor. Tests über μ und σ^2 sind in Tabelle 5.1 zusammengestellt.

Zweistichprobenproblem: Es liegen zwei Stichproben $\boldsymbol{x} = (x_1, \ldots, x_{n_1})$ und $\boldsymbol{x}' = (x'_1, \ldots, x'_{n_2})$ aus zwei normalverteilten Grundgesamtheiten mit Erwartungswerten (Mittelwerten) μ_1 bzw. μ_2 und Varianzen σ_1^2 bzw. σ_2^2 vor. Tests zum Vergleich der Erwartungswerte und Varianzen sind in Tabelle 5.2 zusammengestellt. Dabei unterscheidet man zwischen **abhängigen** oder **verbundenen Stichproben**, bei denen $n_1 = n_2 = n$ ist und die Stichprobenwerte x_i und x'_i für jedes $i = 1, \ldots, n$ paarweise zugeordnet sind (Test V), und **unabhängigen Stichproben** (Test VI, VII und VIII).

Beispiel 5.2.1: 15 Schrauben aus einem Sortiment haben die Länge (in mm): 10, 11, 13, 11, 12, 13, 14, 10, 9, 10, 10, 11, 12, 14, 14. Unter der Voraussetzung, daß diese Stichprobe aus einer normalverteilten Grundgesamtheit mit $\sigma = 2$ (mm) stammt, prüfe man die Hypothese, daß der Mittelwert μ der Grundgesamtheit 11 mm beträgt, mit der Irrtumswahrscheinlichkeit $\alpha = 0.01$. Als Testgröße zur Prüfung von $H_0 : \mu = \mu_0 = 11$ gegen $H_1 : \mu \neq 11$

Tabelle 5.1 Signifikanztests für μ und σ^2 einer normalverteilten Grundgesamtheit (Signifikanzniveau α)

	Hypothesen H_0 , H_1	Voraus-setzungen	Testgröße t	Verteilung von T	kritischer Bereich	Name
I a.	$\mu = \mu_0,\ \mu \neq \mu_0$	σ^2 bekannt	$\frac{\overline{x} - \mu_0}{\sigma}\sqrt{n}$	N(0, 1)-Verteilung	$\lvert t\rvert \geq z_{1-\frac{\alpha}{2}}$	Gauss-Test
I b.	$\mu \leq \mu_0,\ \mu > \mu_0$	"	"		$t \geq z_{1-\alpha}$	
I c.	$\mu \geq \mu_0,\ \mu < \mu_0$	"	"		$t \leq -z_{1-\alpha}$	
II a.	$\mu = \mu_0,\ \mu \neq \mu_0$	σ^2 unbekannt	$\frac{\overline{x} - \mu_0}{s}\sqrt{n}$	t_m-Verteilung	$\lvert t\rvert \geq t_{n-1;1-\frac{\alpha}{2}}$	einfacher
II b.	$\mu \leq \mu_0,\ \mu > \mu_0$	"	"	$m = n - 1$	$t \geq t_{n-1;1-\alpha}$	t-Test
II c.	$\mu \geq \mu_0,\ \mu < \mu_0$	"	"		$t \leq -t_{n-1;1-\alpha}$	
III a.	$\sigma^2 = \sigma_0^2,\ \sigma^2 \neq \sigma_0^2$	μ bekannt	$\frac{n \cdot s^{*2}}{\sigma_0^2}$	χ_n^2-Verteilung	$t \geq \chi^2_{n;1-\frac{\alpha}{2}}$ oder $t \leq \chi^2_{n;\frac{\alpha}{2}}$	
III b.	$\sigma^2 \leq \sigma_0^2,\ \sigma^2 > \sigma_0^2$	"	"		$t \geq \chi^2_{n;1-\alpha}$	
III c.	$\sigma^2 \geq \sigma_0^2,\ \sigma^2 < \sigma_0^2$	"	"		$t \leq \chi^2_{n;\alpha}$	
IV a.	$\sigma^2 = \sigma_0^2,\ \sigma^2 \neq \sigma_0^2$	μ unbekannt	$\frac{(n-1) \cdot s^2}{\sigma_0^2}$	χ_m^2-Verteilung	$t \geq \chi^2_{n-1;1-\frac{\alpha}{2}}$ oder $t \leq \chi^2_{n-1;\frac{\alpha}{2}}$	χ^2-Streuungs-test
IV b.	$\sigma^2 \leq \sigma_0^2,\ \sigma^2 > \sigma_0^2$	"	"	$m = n - 1$	$t \geq \chi^2_{n-1;1-\alpha}$	
IV c.	$\sigma^2 \geq \sigma_0^2,\ \sigma^2 < \sigma_0^2$	"	"		$t \leq \chi^2_{n-1;\alpha}$	

a. zweiseitige, b. und c. einseitige Fragestellung. Bezeichnungen wie in Tabelle 4.1, Abschnitt 4.3

Tabelle 5.2 Signifikanztests zum Vergleich zweier Erwartungswerte μ_1 und μ_2 und Varianzen σ_1^2 und σ_2^2 von normalverteilten Grundgesamtheiten (Signifikanzniveau α)

Hypothesen H_0 , H_1	Voraus-setzungen	Testgröße t	Verteilung von T	kritischer Bereich	Name
V a. $\mu_D = 0,\ \mu_D \neq 0$	$\boldsymbol{x}$ und $\boldsymbol{x}'$ abhängige Stichproben $n_1 = n_2 = n$ $D = X - X'$ $\in \mathrm{N}(\mu_D, \sigma_D^2)$ $\mu_D = \mu_1 - \mu_2$, σ_D^2 unbekannt	$\dfrac{\overline{d}}{s_D}\sqrt{n}$	t_m-Verteilung $m = n - 1$	$\lvert t\rvert \geq t_{n-1;1-\frac{\alpha}{2}}$	Differenzen-methode
V b. $\mu_D \leq 0,\ \mu_D > 0$		"		$t \geq t_{n-1;1-\alpha}$	
V c. $\mu_D \geq 0,\ \mu_D < 0$		"		$t \leq -t_{n-1;1-\alpha}$	
VI a. $\mu_1 = \mu_2,\ \mu_1 \neq \mu_2$	$\boldsymbol{x}$ und $\boldsymbol{x}'$ unabhängige Stichproben $X \in \mathrm{N}(\mu_1, \sigma_1^2)$ $X' \in \mathrm{N}(\mu_2, \sigma_2^2)$ $\sigma_1^2 = \sigma_2^2$	$\frac{\overline{x}_1 - \overline{x}_2}{s_g}\sqrt{\frac{n_1 n_2}{n_1 + n_2}}$ mit $s_g = \sqrt{\frac{(n_1-1)s_1^2 + (n_2-1)s_2^2}{n_1+n_2-2}}$	t_m-Verteilung $m = n_1 + n_2 - 2$	$\lvert t\rvert \geq t_{n_1+n_2-2;1-\frac{\alpha}{2}}$	doppelter t-Test
VI b. $\mu_1 \leq \mu_2,\ \mu_1 > \mu_2$				$t \geq t_{n_1+n_2-2;1-\alpha}$	
VI c. $\mu_1 \geq \mu_2,\ \mu_1 < \mu_2$				$t \leq -t_{n_1+n_2-2;1-\alpha}$	

Fortsetzung Tabelle 5.2

Hypothesen H_0 , H_1	Voraussetzungen	Testgröße t	Verteilung von T	kritischer Bereich	Name
VII a. $\mu_1 = \mu_2,\ \mu_1 \neq \mu_2$	$\boldsymbol{x}$ und $\boldsymbol{x}'$ unabhängige Stichproben $X \in \mathrm{N}(\mu_1, \sigma_1^2)$ $X' \in \mathrm{N}(\mu_2, \sigma_2^2)$	$\dfrac{\overline{x}_1 - \overline{x}_2}{\sqrt{\frac{s_1^2}{n_1} + \frac{s_2^2}{n_2}}}$	näherungsweise t_m-Verteilung $m \leq \left[\frac{c^2}{n_1-1} + \frac{(1-c)^2}{n_2-1}\right]^{-1}$	$\lvert t\rvert \geq t_{m;1-\frac{\alpha}{2}}$	Welch-Test
VII b. $\mu_1 \leq \mu_2,\ \mu_1 > \mu_2$	$\sigma_1^2 \neq \sigma_2^2$		$c = \frac{s_1^2/n_1}{s_1^2/n_1 + s_2^2/n_2}$	$t \geq t_{m;1-\alpha}$	
VII c. $\mu_1 \geq \mu_2,\ \mu_1 < \mu_2$				$t \leq -t_{m;1-\alpha}$	
VIII a. $\sigma_1^2 = \sigma_2^2,\ \sigma_1^2 \neq \sigma_2^2$	$\boldsymbol{x}$ und $\boldsymbol{x}'$ unabhängige Stichproben	s_1^2/s_2^2	F_{m_1,m_2}-Verteilung	$t \geq F_{n_1-1,n_2-1;1-\frac{\alpha}{2}}$ oder $t \leq F_{n_1-1,n_2-1;\frac{\alpha}{2}}$	F-Test
VIII b. $\sigma_1^2 \leq \sigma_2^2,\ \sigma_1^2 > \sigma_2^2$	$X \in \mathrm{N}(\mu_1, \sigma_1^2)$ $X' \in \mathrm{N}(\mu_2, \sigma_2^2)$ μ_1, μ_2 unbekannt	s_1^2/s_2^2	$m_1 = n_1 - 1$ $m_2 = n_2 - 1$	$t \geq F_{n_1-1,n_2-1;1-\alpha}$	
VIII c. $\sigma_1^2 \geq \sigma_2^2,\ \sigma_1^2 < \sigma_2^2$		s_2^2/s_1^2	F_{m_2,m_1}-Verteilung	$t \geq F_{n_2-1,n_1-1;1-\alpha}$	

a. zweiseitige, *b.* und *c.* einseitige Fragestellung

Dabei bezeichnen $n_k, \overline{x}_k$ bzw. s_k^2 Stichprobenumfang, arithmetisches Mittel bzw. empirische Varianz der k-ten Stichprobe ($k = 1, 2$), $\overline{d}$ und s_D^2 arithmetisches Mittel bzw. empirische Varianz der aus den Werten der abhängigen Stichproben gebildeten Differenzenreihe $d_i = x_i - x_i'$, $i = 1, 2, \cdots, n$. $t_{m;q}$ bzw. $F_{m_1,m_2;q}$ ist das q-Quantil der t_m-Verteilung bzw. der F_{m_1,m_2}-Verteilung (s. Tafel II bzw. IV).

(Test I a.) berechnet man mit $n = 15$, $\overline{x} = 11.6$ und $\sigma = 2$: $t = \frac{\overline{x} - \mu_0}{\sigma}\sqrt{n} = 1.16$. Aus Tafel Ib liest man mit $q = 1 - \frac{\alpha}{2} = 0.995$ den Wert $z_{0.995} = 2.576$ ab. Wegen $|t| < 2.576$ ist nichts gegen H_0 einzuwenden, d. h., zwischen $\overline{x} = 11.6$ und $\mu_0 = 11$ ist kein signifikanter Unterschied nachweisbar.

Die Gütefunktion für diesen Test, d. h. die Wahrscheinlichkeit, H_0 abzulehnen, wenn μ der wahre Mittelwert ist, erhält man aus

$$\begin{aligned} G(\mu) &= \mathrm{P}(|T| \geq z_q) = \mathrm{P}\left(\left|\frac{\overline{X} - \mu_0}{\sigma}\sqrt{n}\right| \geq z_q\right) \\ &= 1 - \mathrm{P}(-z_q - \delta < \frac{\overline{X} - \mu}{\sigma}\sqrt{n} < z_q - \delta) \\ &= 1 - [\Phi(z_q - \delta) - \Phi(-z_q - \delta)] = \Phi(\delta - z_q) + \Phi(-\delta - z_q) \text{ mit} \\ \delta &= \frac{\mu - \mu_0}{\sigma}\sqrt{n} = \frac{\mu - 11}{2}\sqrt{15}, \quad z_q = z_{1-\frac{\alpha}{2}} = z_{0.995} = 2.576. \end{aligned}$$

$G(\mu) = G_1(\delta)$ ist symmetrisch bezüglich $\mu = 11$ bzw. $\delta = 0$. Für $\mu = \mu_0 = 11$, d. h. $\delta = 0$, ist $G(11) = G_1(0) = 2\Phi(-z_q) = 2 \cdot \frac{\alpha}{2} = \alpha = 0.01$.

Mit Tafel Ia berechnet man z. B. für $\mu = 11.4$, d. h. $\delta = 0.7746$ (durch Interpolation und Rundung):
$\Phi(-1.8014) + \Phi(-3.3506) = 0.0358 + 0.0004 = 0.0362$.
Entsprechend erhält man:

μ	11.2	11.4	11.6	11.8	12	12.2	12.4
δ	0.3873	0.7746	1.1619	1.5492	1.9365	2.3238	2.7111
G	0.0158	0.0362	0.0786	0.1523	0.2612	0.4004	0.5537

μ	12.6	12.8	13	14
δ	3.0984	3.4857	3.8730	5.8094
G	0.6993	0.8185	0.9028	1.0000

Damit ist die Wahrscheinlichkeit β für einen Fehler 2. Art, d. h. für die Annahme von H_0, obwohl H_0 falsch ist, z. B.
für $\mu = 13 : \beta(13) = 1 - G(13) = 1 - 0.9028 = 0.0972 (\approx 10\%)$ und
für $\mu = 12 : \beta(12) = 1 - G(12) = 1 - 0.2612 = 0.7388 (\approx 74\%)$.

Gibt man andererseits bei gleichem Signifikanzniveau $\alpha = 0.01$ die Wahrscheinlichkeit β_0 des Fehlers 2. Art für den Mittelwert $\mu = 12$ vor, z. B. $\beta_0 = 0.05$, so kann man den dazu notwendigen Stichprobenumfang n aus der Forderung

$$\beta(\mu) = \Phi(z_q - \delta) - \Phi(-z_q - \delta) = \beta_0$$

bestimmen.

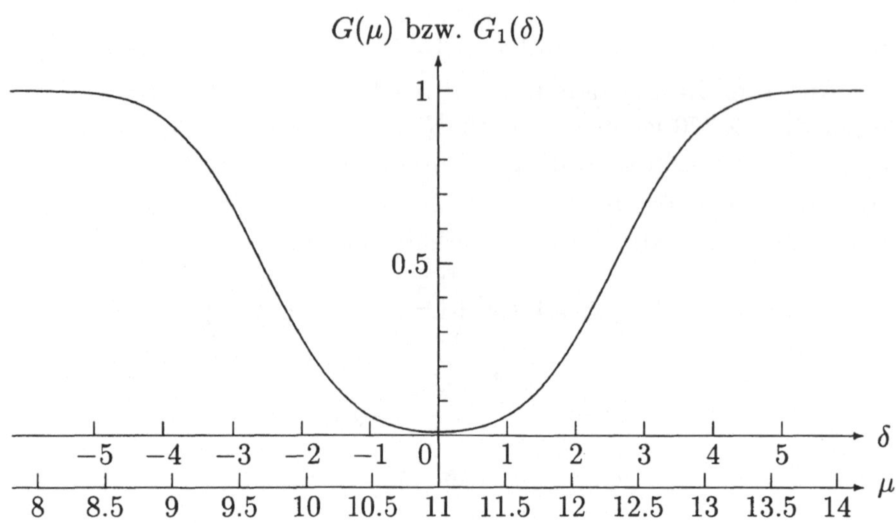

Fig. 5.1: Gütefunktion für Beispiel 5.2.1

Mit $\delta = \frac{12-11}{2}\sqrt{n} = \frac{1}{2}\sqrt{n}$, $z_q = z_{0.995} = 2.576$, $\beta_0 = 0.05$ und $\Phi(-2.576 - \frac{1}{2}\sqrt{n}) \approx 0$ für $n \geq 25$ erhält man aus $\Phi(2.576 - \frac{1}{2}\sqrt{n}) = 0.05$ bzw. $\Phi(\frac{1}{2}\sqrt{n} - 2.576) = 0.95$: $\frac{1}{2}\sqrt{n} - 2.576 = z_{0.95} = 1.645$ (Tafel Ib) und schließlich $n = 71.27 \approx 72$. Ein Stichprobenumfang von 72 ist also ausreichend, um die Nullhypothese $H_0 : \mu = 11$ mit der Wahrscheinlichkeit 0.05 fälschlicherweise anzunehmen, wenn in Wirklichkeit der Mittelwert μ der Grundgesamtheit 12 mm beträgt. ■

Beispiel 5.2.2: Zur Überprüfung einer Produktionsanlage, die Kilotüten mit Mehl abfüllt, werden 20 Tüten entnommen, gewogen und daraus das mittlere Gewicht $\overline{x} = 998.92$ g und die Standardabweichung $s = 0.734$ g berechnet. Es kann angenommen werden, daß das Gewicht normalverteilt ist.

a) Man prüfe, ob die Anlage im Mittel wesentlich weniger als 1000 g abfüllt und damit nachgestellt werden muß.

b) Unterscheidet sich die empirische Streuung s^2 wesentlich von $\sigma_0^2 = 0.3$ (g²)?

Als Signifikanzniveau α wähle man in beiden Fällen 5%.

zu a) Mit $H_0 : \mu \geq \mu_0 = 1000$ und $H_1 : \mu < 1000$ (Test II c.) und der konkreten Stichprobe erhält man die Testgröße $t = \dfrac{\overline{x} - \mu_0}{s}\sqrt{n} = -6.58$. Tafel II ergibt $t_{19;0.95} = 1.73$. Da $t < -1.73$ gilt, ist H_0 zugunsten von H_1 abzulehnen, d. h., die Anlage muß nachgestellt werden.

zu b) Zur Prüfung von $H_0 : \sigma^2 = \sigma_0^2 = 0.3$ gegen $H_1 : \sigma^2 \neq 0.3$ (Test IV a.) wird die Testgröße $t = \frac{(n-1) \cdot s^2}{\sigma_0^2} = 34.12$ berechnet und mit den Werten $\chi^2_{19;0.975} = 32.85$ und $\chi^2_{19;0.025} = 8.91$ (Tafel III) verglichen. Wegen $t > 32.85$ wird H_0 abgelehnt, $s^2 = 0.539$ unterscheidet sich wesentlich von 0.3.

■

Beispiel 5.2.3: Es soll geprüft werden, ob sich die Geburtsgewichte (in g) von Erst- und Zweitgeborenen bei Zwillingen im Mittel voneinander unterscheiden. Dazu liegen die Ergebnisse von 8 Zwillingsgeburten vor:

Paar Nr. i	1	2	3	4	5	6	7	8
x_i (Erstgeborener)	3250	2800	3400	3600	3140	2700	3000	2850
x_i' (Zweitgeborener)	3100	2850	3200	3500	3350	2550	3250	2700

Die beiden Stichproben $\boldsymbol{x}$ und $\boldsymbol{x}'$ mit $n_1 = n_2 = n = 8$ können als abhängig oder verbunden angesehen werden. Deshalb bildet man die Differenzen $d_i = x_i - x_i'$, $i = 1, \ldots, n$, und berechnet $\overline{d} = 30$ und $s_D = 177.039$ (s. Tabelle 5.2). Unter der Annahme, daß die Stichprobe der Differenzen aus einer normalverteilten Grundgesamtheit mit Erwartungswert $\mu_D = \mu_1 - \mu_2$ und Varianz σ_D^2 stammt, wird die Hypothese $H_0 : \mu_D = 0$ (es besteht kein Unterschied im Mittel) gegen $H_1 : \mu_D \neq 0$ (Test V a.) zum Signifikanzniveau $\alpha = 0.05$ mit der Testgröße $t = \frac{\overline{d}}{s_D}\sqrt{n} = 0.479$ geprüft. Aus Tafel II erhält man $t_{7;0.975} = 2.36$, und wegen $|t| < 2.36$ ist nichts gegen H_0 einzuwenden. Anhand obiger Stichproben kann kein wesentlicher Unterschied der mittleren Geburtsgewichte nachgewiesen werden.

■

Beispiel 5.2.4: Zwei Verfahren zur Erhöhung der Festigkeit von Polyamidseide sollen auf ihre unterschiedliche Wirkung hin untersucht werden. Zu diesem Zweck wurden mit jedem Verfahren 10 Festigkeitsmessungen durchgeführt. Dabei ergaben sich folgende Meßwerte (in N):

x_i (Verfahren 1): 0.12, 0.10, 0.11, 0.13, 0.11, 0.14, 0.10, 0.10, 0.13, 0.10

x_i' (Verfahren 2): 0.10, 0.10, 0.09, 0.10, 0.11, 0.11, 0.08, 0.11, 0.11, 0.10

Unter der Voraussetzung, daß die zwei unabhängigen Stichproben aus normalverteilten Grundgesamtheiten stammen, prüfe man die Hypothese, daß die beiden Verfahren hinsichtlich der mittleren Festigkeit gleichwertig sind, d. h. $H_0 : \mu_1 = \mu_2$ gegen $H_1 : \mu_1 \neq \mu_2$, mit der Irrtumswahrscheinlichkeit $\alpha = 0.05$.

Zur Anwendung des Tests VI a. wird zunächst die Gleichheit der Varianzen, d. h. $H_0 : \sigma_1^2 = \sigma_2^2$ gegen $H_1 : \sigma_1^2 \neq \sigma_2^2$ (Test VIII a.), mit der Irrtumswahrscheinlichkeit $\alpha = 0.10$ geprüft. Aus den Stichproben erhält man:
$n_1 = 10$, $\overline{x}_1 = 0.114$, $s_1^2 = 2.266 \cdot 10^{-4}$, $n_2 = 10$, $\overline{x}_2 = 0.101$, $s_2^2 = 0.989 \cdot 10^{-4}$.
Mit der Testgröße $t = s_1^2/s_2^2 = 2.29$ und den kritischen Werten $F_{9,9;0.95} = 3.18$, $F_{9,9;0.05} = \dfrac{1}{F_{9,9;0.95}} = 0.31$ (s. Tafel IVa) gilt $0.31 < t < 3.18$, d. h., gegen die Gleichheit der Varianzen ist nichts einzuwenden.

Die Prüfung von $H_0 : \mu_1 = \mu_2$ gegen $H_1 : \mu_1 \neq \mu_2$ erfolgt mit der Testgröße von Test VI a., die sich wegen $n_1 = n_2 = n$ und $s_g = \sqrt{\dfrac{(n-1)(s_1^2 + s_2^2)}{2(n-1)}}$ vereinfacht:
$t = \dfrac{\overline{x}_1 - \overline{x}_2}{\sqrt{s_1^2 + s_2^2}}\sqrt{n} = 2.278$. Aus Tafel II liest man den Wert $t_{18;0.975} = 2.10$ ab.
Wegen $|t| > 2.10$ muß H_0 abgelehnt werden, die beiden Verfahren unterscheiden sich hinsichtlich der mittleren Festigkeit wesentlich voneinander.

■

Aufgaben

Aufgabe 5.2.1 Bei der Produktion von Bolzen beträgt der Sollwert für den Durchmesser 10 mm. Es kann angenommen werden, daß der Durchmesser X normalverteilt ist mit dem unbekannten Erwartungswert μ und der durch die Technologie der Maschine festgelegten Standardabweichung $\sigma = 0.5$ mm. Zur Überprüfung der Einstellung werden 100 Teile entnommen und daraus der mittlere Durchmesser $\overline{x} = 10.15$ mm berechnet.

a) Prüfen Sie die Hypothese $H_0 : \mu = 10$ mm mit der Irrtumswahrscheinlichkeit $\alpha = 5\%$.

b) Bestimmen Sie die Gütefunktion $G(\mu)$ des Tests in a), und stellen Sie diese in Abhängigkeit von μ grafisch dar. Wie groß ist die Wahrscheinlichkeit für den Fehler 2. Art, wenn mit dem mittleren Durchmesser von $\mu = 10.15$ mm produziert wird?

c) Wie groß muß der Stichprobenumfang n mindestens sein, damit für den Test in a) bei gleicher Hypothese H_0 und gleichem α für die Alternativhypothese $H_1 : \mu = 10.15$ mm die Wahrscheinlichkeit für den Fehler 2. Art $\beta(10.15)$ höchstens 0.05 beträgt?

Aufgabe 5.2.2 Ein Autohersteller behauptet, daß der Benzinverbrauch für einen neuentwickelten Typ im Mittel 6 Liter pro 100 km beträgt. Dabei kann er davon ausgehen, daß der Verbrauch normalverteilt ist mit der Standardabweichung $\sigma = 0.3$. Eine Verbraucherzentrale vermutet, daß der Hersteller einen zu niedrigen Mittelwert μ angegeben hat. Sie überprüft deshalb 20 Autos des neuen Typs auf ihren Verbrauch und berechnet aus den Werten das arithmetische Mittel $\overline{x} = 6.1$.

a) Kann hiermit die Behauptung des Herstellers widerlegt werden? Als Irrtumswahrscheinlichkeit wird 0.01 gewählt und die einseitige Fragestellung mit der Alternativhypothese $H_1 : \mu > 6$ verwendet.
b) Wie groß ist für den Test in a) die Wahrscheinlichkeit β für einen Fehler 2. Art, wenn in Wirklichkeit der mittlere Benzinverbrauch $\mu > 6$ ist? Stellen Sie β in Abhängigkeit von μ grafisch dar.
c) Wie groß muß der durchschnittliche Benzinverbrauch $\overline{x}$ einer Stichprobe vom Umfang $n = 20$ (bei gleichbleibender Standardabweichung) mindestens sein, damit die in a) formulierte Hypothese H_0 bei der Irrtumswahrscheinlichkeit 0.01 abgelehnt werden muß?

Aufgabe 5.2.3

a) Mit der in Aufgabe 4.3.1 (Kap. 4) gegebenen Stichprobe von 10 Messungen der Streckgrenze X des Kohlenstoffstahls St 70 ist die Nullhypothese $H_0 : \mu \geq 352$ (in N/mm^2) gegen die Alternativhypothese $H_1 : \mu < 352$ mit dem Signifikanzniveau $\alpha = 0.1$ zu prüfen. Dabei kann angenommen werden, daß die Stichprobe aus einer normalverteilten Grundgesamtheit mit der Varianz $\sigma^2 = 105$ stammt.
b) Wie groß ist für den Test in a) die Wahrscheinlichkeit für die Ablehnung von H_0, wenn für den Mittelwert μ tatsächlich
I) $\mu = 347$, II) $\mu = 358$ gilt?

Aufgabe 5.2.4 Zur Untersuchung des Anteils von wasserfreiem Glyzerin in einem Glyzerin-Wasser-Gemisch wurden 10 Proben von jeweils 1 cm^3 dieses Gemisches entnommen und die Masse (in mg) bestimmt. Dabei ergaben sich folgende Werte:

1076.8	1077.2	1076.6	1076.5	1077.4
1077.1	1077.5	1077.0	1076.9	1077.0

Man prüfe, ob dieses Gemisch 30% wasserfreies Glyzerin enthält, was einer Masse $\mu_0 = 1077.1$ (in mg/cm^3) entspricht (Irrtumswahrscheinlichkeit $\alpha =$

0.05). Dabei setze man voraus, daß die obigen Werte aus einer normalverteilten Grundgesamtheit stammen.

Aufgabe 5.2.5 Das Gewicht von Eiern einer bestimmten Güteklasse sei normalverteilt mit dem Erwartungswert $\mu = 78$ (in g). Ein Kunde kauft 60 Eier und berechnet für diese Eier das mittlere Gewicht $\overline{x} = 72.1$ (in g) und die empirische Standardabweichung $s = 6.2$ (in g). Steht dieses Ergebnis im Einklang zu der angegebenen Güteklasse? Man wähle zur Entscheidung die Irrtumswahrscheinlichkeit $\alpha = 0.05$.

Aufgabe 5.2.6 Bei der Herstellung von elektrischen Zählern wird zunächst jeder Zähler mit einem Standardzähler daraufhin verglichen, ob er mit diesem synchron läuft. Wenn das nicht der Fall ist, wird er reguliert. Bei der anschließenden Prüfung der nötigenfalls regulierten Zähler hat man bei 10 Apparaten folgende Zählerwerte an Stelle des Sollwertes 1000 erhalten:
983, 1002, 998, 996, 1002, 983, 994, 991, 1005, 986.
Kann man diese Ergebnisse bei einem Signifikanzniveau von $\alpha = 0.05$ als zufällige Schwankungen um den als Mittelwert zu behandelnden Sollwert 1000 betrachten? Man nehme an, daß die Ergebnisse einer normalverteilten Grundgesamtheit entstammen.

Aufgabe 5.2.7 Vor der Einführung einer neuen Getreidesorte wurden 14 Flächen gleicher Größe mit dieser Sorte bestellt und die Erträge (in dt/ha) ermittelt:

37.6	35.1	36.8	38.2	35.0	32.2	36.6
38.8	33.4	35.9	36.3	34.7	38.1	36.4

Erfahrungsgemäß kann der Ertrag als normalverteilt angesehen werden.

a) Kann man annehmen, daß der mittlere Ertrag der neuen Sorte 37 dt/ha beträgt?
b) Ist die Stichprobenvarianz s^2 wesentlich größer als $\sigma^2 = 3.3$?

Man wähle als Irrtumswahrscheinlichkeit in beiden Fällen $\alpha = 0.05$.

Aufgabe 5.2.8 Mit der in Aufgabe 1.1.7 (Kap. 1) erhobenen Stichprobe der Körpergröße X von 30 Studenten überprüfe man die Annahme, daß

a) die mittlere Körpergröße aller Studenten nicht wesentlich kleiner als 175 cm ist,
b) die Varianz $\sigma^2 = 40\ \text{cm}^2$ ist.

Dabei kann vorausgesetzt werden, daß X eine normalverteilte Zufallsgröße ist. Als Irrtumswahrscheinlichkeit ist jeweils 5% zu wählen.

Aufgabe 5.2.9 10 Studenten eines Studienjahrganges wurden gefragt, wieviel Zeit sie für ihr Selbststudium in der Woche durchschnittlich verwenden. Man erhielt folgende Werte (in Stunden):
18, 15, 23, 24, 15, 10, 20, 10, 9, 14.
Es kann vorausgesetzt werden, daß die Zeit normalverteilt ist.

a) Überprüfen Sie die Annahme, daß Studenten dieses Jahrganges im Mittel 14 Stunden pro Woche für das Selbststudium verwenden. Wählen Sie das Signifikanzniveau 5%.

b) Testen Sie beim Signifikanzniveau 1% die Hypothese, daß die Varianz der Selbststudienzeit nicht größer als 25 ist.

Aufgabe 5.2.10 Die Lebensdauer eines speziellen elektrischen Gerätes kann erfahrungsgemäß als normalverteilt angesehen werden. Der Produzent dieser Geräte gibt an, daß die mittlere Lebensdauer seiner Erzeugnisse mindestens 1000 Stunden beträgt. Ein Abnehmer möchte vor dem Kauf eines größeren Postens die Geräte überprüfen. Dazu kontrolliert er die Lebensdauer von 30 zufällig ausgewählten Geräten und berechnet aus den Meßwerten das arithmetische Mittel $\overline{x} = 994$ h und die empirische Standardabweichung $s = 25.6$ h. Mit dieser Stichprobe prüft der Abnehmer die Nullhypothese $H_0 : \mu \geq 1000$ (h) gegen die Alternativhypothese $H_1 : \mu < 1000$ (h) zum Signifikanzniveau $\alpha = 0.05$. Kann er die Angabe des Produzenten bestätigen?

Aufgabe 5.2.11 Unter den Voraussetzungen der Aufgabe 4.2.3 (Kap. 4) prüfe man mit der in b) gegebenen Stichprobe vom Umfang $n = 10$, ob die Varianz σ^2 des Meßfehlers 4 (μm^2) ist. Man verwende die zweiseitige Fragestellung und wähle das Signifikanzniveau $\alpha = 0.1$.

Aufgabe 5.2.12 Bei der Dosierung von Schüttgut ergab eine herkömmliche Methode für die abgefüllte Masse M die Standardabweichung $\sigma_0 = 0.28$ (in kg) je Füllung. Mit einer technologisch einfacheren Methode erhielt man aus einer Stichprobe vom Umfang $n = 5$ die empirische Standardabweichung $s = 0.39$ (in kg).

a) Man prüfe, ob sich die Standardabweichung der abgefüllten Masse M bei der technologisch einfacheren Methode signifikant von σ_0 unterscheidet (Irrtumswahrscheinlichkeit $\alpha = 0.05$). Dabei gehe man davon aus, daß M normalverteilt ist.

b) Welche Aussage erhält man (bei gleichem α wie in a)), wenn der Umfang der Stichprobe, die zu der empirischen Standardabweichung $s = 0.39$ (in kg) führte, $n = 100$ ist?

Aufgabe 5.2.13 An Werkstücken werden die Abweichungen der Maße vom Nennmaß überprüft. Bei einer Stichprobe von 25 Werkstücken ergab sich dabei als Mittelwert der Abweichungen vom Nennmaß $\overline{x} = 12$ (in mm) und als empirische Standardabweichung $s = 2.6$ (in mm). Die Abweichungen vom Nennmaß werden als normalverteilt vorausgesetzt.

a) Man prüfe mit der Irrtumswahrscheinlichkeit $\alpha = 0.01$ die Hypothese H_0, daß die Streuung σ^2 höchstens gleich 4 (in mm^2) ist.

b) Für den Erwartungswert μ gebe man ein (zweiseitiges) Konfidenzintervall zum Konfidenzniveau $\varepsilon = 0.99$ an.

Aufgabe 5.2.14 Durch $\boldsymbol{x} = (13, 15, 10, 18, 14, 16, 12, 14)$ und $\boldsymbol{x}' = (11, 6, 16, 12, 10, 11, 11, 10, 12, 10, 13, 12, 9, 7, 15, 12, 10)$ sind zwei konkrete Stichproben aus zwei $\mathrm{N}(\mu_1, \sigma_1^2)$- bzw. $\mathrm{N}(\mu_2, \sigma_2^2)$-verteilten Grundgesamtheiten gegeben. Man prüfe die Hypothese $H_0 : \mu_1 = \mu_2$ mit der Irrtumswahrscheinlichkeit $\alpha = 0.05$ und der zweiseitigen Fragestellung. Dazu stelle man zunächst mit der Irrtumswahrscheinlichkeit $\alpha' = 0.02$ fest, ob die für den Test benötigte Voraussetzung bez. der Varianzen: $\sigma_1^2 = \sigma_2^2$ erfüllt ist.

Aufgabe 5.2.15 Bei spektrometrischen Untersuchungen der Verunreinigung von Reinstmetallen wurden für zwei unabhängig voneinander gewonnene Proben die folgenden Meßwerte erhalten:

Probe I:	0.75	0.82	0.92	0.88	1.10	0.95	1.15	1.07	1.06	0.98
Probe II:	0.89	0.93	1.07	0.98	1.25	1.06	1.12	1.22	1.14	1.17

Unter der Annahme normalverteilter Meßwerte prüfe man auf dem Signifikanzniveau 5%, ob der Verunreinigungsgrad bei beiden Proben der gleiche ist.

Aufgabe 5.2.16 Ein Zusatz im Kraftfutter für Hühner soll eine schnellere Gewichtszunahme bewirken. Zum Nachweis wurden 10 Hühner mit Kraftfutter ohne Zusatz (Gruppe I) und 10 weitere Hühner mit Kraftfutter mit Zusatz (Gruppe II) gefüttert und nach einer gewissen Zeit die Gewichtszunahme (in g) in beiden Gruppen festgestellt:

Gruppe I:	102	104	105	97	98	108	105	99	101	100
Gruppe II:	112	103	103	114	115	102	108	113	105	111

Unter der Annahme, daß Stichproben aus zwei normalverteilten Grundgesamtheiten mit gleicher Varianz vorliegen, ist zu untersuchen, ob durch Kraftfutter mit Zusatz im Mittel eine höhere Gewichtszunahme zu verzeichnen ist als durch Kraftfutter ohne Zusatz. Als Signifikanzniveau wird $\alpha = 0.05$ vorgegeben.

Aufgabe 5.2.17 Auf einer Versuchsfläche soll der Einfluß eines bestimmten Düngemittels auf die Weizenproduktion geprüft werden. Dazu wählte man 20 Äcker gleicher Flächengröße aus und düngte die Hälfte (Gruppe I), die andere Hälfte nicht (Gruppe II). Die Ernte lieferte foglende Ergebnisse (in dt):

Gruppe I:	3.8	4.2	6.1	2.6	4.9	3.7	0.8	2.1	5.3	4.7
Gruppe II:	2.7	3.7	3.6	5.3	3.1	3.8	3.0	2.1	4.1	3.6

Untersuchen Sie (mit der Irrtumswahrscheinlichkeit $\alpha = 0.05$), ob sich die mittleren Erträge in den beiden Gruppen wesentlich voneinander unterscheiden, d. h., ob die Düngung einen Einfluß auf den mittleren Ertrag hat. Setzen Sie dazu Normalverteilung der Erträge voraus, und prüfen Sie vorher die Gleichheit der Varianzen (mit der Irrtumswahrscheinlichkeit $\alpha' = 0.10$).

Aufgabe 5.2.18 An zwei verschiedenen Stellen eines Flusses wurden je 4 Messungen der Phosphatkonzentration (in mg/l) vorgenommen:

Meßstelle 1:	0.65	1.05	1.10	0.70
Meßstelle 2:	1.15	0.95	0.75	1.35

Unter der Voraussetzung, daß die Phosphatkonzentration normalverteilt ist, prüfe man die Hypothese, daß die mittlere Konzentration an beiden Meßstellen die gleiche ist (Irrtumswahrscheinlichkeit $\alpha = 0.05$). Dazu ist zunächst die Gleichheit der Varianzen zu überprüfen (mit $\alpha' = 0.10$).

Aufgabe 5.2.19 Zum Vergleich der Rindendicke zweier Fichtenbestände wurden aus zwei Stichproben von je 8 Messungen aus jedem Bestand folgende Werte berechnet:

$$\overline{x}_1 = 12.25 \text{ mm} \qquad s_1^2 = 10.50 \text{ mm}^2$$

$$\overline{x}_2 = 16.72 \text{ mm} \qquad s_2^2 = 15.64 \text{ mm}^2.$$

Man prüfe, ob sich die beiden Bestände hinsichtlich der mittleren Rindendicke voneinander unterscheiden. Erfahrungsgemäß kann die Rindendicke als normalverteilt angesehen werden. Als Signifikanzniveau ist $\alpha = 0.05$ zu wählen.

Aufgabe 5.2.20 Gegeben seien die folgenden konkreten Stichproben aus zwei normalverteilten Grundgesamtheiten mit den Mittelwerten μ_1 bzw. μ_2 und den Varianzen σ_1^2 bzw. σ_2^2:

$x_1 = 2.33$	$x_6 = 3.64$	$x'_1 = 2.08$	$x'_6 = 3.27$
$x_2 = 4.69$	$x_7 = 3.04$	$x'_2 = 1.72$	$x'_7 = 1.21$
$x_3 = 2.80$	$x_8 = 3.00$	$x'_3 = 0.71$	$x'_8 = 1.58$
$x_4 = 3.59$	$x_9 = 3.41$	$x'_4 = 1.65$	$x'_9 = 2.13$
$x_5 = 3.45$	$x_{10} = 2.03$	$x'_5 = 2.56$	$x'_{10} = 2.92$

a) Man ermittle (zweiseitige) Konfidenzintervalle zum Konfidenzniveau $\varepsilon = 0.95$ für σ_1^2 und σ_2^2.
b) Man prüfe die Gleichheit der Varianzen σ_1^2 und σ_2^2 mit der Irrtumswahrscheinlichkeit $\alpha = 0.02$.
c) Falls in b) die Gleichheit der Varianzen bestätigt wird, prüfe man mit der Irrtumswahrscheinlichkeit 1%, ob beide Stichproben aus Grundgesamtheiten mit gleichen Verteilungen stammen.

Aufgabe 5.2.21 Zur Überprüfung der Genauigkeit bei der Ermittlung des Höhenzuwachses von Bäumen wurden zwei verschiedene Meßgeräte A und B verwendet. Mit dem Meßgerät A ergab die Messung von 10 Bäumen die empirische Varianz $s_1^2 = 1 \text{ m}^2$. Mit dem Meßgerät B erhielt man bei der Messung von 8 Bäumen die empirische Varianz $s_2^2 = 0.25 \text{ m}^2$. Man prüfe mit der Irrtumswahrscheinlichkeit $\alpha = 0.05$, ob s_1^2 signifikant größer ist als s_2^2. Dazu setze man Normalverteilung des Zuwachses voraus.

Aufgabe 5.2.22 Beim Testen eines neuen Kraftstoffes erhalten 5 PKW zunächst 10 l des herkömmlichen Kraftstoffes (A) und anschließend dieselben 5 PKW 10 l des neuen Kraftstoffes (B). Zum Vergleich dient die Fahrleistung in km:

PKW-Nr.	1	2	3	4	5
mit A	95	106	110	115	94
mit B	96	115	115	114	100

Untersuchen Sie, ob die mittlere Fahrleistung mit dem neuen Kraftstoff wesentlich höher liegt als mit dem herkömmlichen. Setzen Sie dazu die Normalverteilung der Fahrleistungsdifferenz voraus, und wählen Sie als Irrtumswahrscheinlichkeit $\alpha = 0.05$.

Aufgabe 5.2.23 Zur Bestimmung des Stärkegehaltes von Kartoffeln werden zwei Verfahren eingesetzt, deren Gleichwertigkeit zu überprüfen ist. Dazu wurden 10 Kartoffeln halbiert und der Stärkegehalt der einen Hälfte mit Verfahren 1 und derjenige der anderen Hälfte mit Verfahren 2 ermittelt. Es ergaben sich die folgenden Meßwerte (in %):

Kartoffel-Nr.	1	2	3	4	5	6	7	8	9	10
Verfahren 1	12.9	15.1	12.3	11.9	13.2	11.0	14.2	14.8	11.3	12.5
Verfahren 2	12.5	14.8	12.0	12.1	12.9	11.6	14.0	14.3	11.6	12.9

Kann man aus den Ergebnissen auf einen wesentlichen Unterschied beider Verfahren hinsichtlich der Bestimmung des Stärkegehaltes schließen? Man setze Normalverteilung der Differenz der Stärkegehalte voraus und wähle als Irrtumswahrscheinlichkeit 5%.

Aufgabe 5.2.24 Die Kalziumkonzentration von Spurenelementen wurde an 10 Proben mit zwei verschiedenen Meßverfahren ermittelt:

Probe	1	2	3	4	5	6	7	8	9	10
mit Verf. 1	0.75	0.82	0.92	0.88	1.10	0.95	1.15	1.07	1.06	0.98
mit Verf. 2	1.24	1.09	1.13	1.01	0.88	1.00	1.02	1.10	1.04	1.04

Es kann angenommen werden, daß die Differenz der Konzentrationen eine normalverteilte Zufallsgröße ist. Untersuchen Sie anhand der beiden (verbundenen) Stichproben, ob sich die Verfahren hinsichtlich der Konzentrationsmessung im Mittel wesentlich voneinander unterscheiden. Wählen Sie dazu das Signifikanzniveau 0.05.

5.3 Approximative Signifikanztests

Bei beliebiger Verteilung der Grundgesamtheit können für großen Stichprobenumfang approximative Signifikanztests auf der Grundlage des Zentralen Grenzwertsatzes (oder seiner Spezialfälle) (s. Abschnitt 3.6)verwendet werden.

5.3.1 Signifikanztests für Erwartungswerte

Zur Prüfung eines Erwartungswertes oder zum Vergleich zweier Erwartungswerte aus beliebig verteilten Grundgesamtheiten kann man für großen Stichprobenumfang n ("Faustregel": $n \geq 30$) die Tests I und II aus Tabelle 5.1 oder für große Stichprobenumfänge n_1 und n_2 die Tests V, VI, VII und VIII aus Tabelle 5.2 approximativ anwenden.

Beispiel 5.3.1: Einer Abfüllanlage für 0.7-Liter-Flaschen wurden zur Kontrolle 100 Flaschen entnommen und die Füllmenge (in ml) festgestellt. Aus dieser Stichprobe berechnete man das arithmetische Mittel 695 ml und die Standardabweichung 12.6 ml. Füllt die Anlage im Mittel wesentlich weniger als 700 ml ab? (Signifikanzniveau 0.01)
Zur Prüfung von $H_0 : \mu \geq 700$ gegen $H_1 : \mu < 700$ berechnet man mit $n = 100$, $\overline{x} = 695$, $s = 12.6$ die Testgröße $t = \frac{\overline{x} - \mu_0}{s}\sqrt{n} = -3.97$ (Test II c. Tabelle 5.1). Aus Tafel II liest man $t_{99;0.99} \approx 2.37$ ab, und wegen $t < -2.37$ wird H_0 abgelehnt; die Anlage füllt im Mittel wesentlich weniger als 700 ml ab.

■

5.3.2 Signifikanztests für Wahrscheinlichkeiten

Die Wahrscheinlichkeit des zufälligen Ereignisses A sei $p = \mathrm{P}(A)$. Die Zufallsgröße

$$X = \begin{cases} 1, & \text{falls } A \text{ eingetreten ist,} \\ 0, & \text{sonst} \end{cases}$$

ist also zweipunktverteilt auf $\{0, 1\}$ mit den Wahrscheinlichkeiten $\mathrm{P}(X = 0) = 1 - p$ und $\mathrm{P}(X = 1) = p$ und damit binomialverteilt mit $n = 1$ und p.

Einstichprobenproblem: Es liege eine Stichprobe vom Umfang n aus einer zweipunktverteilten Grundgesamtheit vor. $\Theta = p$ sei der unbekannte Parameter. Zu prüfen sind die Hypothesen:

a) $H_0 : p = p_0$ gegen $H_1 : p \neq p_0$ oder
b) $H_0 : p \leq p_0$ gegen $H_1 : p > p_0$ oder
c) $H_0 : p \geq p_0$ gegen $H_1 : p < p_0$

(a) zweiseitige, b) und c) einseitige Fragestellung).

Als Testgröße dient $t = \dfrac{x - np_0}{\sqrt{np_0(1 - p_0)}}$.

Dabei bezeichnen x die Anzahl des Auftretens von A in der Stichprobe, also die absolute Häufigkeit von A, und $\dfrac{x}{n}$ die relative Häufigkeit. Die zugehörige Stichprobenfunktion T besitzt nach dem Grenzwertsatz von de Moivre-Laplace bei Gültigkeit von H_0 näherungsweise eine standardisierte Normalverteilung ("Faustregel": $np(1 - p) > 9$ und $n \geq 50$). H_0 wird (zugunsten von H_1) abgelehnt, falls gilt

a) $|t| \geq z_{1-\frac{\alpha}{2}}$, b) $t \geq z_{1-\alpha}$, c) $t \leq -z_{1-\alpha}$.

Dabei ist z_q das q-Quantil der standardisierten Normalverteilung (Tafel Ib). Die Gütefunktionen der Tests sind approximativ die gleichen wie diejenigen der entsprechenden Tests I in Tabelle 5.1.

Zweistichprobenproblem: Mit zwei unabhängigen Stichproben vom Umfang n_1 bzw. n_2 aus zwei Grundgesamtheiten, in denen p_1 bzw. p_2 mit $p_i = \mathrm{P}(A)$, $i = 1, 2$, gilt, sind die folgenden Hypothesen zu prüfen:

a) $H_0 : p_1 = p_2$ gegen $H_1 : p_1 \neq p_2$ oder
b) $H_0 : p_1 \leq p_2$ gegen $H_1 : p_1 > p_2$ oder
c) $H_0 : p_1 \geq p_2$ gegen $H_1 : p_1 < p_2$

(a) zweiseitige, b) und c) einseitige Fragestellung).

Die Testgröße lautet $t = \dfrac{\frac{x_1}{n_1} - \frac{x_2}{n_2}}{\sqrt{\tilde{p}(1-\tilde{p})(\frac{1}{n_1} + \frac{1}{n_2})}}$ mit $\tilde{p} = \dfrac{x_1 + x_2}{n_1 + n_2}$.

Dabei bezeichnen x_i die absolute und x_i/n_i die relative Häufigkeit von A in der i-ten Stichprobe. Die Stichprobenfunktion T besitzt nach dem Grenzwertsatz von de Moivre-Laplace bei Gültigkeit von H_0 näherungsweise eine standardisierte Normalverteilung. Die Tests werden wie im Fall des Einstichprobenproblems durchgeführt.

Beispiel 5.3.2: Bei 100 unabhängigen Würfen mit einem Würfel trat die Augenzahl "5" achtmal auf. Man prüfe, ob es sich bei diesem Würfel um einen idealen Würfel (alle Augenzahlen sind gleichwahrscheinlich) handeln kann. Dabei wähle man $\alpha = 0.05$ als Irrtumswahrscheinlichkeit. Mit $A = \{$ "Augenzahl 5"$\}$ und $p = \mathrm{P}(A)$ ist $H_0 : p = p_0 = \frac{1}{6}$ gegen $H_1 : p \neq \frac{1}{6}$ zu prüfen (Test a)).
Für $n = 100$, $x = 8$ erhält man die Testgröße

$$t = \frac{8 - 100 \cdot \frac{1}{6}}{\sqrt{100 \cdot \frac{1}{6} \cdot \frac{5}{6}}} = -2.326.$$

Mit $\alpha = 0.05$ ergibt sich $z_{0.975} = 1.96$ (Tafel Ib), und wegen $|t| > 1.96$ wird H_0 abgelehnt, d. h., der Würfel kann nicht als ideal angesehen werden. ∎

Beispiel 5.3.3: Bei der Wahl des Bürgermeisters einer Stadt stimmten 780 von 1 200 Wählern im Wahlbezirk I und 870 von 1 500 Wählern im Wahlbezirk II für einen bestimmten Kandidaten. Es ist zu prüfen, ob zwischen den Wahlbezirken ein Unterschied im Wählerverhalten besteht. Bezeichnet p_1 bzw. p_2 die Wahrscheinlichkeit, im Bezirk I bzw. II für den Kandidaten zu stimmen, so hat man $H_0 : p_1 = p_2$ (es besteht kein Unterschied) gegen $H_1 : p_1 \neq p_2$ zu prüfen. Als Irrtumswahrscheinlichkeit wird $\alpha = 0.01$ vorgegeben.
Mit $n_1 = 1200$, $x_1 = 780$, $n_2 = 1500$, $x_2 = 870$ und $\tilde{p} = 0.611$ ergibt sich die Testgröße

$$t = \frac{0.65 - 0.58}{\sqrt{0.611 \cdot 0.389(\frac{1}{1200} + \frac{1}{1500})}} = 3.707.$$

Aus Tafel Ib liest man $z_{1-\frac{\alpha}{2}} = z_{0.995} = 2.576$ ab. Da $|t| > 2.576$ erfüllt ist, wird H_0 zugunsten von H_1 abgelehnt, das Wählerverhalten in den beiden Wahlbezirken unterscheidet sich signifikant. ∎

Aufgaben

Aufgabe 5.3.1 Zur Untersuchung der Wirkung eines Düngemittels auf den Ertrag von Weizen wurde eine Fläche in 400 flächengleiche Quadrate eingeteilt, wobei alle Quadrate sich bez. der Umgebungsbedingungen wie Licht, Boden usw. nicht unterscheiden. 200 zufällig ausgewählte Quadrate wurden mit dem Düngemittel behandelt, die restlichen nicht (Kontrollgruppe). Auf den gedüngten Flächen erhielt man einen mittleren Ertrag pro Quadrat von 35.3 dt und eine Standardabweichung von 6.25 dt, während die Kontrollflächen einen mittleren Ertrag von 33.5 dt und eine Standardabweichung von 5.92 dt ergaben. Man prüfe, ob durch das Düngemittel der Ertrag erhöht wurde bei der Irrtumswahrscheinlichkeit $\alpha = 0.01$. Dazu ist zunächst die Homogenität der Varianzen (mit $\alpha' = 0.02$) zu untersuchen.

Aufgabe 5.3.2 Bei einer Geschwindigkeitskontrolle auf einer Hauptverkehrsstraße wurde in einem bestimmten Zeitraum bei 53 von 300 kontrollierten Fahrzeugen eine Überschreitung der zulässigen Geschwindigkeit registriert.

a) Es interessiert, ob als Wahrscheinlichkeit p für die Geschwindigkeitsüberschreitung 0.2 angenommen werden kann. Zur Prüfung verwende man die Irrtumswahrscheinlichkeit $\alpha = 0.05$.

b) Man bestimme (näherungsweise) die Wahrscheinlichkeit $\beta(p)$ für den Fehler 2. Art, wenn $p = 0.1$ gilt.

Aufgabe 5.3.3 Eine Firma, die Haushaltgeräte herstellt, behauptet gegenüber ihren Abnehmern, daß in ihrer Produktion 4% Ausschußgeräte sind. Eine Stichprobe von 200 Geräten aus der Produktion enthielt 12 defekte Geräte. Man prüfe mit der Irrtumswahrscheinlichkeit 5%, ob man der Aussage der Firma trauen kann.

Aufgabe 5.3.4 Die Verwaltung einer Großstadt plant den Bau einer Straße. Sie behauptet, daß mindestens 60% der Bürger für die vorgeschlagene Trassenführung sind. Eine Befragung von 1000 Bürgern ergab nur 550 Befürworter des Projektes. Unterscheidet sich das Ergebnis der Bürgerbefragung wesentlich von der Behauptung der Stadtverwaltung? Man wähle dazu das Signifikanzniveau $\alpha = 0.01$.

Aufgabe 5.3.5 In einem Supermarkt liegt der Marktanteil eines speziellen Waschmittels bei 40%. Die Leitung des Supermarktes hofft, durch eine Werbekampagne diesen Anteil zu steigern. Nach der Kampagne ergab eine Umfrage bei 200 zufällig ausgewählten Kunden, daß 90 von ihnen das Waschmittel kaufen werden.

a) Hat die Leitung des Supermarktes ihr Ziel, den Marktanteil zu erhöhen, erreicht? Wählen Sie als Irrtumswahrscheinlichkeit $\alpha = 0.05$.

b) Welches Ergebnis erhält man (bei gleichem α), wenn sich der Anteil 45% aus einer Befragung von 400 Kunden ergeben hätte?

Aufgabe 5.3.6 Bei einer Landtagswahl registrierte man nach Auszählung von 10 000 Stimmzetteln 550 Stimmen für die Partei A. Kann man daraus bereits (mit der Irrtumswahrscheinlichkeit 0.01) schließen, daß die Partei A die 5%-Hürde überwinden wird?

Aufgabe 5.3.7 Ein Hersteller von Waschbecken behauptet, daß höchstens 5% seiner Produktion den Normen nicht entsprechen, also fehlerhaft sind. Ein Großabnehmer möchte die Behauptung überprüfen. Er kontrolliert 250 Stück und stellt darunter 23 fehlerhafte fest. Kann mit dieser Stichprobe die Behauptung des Herstellers bestätigt werden, wenn man als Signifikanzniveau $\alpha = 0.01$ wählt?

Aufgabe 5.3.8 Zur Behandlung einer nicht ansteckenden Krankheit wird ein Medikament verabreicht, das erfahrungsgemäß in 70% aller Anwendungen zur Heilung führt. Ein neues Medikament soll nur dann auf den Markt kommen, wenn es einen höheren Heilungserfolg als das bisher verwendete Medikament hat.

a) Zum Nachweis werden 120 Patienten mit dem neuen Medikament behandelt. Von ihnen wurden 90 geheilt. Überprüfen Sie mit der Irrtumswahrscheinlichkeit $\alpha = 0.05$, ob das neue Medikament auf den Markt kommt.

b) Wie viele der 120 behandelten Patienten müßten mindestens geheilt werden, damit die in a) formulierte Hypothese $H_0 : p \leq 0.7$ (p Heilungswahrscheinlichkeit) mit einer Irrtumswahrscheinlichkeit von (höchstens) 0.05 abgelehnt wird?

Aufgabe 5.3.9 Zwei Maschinen A und B produzieren die gleichen Teile. Zum Vergleich der Ausschußanteile wurden 500 Teile von Maschine A und 600 Teile von Maschine B entnommen und auf Fehlerhaftigkeit untersucht. Man erhielt 15 bzw. 10 fehlerhafte Teile von Maschine A bzw. Maschine B. Unterscheiden sich die Maschinen bezüglich ihrer Produktionsqualität signifikant voneinander? Als Signifikanzniveau wird $\alpha = 0.05$ vorgegeben.

Aufgabe 5.3.10 Auf einem Lagerplatz ist ein Kran vorhanden, dessen Auslastung anhand 100 unabhängiger Beobachtungen festgestellt wurde. 88mal ergab sich "Kran arbeitet", 12mal "Kran arbeitet nicht". Der Kranführer behauptet, die Auslastung sei mindestens 95%.

a) Man prüfe diese Behauptung.

b) Wie ist das Beobachtungsergebnis zu werten, wenn der Kranführer seine Behauptung aus 100 früheren Beobachtungen abgeleitet hat?

Man wähle jeweils die Irrtumswahrscheinlichkeit $\alpha = 0.01$.

Aufgabe 5.3.11 Die Wirkung eines Medikamentes gegen eine bestimmte Krankheit soll an Patienten, die an dieser Krankheit leiden, getestet werden. 100 Patienten erhalten das Medikament (Gruppe I), und 100 Patienten erhalten ein Placebo (Kontrollgruppe: Gruppe II). Ansonsten unterscheiden sich beide Gruppen nicht voneinander. Man stellt fest, daß 76 Patienten in der Gruppe I, dagegen nur 61 Patienten in der Gruppe II geheilt werden. Man prüfe, ob das Medikament bei der Heilung der Krankheit wirkt. Als Signifikanzniveau wähle man a) $\alpha = 0.05$, b) $\alpha = 0.01$.

Aufgabe 5.3.12 Zwei Kiefernbestände gleichen Alters aus unterschiedlichen Regionen wurden auf Insekten- und Pilzbefall untersucht. Eine Stichprobe von 200 Bäumen aus dem Bestand 1 ergab 16, d. h. 8%, stark geschädigte Bäume, eine Stichprobe von 300 Bäumen aus dem Bestand 2 ergab 15, d. h. 5%, stark geschädigte Bäume. Kann man aus diesen Ergebnissen den Schluß ziehen, daß der Schädigungsgrad im Bestand 2 wesentlich geringer ist als im Bestand 1? Man wähle die Irrtumswahrscheinlichkeit $\alpha = 0.05$.

5.4 Anpassungstests

Signifikanztests, die zur Überprüfung einer Annahme über die gesamte Verteilungsfunktion F der Zufallsgröße X auf Grund einer Stichprobe vom Umfang n dienen, werden als **Anpassungstests** bezeichnet. Sie gehören damit zur Klasse der nichtparametrischen oder parameterfreien Tests. Mit ihnen prüft man die Nullhypothese $H_0 : F = F_0$ (d. h. $F(x) = F_0(x)$ für alle $x \in \mathbf{R}$) mit vorgegebener Verteilungsfunktion F_0 gegen die Alternativhypothese $H_1 : F \neq F_0$ (d.h. $F(x) \neq F_0(x)$ für mindestens ein $x \in \mathbf{R}$) zum Signifikanzniveau α. Dabei wird im allgemeinen die Verteilungsfunktion F ($\neq F_0$) durch H_1 nicht näher präzisiert, so daß über die Wahrscheinlichkeit eines Fehlers 2. Art (Annahme einer falschen Nullhypothese) keine Aussage möglich ist. Man kann also mit einem Anpassungstest nicht sichern, daß X die vorgegebene Verteilungsfunktion F_0 besitzt, sondern nur, daß sie diese (im Falle der Ablehnung von H_0) nicht besitzt.

5.4.1 Der χ^2-Anpassungstest

Dieser Test kann sowohl auf diskrete als auch auf stetige Verteilungen angewendet werden. Zur Berechnung der Testgröße zerlegt man den Wertebereich von X in k disjunkte Klassen $K_1, K_2, \ldots, K_k$. Liegt eine diskrete Zufallsgröße X vor, so verwendet man als K_j, $j = 1, \ldots, k$, in der Regel die (verschiedenen) Werte, die X annehmen kann. Im Fall einer stetigen Zufallsgröße X sind die K_j die durch eine Klasseneinteilung vorgegebenen Klassen (s. Kap. 1).

Es bezeichnen $p_j = \mathrm{P}_0(X \in K_j)$ die unter der Nullhypothese H_0, d. h. mit F_0, berechnete Wahrscheinlichkeit für das zufällige Ereignis $\{X \in K_j\}$ und H_j die aus der konkreten Stichprobe vom Umfang n ermittelte absolute (Klassen-)Häufigkeit für $\{X \in K_j\}$ mit $\sum\limits_{j=1}^{k} H_j = n$.
Als Testgröße dient

$$t = \sum_{j=1}^{k} \frac{(H_j - np_j)^2}{np_j} = \sum_{j=1}^{k} \frac{H_j^2}{np_j} - n.$$

Die zugehörige Stichprobenfunktion T besitzt bei Gültigkeit von H_0 näherungsweise eine χ^2-Verteilung mit $k - 1$ Freiheitsgraden. Die Näherung ist hinreichend gut, wenn $np_j \geq 5$ für alle $j = 1, \ldots, k$ gilt ("Faustregel"). Falls diese Bedingung für einige K_j nicht erfüllt ist, so ändert man die Klasseneinteilung , indem man benachbarte Klassen zusammenfaßt.
Die Nullhypothese H_0 wird abgelehnt, wenn $t \geq \chi^2_{k-1;1-\alpha}$ gilt, andernfalls ist nichts gegen H_0 und damit gegen das Vorliegen der Verteilungsfunktion F_0 einzuwenden. Dabei ist $\chi^2_{m;q}$ das q-Quantil der χ^2-Verteilung mit m Freiheitsgraden (s. Tafel III).

Der χ^2-Anpassungstest kann auch allgemeiner zur Überprüfung eines bestimmten Verteilungstyps verwendet werden. In diesem Fall wird die Verteilungsfunktion F_0 noch unbekannte Parameter enthalten, die zur Berechnung der Wahrscheinlichkeiten p_j und damit der Testgröße t aus der Stichprobe (mit Hilfe der Maximum-Likelihood-Methode) zu schätzen sind. Die Hypothese H_0 wird abgelehnt, falls $t \geq \chi^2_{k-r-1;1-\alpha}$ erfüllt ist. Dabei bezeichnet r die Anzahl der geschätzten Parameter.

Beispiel 5.4.1: In einem zufällig gewählten Abschnitt von 800 Ziffern der Dezimalbruchentwicklung der Zahl π traten die Ziffern 0,1,...,9 mit den entsprechenden absoluten Häufigkeiten 74, 92, 83, 79, 80, 73, 77, 75, 76, 91 auf.

Mit der Irrtumswahrscheinlichkeit $\alpha = 0.05$ prüfe man die Hypothese, daß diese Ziffern Realisierungen einer gleichmäßig diskret verteilten Zufallsgröße X sind.

Die Nullhypothese H_0: "Gleichmäßige Verteilung von X auf $\{0, 1, \ldots, 9\}$" bedeutet $p_j = \mathrm{P}_0(X = j) = \frac{1}{10}$ für $j = 0, 1, \ldots, 9$. Mit $n = 800$ erhält man $np_j = 80$ und damit die Testgröße

$$t = \frac{1}{80}(74^2 + 92^2 + \ldots + 91^2) - 800 = 5.125.$$

Aus Tafel III liest man für $k = 10$, $\alpha = 0.05$ den Wert $\chi^2_{9;0.95} = 16.92$ ab. Wegen $t < 16.92$ ist nichts gegen H_0 und damit gegen die gleichmäßige Verteilung von X einzuwenden. ■

Beispiel 5.4.2: In der Aufgabe 1.1.8 (Kap. 1) ist eine Stichprobe, bestehend aus 500 Lebensdauerwerten (in Stunden) von Kühlaggregaten eines bestimmten Herstellers, gegeben. Unter Verwendung der dort gewählten Klasseneinteilung (mit $k = 10$) prüfe man, ob die Lebensdauer X von Kühlaggregaten dieses Typs als normalverteilt angesehen werden kann. Man wähle als Signifikanzniveau $\alpha = 0.05$.

Die Nullhypothese lautet $H_0 : F(x) = \Phi(x; \mu, \sigma^2)$. Für die unbekannten Parameter μ und σ der Normalverteilung werden aus der Stichprobe mit den Klassenhäufigkeiten die Schätzungen $\hat{\mu} = \overline{x} = 1232.4$ und $\hat{\sigma} = s = 695.23$ ermittelt. Mit $K_j = [x_{u,j}, x_{0,j})$ und $x_{0,j-1} = x_{u,j}$ erhält man für $j = 2, \ldots, k-1$:

$$p_j = \mathrm{P}_0(x_{0,j-1} \le X < x_{0,j}) = \Phi(\frac{x_{0,j} - \overline{x}}{s}) - \Phi(\frac{x_{0,j-1} - \overline{x}}{s}) = \Phi(z_j) - \Phi(z_{j-1}),$$

wobei $z_j = \dfrac{x_{0,j} - \overline{x}}{s}$ ist und Φ die Verteilungsfunktion der standardisierten Normalverteilung (s. Tafel Ia) bezeichnet. Für die Randklassen gilt

$p_1 = \mathrm{P}_0(X < x_{0,1}) = \Phi(z_1)$ bzw. $p_k = \mathrm{P}_0(X \ge x_{0,k-1}) = 1 - \Phi(z_{k-1})$.

Die Ergebnisse enthält Tabelle 5.3.

Um der Bedingung $np_j \ge 5$ zu genügen, werden die beiden letzten Klassen zusammengefaßt. Als Testgröße ergibt sich $t = 113.23$. Da $k' = 9$, $r = 2$ und $\alpha = 0.05$ ist, liest man aus Tafel III den Wert $\chi^2_{6;0.95} = 12.59$ ab. Wegen $t > 12.59$ muß H_0 abgelehnt werden, die Lebensdauer der Kühlaggregate ist also nicht als normalverteilt anzusehen. ■

Tabelle 5.3

K_j	H_j	z_j	$\Phi(z_j)$	p_j	np_j	H_j^2/np_j
[0,100)	2	−1.629	0.0517	0.0517	25.85	0.1547
[100,200)	0	−1.485	0.0688	0.0171	8.55	0.0000
[200,300)	18	−1.341	0.0900	0.0212	10.60	30.5660
[300,500)	49	−1.053	0.1462	0.0562	28.10	85.4448
[500,1000)	169	−0.334	0.3692	0.2230	111.50	256.1525
[1000,1500)	98	0.385	0.6499	0.2807	140.35	68.4289
[1500,2000)	87	1.104	0.8652	0.2153	107.65	70.3112
[2000,2500)	44	1.823	0.9658	0.1006	50.30	38.4891
[2500, 3000)	32 } 33	2.542	0.9945	0.0287	14.35 } 17.1	63.6842
[3000, 4000)	1 }	3.981	1.0000	0.0055	2.75 }	
						613.2314

$t = 613.2314 - 500 = 113.2314 \approx 113.23$

5.4.2 Der Kolmogoroff-(Smirnov-) Test

Für diesen Anpassungstest wird vorausgesetzt, daß die zu überprüfende Verteilungsfunktion F_0 stetig und im allgemeinen durch die Nullhypothese vollständig festgelegt ist, d. h. keine unbekannten Parameter enthält.

Bemerkung: Für spezielle Verteilungen F_0, wie die Normalverteilung und die Exponentialverteilung, kann der Kolmogoroff-Test auch bei unbekannten und aus der Stichprobe geschätzten Parametern durchgeführt werden. Dazu sind besondere Tafeln erforderlich.

Die Testgröße des Kolmogoroff-Tests lautet

$$t = d_n = \sup_{x \in \mathbb{R}} |F_n(x) - F_0(x)|.$$

Dabei bezeichnet $F_n(x)$ die empirische Verteilungsfunktion (s. Kap. 1). Die Testgröße ist der (betragsmäßig) größte Abstand zwischen $F_n(x)$ und $F_0(x)$. Da F_n eine Treppenfunktion ist, hat man zur Berechnung von t nur die Abweichungen zwischen F_n und F_0 an den Sprungstellen von F_n zu betrachten. An jeder Sprungstelle $x_{(i)}$ mit $x_{(i-1)} < x_{(i)}$ berechnet man

$$d_i' = \left|F_n(x_{(i-1)}) - F_0(x_{(i)})\right| \qquad \text{bzw.} \qquad d_i'' = \left|F_n(x_{(i)}) - F_0(x_{(i)})\right|, \quad \text{(Fig. 5.2)}$$

und aus diesen Zahlen ermittelt man das Maximum.

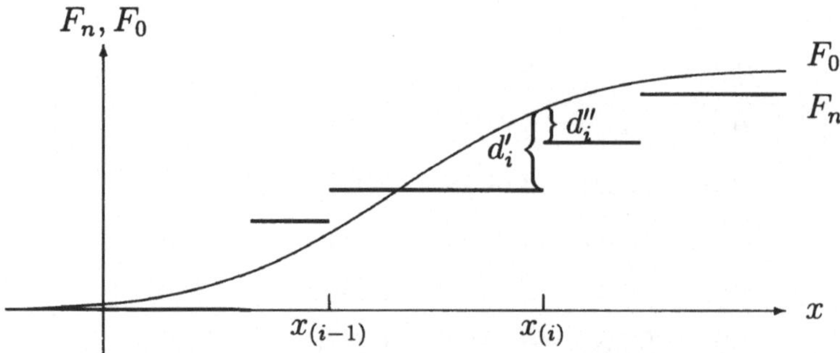

Fig. 5.2: Testgröße zum Kolmogoroff–Test

Die Stichprobenfunktion $\sqrt{n}T$ besitzt bei Gültigkeit von $H_0 : F = F_0$ für großes n näherungsweise eine Kolmogoroff-Verteilung. H_0 wird abgelehnt, falls $t \geq K_{n;1-\alpha}$ gilt. Andernfalls ist nichts gegen H_0 einzuwenden. Der vom Stichprobenumfang n und vom Signifikanzniveau α abhängige kritische Wert $K_{n;1-\alpha}$ kann für ausgewählte Werte n und α Tafel V entnommen werden. Für $n > 100$ ist der Näherungswert aus der letzten Zeile der Tafel V zu verwenden.

Beispiel 5.4.3: Von 20 Dichtungsringen wurde der Durchmesser X (in mm) gemessen (s. Beispiel 1.1.2 in Kap. 1). Es ist zu untersuchen, ob der Durchmesser X eine Normalverteilung mit den Parametern $\mu_0 = 5$ mm und $\sigma_0 = 0.32$ mm besitzt, d. h., es ist die Nullhypothese $H_0 : F(x) = \Phi(x; \mu_0, \sigma_0^2) = \Phi(\frac{x-5}{0.32})$ zum Signifikanzniveau $\alpha = 0.10$ zu prüfen.

Tabelle 5.4

1	2	3	4	5	6	7
$x_{(i)}$	abs. Häuf.	$F_n(x_{(i)})$	z_i	$\Phi(z_i)$	d_i'	d_i''
4.6	1	0.05	− 1.25	0.1057	0.1057	0.0557
4.7	2	0.15	− 0.94	0.1736	0.1236	0.0236
4.8	3	0.30	− 0.63	0.2643	0.1143	0.0357
4.9	3	0.45	− 0.31	0.3783	0.0783	0.0717
5.0	1	0.50	0.00	0.5000	0.0500	0.0000
5.1	3	0.65	0.31	0.6217	0.1217	0.0283
5.2	2	0.75	0.63	0.7357	0.0857	0.0143
5.3	1	0.80	0.94	0.8264	0.0764	0.0264
5.5	2	0.90	1.56	0.9406	0.1406	0.0406
5.6	1	0.95	1.88	0.9699	0.0699	0.0199
5.7	1	1.00	2.19	0.9857	0.0357	0.0143

Die Berechnung der Testgröße t erfolgt in der Tabelle 5.4. Die Spalte 3 enthält die empirische Verteilungsfunktion an den Stellen $x_{(i)}$. Mit $z_i = \frac{x_{(i)} - 5}{0.32}$ (Spalte 4) und Tafel Ia erhält man die Spalte 5 und schließlich durch entsprechende Differenzenbildung die Spalten 6 und 7. Die größte Abweichung ist $t = 0.1406$. Für $n = 20$ und $\alpha = 0.10$ liest man aus Tafel V den Wert $K_{20;0.90} = 0.265$ ab. Wegen $t < 0.265$ besteht kein Einwand gegen die Normalverteilung des Durchmessers der Dichtungsringe. ■

Aufgaben

Aufgabe 5.4.1 Ein Würfel wurde 9000 mal geworfen. Dabei traten die Augenzahlen 1 bis 6 mit den entsprechenden absoluten Häufigkeiten 1536, 1649, 1416, 1242, 1558, 1599 auf. Man prüfe mit der Irrtumswahrscheinlichkeit $\alpha = 0.10$, ob der Würfel als ideal angesehen werden kann.
(Ein Würfel heißt ideal, wenn das Würfeln aller Augenzahlen gleichwahrscheinlich ist.)

Aufgabe 5.4.2 In einer Firma soll untersucht werden, ob sich die Krankmeldungen der Angestellten gleichmäßig auf die 5 Werktage verteilen. Aus den Unterlagen ergab sich für 150 zufällig herausgegriffene Krankmeldungen folgendes Ergebnis:

Werktag	Montag	Dienstag	Mittwoch	Donnerstag	Freitag
Anzahl der Krankmeldungen	37	29	26	27	31

Kann auf Grund dieser Stichprobe geschlossen werden, daß sich die Krankmeldungen in dieser Firma nicht gleichmäßig auf die Werktage verteilen? Als Signifikanzniveau wähle man 5%.

Aufgabe 5.4.3 In der Aufgabe 4.3.15 (Kap. 4) wird vorausgesetzt, daß die Anzahl X der Telefonkunden eine Poisson-Verteilung besitzt. Diese Annahme ist mit der in Aufgabe 1.1.4 (Kap. 1) angegebenen Stichprobe vom Umfang $n = 40$ mit dem χ^2-Anpassungstest zum Signifikanzniveau $\alpha = 0.10$ zu überprüfen.

Aufgabe 5.4.4 Mit Hilfe der in Aufgabe 4.3.16 (Kap. 4) beobachteten Stichprobe überprüfe man (mit der Irrtumswahrscheinlichkeit 5%) die Hypothese, daß die Anzahl X der Autounfälle an einem Tag in einer Kleinstadt poissonverteilt ist. (Der unbekannte Parameter λ ist aus der Stichprobe zu schätzen.)

Aufgabe 5.4.5 Bei Kontrollen der Straßenbahn wurde in 360 zufällig ausgewählten Wagen die Anzahl der "Schwarzfahrer" pro Wagen ermittelt:

Anzahl der Schwarzfahrer pro Wagen	0	1	2	3	>3
Anzahl der Wagen	299	51	9	1	0

Es ist zu prüfen, ob die Anzahl X der Schwarzfahrer in einem Wagen einer Poisson-Verteilung genügt ($\alpha = 0.05$). Gibt der Vergleich von arithmetischem Mittel und empirischer Varianz bereits Hinweise auf eine Poisson-Verteilung von X? (Begründung!)

Aufgabe 5.4.6 In einem Betrieb arbeiten 5 gleichartige Maschinen, die zufallsbedingt Stillstandszeiten haben können. Für sie wurde in 100 unabhängigen Beobachtungszeitpunkten die Anzahl der Stillstände registriert:

Anzahl der Stillstände	0	1	2	3	4	5
beobachtete Häufigkeit	81	10	6	3	0	0

Es wird behauptet, daß diese Maschinen unabhängig voneinander arbeiten und ihre Auslastung jeweils 93% beträgt.
Mit welchem statistischen Verfahren kann diese Aussage überprüft werden? Führen Sie dieses Verfahren durch.

Aufgabe 5.4.7 Auf 200 Waldflächen gleicher Größe und Beschaffenheit wurde die Anzahl der Bäume einer bestimmten Art ausgezählt:

Anzahl der Bäume pro Fläche	≤ 6	7	8	9	10	11	12	≥ 13
Anzahl der Flächen	18	12	25	27	33	21	19	45

Kann die Anzahl X von Bäumen dieser Art als poissonverteilt mit $\lambda = EX = 10$ angesehen werden? Man wähle das Signifikanzniveau $\alpha = 0.10$.

Aufgabe 5.4.8 Bei der Züchtung einer bestimmten Hunderasse wurden in 120 Würfen von je 5 Welpen die folgenden absoluten Häufigkeiten für die Anzahl der männlichen Tiere unter den 5 Welpen beobachtet:

Anzahl der männlichen Tier	0	1	2	3	4	5
absolute Häufigkeit	4	15	32	37	20	12

Kann man annehmen, daß die Anzahl der männlichen Tiere dieser Rasse pro Wurf binomialverteilt ist mit $m = 5$ und $p = 0.5$, wenn p die Wahrscheinlichkeit für die Geburt eines männlichen Tieres ist? Als Irrtumswahrscheinlichkeit ist $\alpha = 0.05$ zu wählen. Wie ändert sich die Entscheidung, wenn man $\alpha = 0.10$ vorgibt?

Aufgabe 5.4.9 Mit der in der Aufgabe 1.1.7 (Kap. 1) gegebenen Stichprobe der Körpergrößen einer Gruppe von 30 Studenten prüfe man die Hypothese, daß diese Stichprobe aus einer normalverteilten Grundgesamtheit stammt

a) mit dem χ^2-Anpassungstest unter Verwendung der in der Aufgabe 1.1.7 a) vorgeschlagenen Klasseneinteilung,

b) mit dem Kolmogoroff-Test, wobei die Parameter der Normalverteilung durch $\mu_0 = 173$ und $\sigma_0 = 6$ gegeben sind.

In beiden Fällen wähle man das Signifikanzniveau $\alpha = 0.05$.

Aufgabe 5.4.10 Zur Untersuchung der Druckfestigkeit (in MPa) von Betonwürfeln mit 20 cm Kantenlänge wurde eine Stichprobe mit folgenden Ergebnissen erhoben:

24.5	25.8	25.1	19.2	9.9	24.8	21.8	20.8	17.4	20.5
24.3	24.9	18.3	12.9	23.1	23.6	12.5	12.0	25.1	30.9
21.8	16.9	21.8	23.9	19.0	26.4	16.1	17.4	33.3	19.2
29.2	26.1	21.4	20.5	16.9	18.9	13.5	16.8	19.7	26.9

Mit der Klasseneinteilung $[8.5, 11.5)$, $[11.5, 14.5), \ldots, [32.5, 35.5)$ sind das arithmetische Mittel $\overline{x}_M$ und die empirische Standardabweichung s_* zu berechnen. Überprüfen Sie die Hypothese, daß die vorliegende Stichprobe aus einer normalverteilten Grundgesamtheit stammt, mit dem χ^2-Anpassungstest zum Signifikanzniveau $\alpha = 0.05$.

Aufgabe 5.4.11 Aus einer Grundgesamtheit wurde eine konkrete Stichprobe vom Umfang $n = 40$ entnommen, und die Meßwerte wurden in 4 Klassen $K_j (j = 1, \ldots, 4)$ eingeteilt. Man erhielt die folgenden absoluten (Klassen-) Häufigkeiten:

K_j	[0,1)	[1,2)	[2,3)	[3,4)
H_j	10	14	14	2

Mit dem χ^2-Anpassungstest prüfe man zur Irrtumswahrscheinlichkeit $\alpha = 0.05$ die Hypothese, daß die Grundgesamtheit eine Verteilung mit folgender Verteilungsfunktion F_0 besitzt:

$$F_0(x) = \begin{cases} 0 & \text{für } x < 0, \\ \frac{x^2}{6} & \text{für } 0 \leq x < 1, \\ \frac{1}{6} + \frac{1}{3}(x-1) & \text{für } 1 \leq x < 3, \\ -\frac{x^2}{6} + \frac{4}{3}x - \frac{5}{3} & \text{für } 3 \leq x < 4, \\ 1 & \text{für } x \geq 4. \end{cases}$$

Aufgabe 5.4.12 Ausgehend von der in der Aufgabe 1.1.8 (Kap. 1) gegebenen Stichprobe von 500 (in Klassen eingeteilten) Lebensdauerwerten von speziellen Kühlaggregaten (s. auch Beispiel 5.4.2 in 5.4.1) ist mit dem χ^2- Anpassungstest zum Signifikanzniveau 0.10 zu prüfen, ob die Lebensdauer einer Exponentialverteilung mit dem Parameter $\lambda = 8 \cdot 10^{-4}$ genügt.

Aufgabe 5.4.13 In einem meteorologischen Observatorium liegen Meßwerte des Schwefeldioxids der Luft (in μg/m^3) von 72 Monaten (Monatsmittel) vor, die in Klassen eingeteilt wurden:

Klasse	Häufigkeit	Klasse	Häufigkeit
[10,35)	10	[135,160)	2
[35,60)	20	[160,185)	5
[60,85)	13	[185,210)	2
[85,110)	9	[210,235)	1
[110,135)	9	[235,260)	1

a) Stellen Sie die Häufigkeitsverteilung der Schwefeldioxidwerte durch ein Histogramm dar.

b) Testen Sie mit dem χ^2-Anpassungstest zur Irrtumswahrscheinlichkeit 5%, ob die vorliegende Stichprobe aus einer normalverteilten Grundgesamtheit stammt. Bestimmen Sie dazu geeignete Schätzwerte für die Parameter μ und σ^2 der Normalverteilung.

Aufgabe 5.4.14 Bei der Beobachtung der relativen Höhenstrahlungsintensität wurden für eine geomagnetische Breite von 20° Nord die folgenden Werte I_i $(i = 1, \ldots, 15)$ registriert:

1.128, 1.132, 1.130, 1.130, 1.129, 1.133, 1.133, 1.127, 1.132, 1.134, 1.126, 1.128, 1.133, 1.127, 1.127.

Mit dem Kolmogoroff-Test ist zu prüfen, ob die Stichprobe der Annahme widerspricht, daß die Höhenstrahlungsintensität eine gleichmäßig stetige Verteilung auf dem Intervall $[1.125, 1.135]$ besitzt ($\alpha = 0.05$).

Aufgabe 5.4.15 Die Kontrolle des Gewichts (in g) von 20 Mehltüten ergab die in der Aufgabe 4.3.3 (Kap. 4) vorliegende Stichprobe. Untersuchen Sie mit dem Kolmogoroff-Test zum Signifikanzniveau $\alpha = 0.05$, ob für das Gewicht X eine Normalverteilung mit dem Erwartungswert $\mu = 999$ (in g) und der Varianz $\sigma^2 = 1$ (in g^2) angenommen werden kann.

Aufgabe 5.4.16 Zur Untersuchung der Zuverlässigkeit von Haushaltgeräten eines bestimmten Typs wurde für 12 Geräte die Lebensdauer ermittelt. Diese Werte sind in der Aufgabe 4.3.17 b), Kap. 4, angegeben. Prüfen Sie mit dem Kolmogoroff-Test die Annahme, daß die Lebensdauer der Haushaltgeräte dieses Typs eine Exponentialverteilung mit dem Parameter $\lambda = 0.2$ besitzt. Wählen Sie dazu das Signifikanzniveau $\alpha = 0.05$. Wie ändert sich die Entscheidung, wenn man $\alpha = 0.10$ wählt?

Aufgabe 5.4.17 Unter Verwendung der Stichprobe vom Umfang 15 in der Aufgabe 4.2.18 c), Kap. 4, prüfe man mit dem Kolmogoroff-Test die Hypothese, daß die Lebensdauer X der betrachteten Elektromotoren einer Weibull-Verteilung mit den Parametern $a = 100$, $b = 2$ genügt. Als Irrtumswahrscheinlichkeit wird $\alpha = 0.10$ vorgegeben.

5.5 Nichtparametrische Tests für das Zweistichprobenproblem

Mit zwei verbundenen (abhängigen) oder unabhängigen Stichproben (s. 5.2) $\boldsymbol{x} = (x_1, \dots, x_{n_1})$ und $\boldsymbol{x}' = (x'_1, \dots, x'_{n_2})$ sind die unbekannten Verteilungsfunktionen F und G der dazugehörigen Grundgesamtheiten zu vergleichen (**Zweistichprobenproblem**). Dabei werden über den Verteilungstyp von F und G außer der Stetigkeit keine weiteren Annahmen getroffen. Bei den zu verwendenden Tests handelt es sich demnach um **nichtparametrische** oder **parameterfreie Tests**.

5.5.1 Der Vorzeichentest

Ein nichtparametrischer Signifikanztest zum Vergleich der Verteilungsfunktionen F und G (F, G stetig) mit zwei verbundenen Stichproben ist der **Vorzeichentest** oder **Zeichentest**. Er beruht auf der Anzahl der positiven oder negativen Differenzen zwischen den paarweise zugeordneten Werten x_i und x'_i, $i = 1, \dots, n$ mit $n_1 = n_2 = n$, beider Stichproben. Geprüft wird die Nullhypothese $H_0 : p^+ = p^- = 0.5$ gegen die (zweiseitige) Alternativhypothese $H_1 : p^+ \neq 0.5$ zum Signifikanzniveau α. Dabei bezeichnet p^+ bzw. p^- die Wahrscheinlichkeit für das Auftreten einer positiven bzw. negativen (zufälligen) Differenz $D = X - X'$:

$$p^+ = \mathrm{P}(X - X' > 0) \qquad \text{bzw.} \qquad p^- = \mathrm{P}(X - X' < 0).$$

Die Hypothese H_0 bedeutet, daß der Median der (zufälligen) Differenz D gleich Null ist, d. h., daß sich die Verteilungen F und G hinsichtlich ihrer Lage nicht voneinander unterscheiden.
Als Testgröße wird die aus den beiden konkreten Stichproben ermittelte Anzahl k^+ der positiven Differenzen $d_i = x_i - x'_i$, $i = 1, \ldots, n$, verwendet: $t = k^+$.

Die zugehörige Stichprobenfunktion T besitzt bei Gültigkeit von H_0 eine Binomialverteilung mit den Parametern n und $p = 0.5$. Die Hypothese H_0 wird zum Signifikanzniveau α abgelehnt, falls

$$t \leq b_{\frac{\alpha}{2}} \qquad \text{oder} \qquad t \geq b_{1-\frac{\alpha}{2}} = n - b_{\frac{\alpha}{2}}$$

erfüllt ist, andernfalls besteht kein Einwand gegen H_0 und damit gegen die Gleichheit der Verteilungen F und G bez. ihrer Lage. Dabei bezeichnet b_q das Quantil der Ordnung q der Binomialverteilung mit n und $p = 0.5$. Es ist also die größte ganze Zahl, die der Bedingung

$$\sum_{i=0}^{b_q} \binom{n}{i} 0.5^n \leq q \qquad \text{mit} \qquad q = \frac{\alpha}{2}$$

genügt. Zur Bestimmung von b_q gibt es für ausgewählte n und q auch spezielle Tafeln.

Für große Werte von n ("Faustregel": $n \geq 30$) kann man für T approximativ die Normalverteilung verwenden. H_0 ist abzulehnen, wenn

$$|z| = \left| \frac{2t - n}{\sqrt{n}} \right| \geq z_{1-\frac{\alpha}{2}}$$

gilt. Dabei ist z_q das Quantil der Ordnung $q = 1 - \frac{\alpha}{2}$ der standardisierten Normalverteilung (s. Tafel Ib).

Im Fall der einseitigen Fragestellung wird

a) $H_0 : p^+ \geq 0.5$ gegen $H_1 : p^+ < 0.5$ oder

b) $H_0 : p^+ \leq 0.5$ gegen $H_1 : p^+ > 0.5$ geprüft.

Die Alternativhypothese H_1 bedeutet hierbei, daß die x-Werte im Vergleich zu den x'-Werten

a) zu klein bzw. b) zu groß ausfallen, d.h.

a) mehr negative bzw. b) mehr positive Differenzen auftreten.

H_0 wird abgelehnt, falls für die Testgröße t

a) $t \leq b_\alpha$ bzw. b) $t \geq n - b_\alpha$

oder für großes n

a) $z = \frac{2t - n}{\sqrt{n}} \leq -z_{1-\alpha}$ bzw. b) $z = \frac{2t - n}{\sqrt{n}} \geq z_{1-\alpha}$ erfüllt ist.

Bemerkungen:

1. Da die Stetigkeit von F und G vorausgesetzt wird, kommen "Nulldifferenzen" (mit $x_i - x'_i = 0$) nur mit der Wahrscheinlichkeit Null vor. Treten sie dennoch auf, so werden sie vernachlässigt, und der Stichprobenumfang wird entsprechend reduziert.

2. Da beim Vorzeichentest lediglich die Vorzeichen der Differenzen benötigt werden, kann er auch zum Vergleich von Verteilungen bei verbundenen Stichproben mit ordinal skalierten Daten verwendet werden.

3. Der Vorzeichentest ist auch zur Prüfung des Medians einer Stichprobe einsetzbar. Hierbei ist die Testgröße gleich der Anzahl der Stichprobenwerte, die größer als der durch die Nullhypothese festgelegte Median sind.

4. Zur Anwendung des Vorzeichentests können die Verteilungen F_i für X_i bzw. G_i für X'_i auch für jedes $i = 1, \dots, n$ verschieden sein.

Beispiel 5.5.1: Anhand der beiden verbundenen Stichproben des Beispiels 5.2.3 ist mit dem Vorzeichentest zum Signifikanzniveau $\alpha = 0.05$ zu untersuchen, ob das Geburtsgewicht von Zwillingen bei Erstgeborenen im Mittel größer ist als bei Zweitgeborenen. Zur Prüfung von $H_0 : p^+ \leq 0.5$ gegen $H_1 : p^+ > 0.5$ (einseitige Fragestellung Fall b)) bildet man die Differenzen $d_i = x_i - x'_i$, $i = 1, \dots, 8$, für die Gewichte der 8 Zwillingspärchen und ordnet ihnen Vorzeichnen "+" bzw. "−" zu, je nachdem, ob $d_i > 0$ bzw. $d_i < 0$ ist. Damit erhält man die Testgröße $t = k^+ = 5$. Für $\alpha = 0.05$, $n = 8$ wird $b_{0.05}$ als größte ganze Zahl aus der Bedingung

$$\sum_{i=0}^{b_{0.05}} \binom{8}{i} 0.5^8 \leq 0.05$$

bestimmt. Mit $\binom{8}{0}0.5^8 + \binom{8}{1}0.5^8 = 0.0039 + 0.0313 = 0.0352 < 0.05$, aber

$$\sum_{i=0}^{2} \binom{8}{i} 0.5^8 = 0.1445 > 0.05$$

ergibt sich $b_{0.05} = 1$, und wegen $t = 5 < 8 - 1 = 7$ ist nichts gegen H_0 einzuwenden. Die Behauptung, daß Erstgeborene ein höheres Geburtsgewicht haben als Zweitgeborene, kann mit den vorliegenden Stichproben nicht bewiesen werden.

■

5.5.2 Der U-Test

Der **U-Test** von Mann und Whitney (auch **Wilcoxon-Rangsummen-Test**) ist ein nichtparametrischer Signifikanztest für das Zweistichprobenproblem. Mit ihm können zwei Grundgesamtheiten bezüglich ihrer Verteilungsfunktionen F und G (F und G stetig) anhand zweier unabhängiger Stichproben $\boldsymbol{x} = (x_1, \ldots, x_{n_1})$ und $\boldsymbol{x}' = (x'_1, \ldots, x'_{n_2})$ aus diesen Grundgesamtheiten miteinander verglichen werden. Geprüft wird bei der zweiseitigen Fragestellung die Nullhypothese $H_0 : F(x) = G(x)$ für alle $x \in \mathbf{R}$ (kurz $H_0 : F = G$) gegen die Alternativhypothese $H_1 : F(x) \neq G(x)$ für mindestens ein $x \in \mathbf{R}$ (kurz $H_1 : F \neq G$) zum Signifikanzniveau α. Der U-Test wird besonders dann empfohlen, wenn sich die Verteilungen F und G nur hinsichtlich ihrer Lage voneinander unterscheiden können, vom Typ und der Variabilität her aber gleich sind. Man spricht hierbei auch von einem **Test auf Lagealternative**.

Zur Durchführung des Tests werden die $n_1 + n_2$ Meßwerte der beiden Stichproben gemeinsam der Größe nach geordnet und ihnen **Rangzahlen** 1 bis $n_1 + n_2$ zugeordnet, beginnend mit dem kleinsten Wert. Bezeichnen $Rg(x_i)$ die Rangzahl von x_i, $i = 1, \ldots, n_1$, bzw. $Rg(x'_j)$ die Rangzahl von x'_j, $j = 1, \ldots, n_2$, und

$$R_1 = \sum_{i=1}^{n_1} Rg(x_i) \text{ bzw. } R_2 = \sum_{j=1}^{n_2} Rg(x'_j) \quad (R_1 + R_2 = \frac{1}{2}(n_1 + n_2)(n_1 + n_2 + 1))$$

die entsprechenden Summen der Rangzahlen für jede Stichprobe, so lautet die Testgröße

$$t = R_1 - \frac{1}{2} \cdot n_1(n_1 + 1).$$

Die zugehörige Stichprobenfunktion T besitzt bei Gültigkeit von H_0 für große n_1 und n_2 näherungsweise eine Normalverteilung mit $\mu = \frac{1}{2}n_1 n_2$ und $\sigma^2 = \frac{1}{12}n_1 n_2(n_1 + n_2 + 1)$. Die Näherung wird bereits für $n_1 \geq 4$, $n_2 \geq 4$ und $n_1 + n_2 \geq 20$ empfohlen.

H_0 ist abzulehnen, wenn $|z| = |\frac{t - \mu}{\sigma}| \geq z_{1-\frac{\alpha}{2}}$ erfüllt ist, andernfalls besteht kein Einwand gegen H_0. Dabei bedeutet z_q das q-Quantil der standardisierten Normalverteilung (s. Tafel Ib). Das Signifikanzniveau beträgt ungefähr α.

Der U-Test kann auch für die einseitige Fragestellung verwendet werden, d. h. zur Prüfung von

a) $H_0 : F \leq G$ gegen $H_1 : F > G$ oder
b) $H_0 : F \geq G$ gegen $H_1 : F < G$.

Hierbei bringt die Alternativhypothese H_1 zum Ausdruck, daß die x-Werte im Durchschnitt

a) kleiner bzw. b) größer als die x'-Werte sind.

H_0 wird zugunsten von H_1 abgelehnt, falls gilt

a) $z = \frac{t-\mu}{\sigma} \leq -z_{1-\alpha}$ bzw. b) $z = \frac{t-\mu}{\sigma} \geq z_{1-\alpha}$.

Bemerkungen:

1. Stimmt ein Wert x_i der einen Stichprobe mit einem Wert x'_j der anderen Stichprobe überein, so wird diesen Werten jeweils der Durchschnitt aus den dazugehörigen Rangzahlen zugeordnet. Gleiche Werte innerhalb einer Stichprobe verändern die Rangsummen R_1 und R_2 und damit die Testgröße nicht.
2. Kritische Werte für den U-Test, die auf der exakten Verteilung der Stichprobenfunktion T beruhen, können speziellen Tafeln entnommen werden.
3. Da zur Durchführung des U-Tests lediglich die Rangzahlen der Werte benötigt werden, kann er auch bei ordinal skaliertem Datenmaterial eingesetzt werden.
4. Der U-Test ist auch anwendbar, wenn zwei (stetige) Verteilungen anhand zweier verbundener Stichproben verglichen werden sollen.

Beispiel 5.5.2: Zur Überprüfung der Wirkungsweise eines Düngemittels auf den Ertrag von Getreide wurden 11 Versuchsflächen gleicher Größe mit dem Düngemittel behandelt, 9 dagegen nicht (Kontrollgruppe). Man erhielt die folgenden Hektarerträge (in dt):

mit Düngemittel	40	42	56	29	49	37	38	26	44	32	50
ohne Düngemittel	27	37	53	30	30	21	14	36	25		

Mit dem U-Test zum Signifikanzniveau $\alpha = 0.05$ ist zu untersuchen, ob sich der Ertrag durch das Düngemittel wesentlich verändert hat.

Zur Prüfung von $H_0 : F = G$ gegen $H_1 : F \neq G$ (zweiseitige Fragestellung) ordnet man den $n_1 + n_2 = 20$ Werten beider Stichproben die Rangzahlen 1 bis 20 zu:

x_i	40	42	56	29	49	37	38	26	44	32	50	
$Rg(x_i)$	14	15	20	6	17	11.5	13	4	16	9	18	R_1=143.5
x'_j	27	37	53	30	30	21	14	36	25			
$Rg(x'_j)$	5	11.5	19	7	8	2	1	10	3	R_2=66.5		

Mit $R_1 = 143.5$ erhält man die Testgröße $t = 143.5 - \frac{1}{2} \cdot 11 \cdot 12 = 77.5$ und damit

$$z = \frac{77.5 - \frac{1}{2}11 \cdot 9}{\sqrt{\frac{1}{12}11 \cdot 9 \cdot 21}} = 2.13.$$

Wegen $|z| > z_{1-\frac{\alpha}{2}} = z_{0.975} = 1.96$ (Tafel Ib) muß H_0 abgelehnt werden. Man kann davon ausgehen, daß das Düngemittel den Ertrag beeinflußt. ■

Aufgaben

Aufgabe 5.5.1 Zwei Hersteller von Autoreifen liefern an eine Speditionsfirma Reifen für Lastkraftwagen. Die Firma interessiert, ob diese Reifen hinsichtlich ihrer Bremswirkung als gleichwertig anzusehen sind. Zur Überprüfung erhielten 15 Fahrzeuge zunächst Reifen des Herstellers A und anschließend dieselben Fahrzeuge Reifen des Herstellers B. Jedesmal wurden unter gleichen Bedingungen die Bremswege (in m) gemessen. Das Ergebnis zeigte, daß nur 4 mit Reifen des Herstellers A bestückte Fahrzeuge einen geringeren Bremsweg hatten als mit Reifen des Herstellers B bestückte, bei 10 Fahrzeugen war der Bremsweg größer mit Reifen von A, bei einem Fahrzeug bestand kein Unterschied in der Bremswirkung.
Welche Entscheidung trifft die Firma, wenn sie mit dem Vorzeichentest zur Irrtumswahrscheinlichkeit $\alpha = 0.10$ prüft?
Wie entscheidet sie (bei gleichem α), wenn sie als Alternativhypothese $H_1 : p^+ > 0.5$ verwendet, also testet, ob der Bremsweg mit Reifen von A größer ist als der mit Reifen von B?

Aufgabe 5.5.2 Wie in der Aufgabe 5.2.24 sind zwei verschiedene Verfahren zur Messung der Kalziumkonzentration von Spurenelementen anhand der beiden dort vorliegenden (verbundenen) Stichproben miteinander zu vergleichen. Normalverteilung der Konzentration wird nicht vorausgesetzt. Prüfen Sie mit dem Vorzeichentest zum Signifikanzniveau $\alpha = 0.05$ die Hypothese, daß die Verteilungen der Konzentration bei beiden Verfahren gleich sind.

Aufgabe 5.5.3 Die Leitung einer Kaufhauskette führte für ihr Verkaufspersonal ein Seminar durch, wovon sie sich eine Steigerung der jährlichen Umsätze erhofft. Von den 32 Personen, die am Seminar teilnahmen, erzielten 21 einen höheren Umsatz als im vorangehenden Jahr, bei 9 Personen verringerte sich der Umsatz, und bei 2 Personen blieb er auf dem Niveau des Vorjahres. Kann aus diesen Ergebnissen geschlossen werden, daß das Seminar erfolgreich war? Als Irrtumswahrscheinlichkeit wird 5% gewählt.

Aufgabe 5.5.4 Zur Bestimmung des Fettgehaltes von Wolle werden zwei Lösungsmittel A und B eingesetzt. Für ihren Vergleich teilte man 8 Wollproben mit unterschiedlichem Fettgehalt und behandelte sie je zur Hälfte mit dem Lösungsmittel A und B. Man erhielt die folgenden Wertepaare (in %):

Probe	1	2	3	4	5	6	7	8
mit A	1.8	2.5	7.4	0.8	4.0	11.3	5.4	8.5
mit B	1.3	3.1	7.0	0.7	3.6	10.6	5.8	8.2

Die Gleichwertigkeit beider Lösungsmittel ist mit dem Vorzeichentest zum Signifikanzniveau $\alpha = 0.01$ zu überprüfen.

Aufgabe 5.5.5 Mit den beiden in Aufgabe 5.2.15 vorliegenden unabhängigen Stichproben zur Untersuchung der Verunreinigung von Reinstmetallen teste man ohne die Normalverteilungsannahme mit dem U-Test zur Irrtumswahrscheinlichkeit 5%, ob der Verunreinigungsgrad bei beiden Proben als gleich angesehen werden kann. Vergleichen Sie das Ergebnis mit dem der Aufgabe 5.2.15.

Aufgabe 5.5.6 In einem Betrieb werden mit zwei Abfüllautomaten, die von verschiedenen Herstellern stammen, Kilotüten mit Zucker abgefüllt. Jedem Automaten werden zufällig 12 Tüten entnommen, und ihr Füllgewicht (in g) wird festgestellt:

mit Automat 1	999.5	1001.3	997.0	998.7	999.6	1000.7
mit Automat 2	1002.3	1001.5	1000.8	998.8	997.4	1003.2

mit Automat 1	1003.1	999.4	997.3	999.9	1000.6	1002.4
mit Automat 2	1002.9	1000.4	1001.9	1003.4	1002.1	1002.8

Es interessiert, ob die Automaten im Mittel das gleiche Füllgewicht gewährleisten. Zur Überprüfung verwende man den U-Test zum Signifikanzniveau $\alpha = 0.1$.

Aufgabe 5.5.7 Für den Vergleich der Wirkung zweier Futterarten auf die Gewichtszunahme bei Hühnern liegen die beiden unabhängigen Stichproben der Aufgabe 5.2.16 vor. Untersuchen Sie mit dem U-Test zum Signifikanzniveau $\alpha = 0.05$, ob Kraftfutter mit Zusatz im Durchschnitt eine höhere Gewichtszunahme bewirkt als Kraftfutter ohne Zusatz.

Aufgabe 5.5.8 10 Großstädte (Einwohnerzahl über 500 000) und 10 kleinere Städte (Einwohnerzahl unter 50 000) sollen hinsichtlich der Schadstoffbelastung der Luft miteinander verglichen werden. Messungen über einen bestimmten Zeitraum lieferten folgende Tagesmittelwerte des Schwefeldioxids (in $\mu g/m^3$):

Großstädte	35	47	10	98	101	28	109	122	83	66
kleinere Städte	37	12	54	18	90	15	25	46	27	62

Kann anhand dieser Messungen behauptet werden, daß der $S0_2$-Gehalt der Luft in Großstädten im Mittel höher ist als in kleineren Städten? Verwenden Sie den U-Test, und wählen Sie als Signifikanzniveau $\alpha = 0.10$.

Aufgabe 5.5.9 Bei einer Semesterabschlußprüfung in Mathematik erreichten Studenten zweier Übungsgruppen I und II die folgenden Punktzahlen von 50 möglichen Punkten:

I	11	23	37	44	35	7	10	4	30	26	3	34	15	22
II	38	25	42	21	13	34	5	14	32	46	26			

Kann man mit dem Signifikanzniveau 0.05 schließen, daß es im Mittel einen Unterschied zwischen den Studenten in den Gruppen I und II hinsichtlich der Mathematikleistungen gibt?

Aufgabe 5.5.10 Von zwei Apfelsorten A und B erhielt man bei 14 bzw. 20 Bäumen gleichen Alters die folgenden Erträge (in kg je Baum):

A:	57.2	56.3	19.2	40.8	71.4	22.9	40.1	49.2	30.3	63.4	61.8
B:	20.1	24.2	80.3	56.7	40.2	34.8	60.2	59.3	59.6	59.4	30.9
A:	29.0	31.4	56.8								
B:	46.2	74.3	19.8	53.2	53.2	70.8	52.4	47.9	43.6		

Überprüfen Sie mit Hilfe des U-Tests bei der Irrtumswahrscheinlichkeit $\alpha = 0.05$, ob sich die beiden Sorten A und B hinsichtlich des Ertrages voneinander unterscheiden.

Aufgabe 5.5.11 Ein Fuhrunternehmen verwendet für seine Lastkraftwagen zwei Sorten von Kraftstoff A und B. Es interessiert sich dafür,

a) ob sich die Kraftstoffsorten bezüglich der Fahrleistungen wesentlich voneinander unterscheiden und darüber hinaus,

b) ob die Sorte A besser ist als die Sorte B.

Zu diesem Zweck registriert es die Fahrleistungen (in km), die 12 Lastkraftwagen mit 10 Litern Kraftstoff der Sorte A und 12 andere, aber gleichartige Lastkraftwagen mit 10 Litern Kraftstoff der Sorte B zurücklegen:

A: 30.2, 33.9, 31.0, 31.4, 29.7, 32.9, 33.1, 30.2, 29.8, 33.6, 31.4, 30.7
B: 30.5, 29.6, 30.9, 31.9, 30.8, 31.2, 31.8, 32.6, 28.8, 29.3, 30.6, 29.9

Wie entscheidet das Unternehmen auf Grund dieser beiden Stichproben im Fall a) und im Fall b) bei einem Signifikanzniveau $\alpha = 0.05$?

5.6 Unabhängigkeitstests

Als **Unabhängigkeitstests** bezeichnet man Signifikanztests, die zur Überprüfung der Unabhängigkeit zweier Zufallsgrößen X und Y dienen. Mit ihnen wird die Nullhypothese H_0 : "X und Y sind (stochastisch) unabhängig" gegen die Alternativhypothese H_1 : "X und Y sind abhängig" zum Signifikanzniveau α anhand von (zweidimensionalen) Stichproben getestet.

Der **χ^2-Unabhängigkeitstest** basiert auf einer konkreten Stichprobe vom Umfang n, bei der für die Merkmalsausprägungen (a_k, b_l), $k = 1, \dots, K$; $l = 1, \dots, L$, der zweidimensionalen Zufallsgröße (X, Y) absolute Häufigkeiten H_{kl} in Form einer **$K \times L$ -Kontingenztafel** vorliegen (s. Kap. 1, Abschnitt 1.2.1):

$X\backslash Y$	$b_1 \dots$	$b_l \dots$	b_L	Zeilensumme
a_1	$H_{11} \dots$	$H_{1l} \dots$	H_{1L}	$H_{1.}$
$\vdots$	$\vdots$	$\vdots$	$\vdots$	$\vdots$
a_k	$H_{k1} \dots$	$H_{kl} \dots$	H_{kL}	$H_{k.}$
$\vdots$	$\vdots$	$\vdots$	$\vdots$	$\vdots$
a_K	$H_{K1} \dots$	$H_{Kl} \dots$	H_{KL}	$H_{K.}$
Spalten-summe	$H_{.1} \dots$	$H_{.l} \dots$	$H_{.L}$	n

$$H_{k.} = \sum_{l=1}^{L} H_{kl}$$

$$H_{.l} = \sum_{k=1}^{K} H_{kl}$$

$$n = \sum_{k=1}^{K} \sum_{l=1}^{L} H_{kl}$$

Er ist also insbesondere bei der Untersuchung der Unabhängigkeit von nominal und ordinal skalierten Merkmalen einsetzbar. Eine Kontingenztafel entsteht aber auch, wenn man die n Wertepaare (x_i, y_i) der metrisch skalierten quantitativen Merkmale X und Y in der Stichprobe vom Umfang n jeweils in K (bez. X) bzw. L (bez. Y) disjunkte Klassen $A_1, \dots, A_K$ bzw. $B_1, \dots, B_L$ einteilt. Die absolute Häufigkeit H_{kl} bezeichnet dann die Anzahl derjenigen Zahlenpaare (x_i, y_i), für die $x_i \in A_k$ und $y_i \in B_l$ gilt. (Eine solche Tafel heißt auch **Korrelationstabelle**.)

Führt man für die (unbekannten) Wahrscheinlichkeiten von X und Y die folgenden Bezeichnungen ein
$p_{kl} = \mathrm{P}(X = a_k, Y = b_l)$, $p_{k.} = \mathrm{P}(X = a_k)$, $p_{.l} = \mathrm{P}(Y = b_l)$,
so lauten die Hypothesen des χ^2-Unabhängigkeitstests

$H_0 : p_{kl} = p_{k.} \cdot p_{.l}$ für alle Paare (k, l)
$H_1 : p_{kl} \neq p_{k.} \cdot p_{.l}$ für mindestens ein Paar (k, l).

Geprüft wird mit der Testgröße:

$$t = n \sum_{k=1}^{K} \sum_{l=1}^{L} \frac{(H_{kl} - \frac{H_{k.} \cdot H_{.l}}{n})^2}{H_{k.} \cdot H_{.l}} = n \left(\sum_{k=1}^{K} \sum_{l=1}^{L} \frac{H_{kl}^2}{H_{k.} \cdot H_{.l}} - 1 \right).$$

(Diese Testgröße ist identisch mit der Größe χ^2 im Kapitel 1, Abschnitt 1.2.3)

Die Stichprobenfunktion T besitzt bei Gültigkeit von H_0 für großes n näherungsweise eine χ^2-Verteilung mit $(K-1)(L-1)$ Freiheitsgraden. Die Näherung ist hinreichend gut, wenn für mindestens 80 % der absoluten Häufigkeiten die Bedingung $H_{kl} \geq 5$ erfüllt ist ("Faustregel"). Die Hypothese H_0, d. h. die Unabhängigkeit von X und Y, ist abzulehnen, wenn $t \geq \chi^2_{(K-1)(L-1);1-\alpha}$ gilt, anderenfalls ist nichts gegen H_0 einzuwenden. Dabei ist $\chi^2_{m;q}$ das q-Quantil der χ^2-Verteilung mit m Freiheitsgraden (s. Tafel III).

Für den Spezialfall einer Vierfeldertafel mit $K = L = 2$ vereinfacht sich die Testgröße zu

$$t = n \frac{(H_{11}H_{22} - H_{12}H_{21})^2}{H_{1.}H_{2.}H_{.1}H_{.2}}.$$

Beispiel 5.6.1: In einem Unternehmen wurden über einen längeren Zeitraum 120 Arbeitsunfälle nach der Tätigkeitsart X (A: Produktionstätigkeit, B: Transport, C: sonstige Tätigkeit) und der Art der Verletzung Y (I: obere Extremitäten, II: untere Extremitäten, III: sonstige Verletzungen) geordnet. Die Ergebnisse zeigt die 3 × 3-Kontingenztafel:

		Art der Verletzung			
$X \backslash Y$		I	II	III	
Art der	A	32	23	5	60
Tätigkeit	B	6	19	5	30
	C	2	8	20	30
		40	50	30	120

Es interessiert, ob zwischen der Art der Tätigkeit und der Verletzungsart ein signifikanter Zusammenhang besteht.
Zur Prüfung der Hypothese H_0 : "X und Y sind unabhängig" zum Signifikanzniveau $\alpha = 0.01$ berechnet man die Testgröße

$$\begin{aligned} t &= 120\left(\frac{32^2}{60\cdot 40} + \frac{23^2}{60\cdot 50} + \frac{5^2}{60\cdot 30} + \frac{6^2}{30\cdot 40} + \frac{19^2}{30\cdot 50} + \frac{5^2}{30\cdot 30} + \frac{2^2}{30\cdot 40}\right. \\ &\quad \left. + \frac{8^2}{30\cdot 50} + \frac{20^2}{30\cdot 30} - 1\right) \\ &= 120(0.4267 + 0.1763 + 0.0139 + 0.0300 + 0.2407 + 0.0278 \\ &\quad + 0.0033 + 0.0427 + 0.4444 - 1) \\ &= 48.70. \end{aligned}$$

Mit $(K-1)(L-1) = 4$ und $q = 0.99$ liest man aus Tafel III den Wert $\chi^2_{4;0.99} = 13.28$ ab, und wegen $t > 13.28$ wird H_0 abgelehnt. Damit kann angenommen werden, daß zwischen der Art der Tätigkeit und der Art der Verletzung bei den Arbeitsunfällen ein statistisch gesicherter Zusammenhang besteht.

■

Aufgaben

Aufgabe 5.6.1 Zur Heilbehandlung einer Infektionskrankheit werden zwei Medikamente I und II erprobt. Bei 210 Patienten erhielt man die folgenden Ergebnisse:

	Anzahl der Patienten mit Heilerfolg	Anzahl der Patienten ohne Heilerfolg
Behandlung mit I	34	17
Behandlung mit II	111	48

Besteht zwischen der Behandlungsart und dem Ergebnis der Behandlung ein Zusammenhang? Man wähle das Signifikanzniveau $\alpha = 0.05$.

Aufgabe 5.6.2 Die Daten der Aufgabe 5.3.9 können in eine 2×2-Kontingenztafel eingetragen werden. Überprüfen Sie mit dem χ^2-Unabhängigkeitstest, ob die Produktionsqualität von dem Typ der Maschine A oder B abhängt, und vergleichen Sie die Testentscheidung mit der in Aufgabe 5.3.9. Wählen Sie als Signifikanzniveau $\alpha = 0.05$.

Aufgabe 5.6.3 Zur Untersuchung der Frage, ob es bei Studenten der Betriebswirtschaftslehre einen Zusammenhang zwischen den Prüfungsergebnissen (bestanden - nicht bestanden) in den Fächern Mathematik und Wirtschaftsinformatik gibt, liegen Ergebnisse von 600 Studenten vor: 276 Studenten bestanden die Mathematik-Prüfung, 318 die Informatik-Prüfung und 130 beide Prüfungen. Stellen Sie eine Kontingenztafel auf, und beantworten Sie die Frage mit dem χ^2-Unabhängigkeitstest zur Irrtumswahrscheinlichkeit $\alpha = 0.01$.

Aufgabe 5.6.4 Vor einer Landtagswahl befragte ein Info-Institut 1000 Wahlberechtigte, für welche Partei sie sich entscheiden würden. Die Ergebnisse, aufgeteilt in 5 Altersgruppen der Wähler, zeigt die folgende Tabelle:

	Alter von ... bis unter ... Jahre				
Partei	18 - 25	25 - 35	35 - 45	45 - 60	≥ 60
SPD	42	77	52	98	99
CDU/CSU	40	56	64	132	118
F.D.P.	9	11	12	21	14
Bündnis 90/Grüne	18	21	10	15	7
sonstige Parteien	11	16	21	18	18

a) Kann man daraus schließen, daß das Wählerverhalten vom Alter abhängt?

b) Welche Entscheidung hat man zu treffen, wenn man nur die beiden Altersklassen 18 bis unter 25 Jahre und 45 bis unter 60 Jahre berücksichtigt?

In beiden Fällen wird das Signifikanzniveau $\alpha = 0.05$ vorgegeben.

Aufgabe 5.6.5 Studenten zweier Fachrichtungen sollen hinsichtlich ihrer Mathematikleistungen miteinander verglichen werden. Dazu liegen die Klausurnoten von jeweils einem Studienjahrgang der Fachrichtungen vor:

	Note				
	1	2	3	4	5
Fachrichtung 1	6	12	28	36	38
Fachrichtung 2	17	28	52	41	37

a) Kann man (mit der Irrtumswahrscheinlichkeit $\alpha = 0.10$) aus den Ergebnissen schließen, daß die Note (Merkmal Y) unabhängig von der Fachrichtung (Merkmal X) ist?

b) Zeigen Sie, daß die in a) geprüfte Hypothese H_0 : "X und Y sind unabhängig" gleichbedeutend damit ist, daß die zwei Fachrichtungen die gleiche Notenverteilung besitzen.

Aufgabe 5.6.6 Im Beispiel 1.2.4, Kap. 1, wird der Zusammenhang der Merkmale "Teilnahme an der Grippeschutzimpfung" (X) und "Grippeerkrankung" (Y) anhand von 1000 Patienten untersucht. Es ergab sich die Vierfeldertafel:

$X \backslash Y$	Grippe	keine Grippe
Impfung	40	458
keine Impfung	259	243

Prüfen Sie mit dem χ^2-Unabhängigkeitstest zum Signifikanzniveau $\alpha = 0.01$ die Hypothese, daß die Impfung keinen Einfluß auf die Grippeerkrankung hat.

Lösungen

1.1.2 a), d), f), h), i), j) Stetig. b), c), e), g) Diskret.

1.1.3 a), e), g), i), l), m) Metrisch. b), f), h) Ordinal. c), d), j), k) Nominal.

1.1.4 a) Diskret.

b) Denkbar: $0, 1, 2, \ldots, n_0$ (endliche Zahl), angenommen: $0, 1, 2, 3, 4, 6$.

c) Häufigkeitstabelle ($n = 40$) :

a_j	0	1	2	3	4	5	6
H_j	7	7	10	9	4	0	3
h_j	0.175	0.175	0.250	0.225	0.100	0.000	0.075
$\sum H_j$	7	14	24	33	37	37	40
$\sum h_j$	0.175	0.350	0.600	0.825	0.925	0.925	1.000

e) "Mindestens 4 Kunden" kommen nur mit 17,5%iger relativer Häufigkeit, somit ist mit Schließung zu rechnen.

1.1.5 c) "Wenigstens 2 Flaschen" wird an 76% der Verkaufstage erreicht.

1.1.7 c) Sogar die Hälfte.

1.1.8 c) Nein, Daten bestätigen genau diese Zahl.

1.1.9 a) $\bar{x} = 2.2$, $\tilde{x}_{0.5} = 2$, $x_{\text{mod}} = 2$, $\tilde{R} = 6$, $\tilde{x}_{0.75} - \tilde{x}_{0.25} = 3 - 1 = 2$, $s^2 = 2.7282$, $s = 1.6517$, $v = 0.7508$, $g_1 = 0.6099$, $g_2 = 0.0023$.

b) $\bar{x} = 3.28$, $\tilde{x}_{0.5} = 3$, $x_{\text{mod}} = 3$, $\tilde{R} = 8$, $\tilde{x}_{0.75} - \tilde{x}_{0.25} = 5 - 2 = 3$, $s^2 = 4.7491$, $s = 2.1792$, $v = 0.6644$, $g_1 = 0.4207$, $g_2 = -0.5554$.

c) $\bar{x} = 172.6667$, $\tilde{x}_{0.5} = 174$, $x_{\text{mod}} = 176$, $\tilde{R} = 23$, $\tilde{x}_{0.75} - \tilde{x}_{0.25} = 177 - 166 = 11$, $s^2 = 43.2644$, $s = 6.5776$, $v = 0.0381$, $g_1 = -0.2768$, $g_2 = -1.1249$.

1.1.10 a) $\bar{x}_M = 173.5$, $\tilde{x}_{0.5} = 175$, $s_*^2 = 43.793$.

b) $\bar{x}_M = 1232.4$, $\tilde{x}_{0.5} = 1061.2$, $s_*^2 = 483\,347$.

1.1.11 Mit gruppierten Daten berechnete Werte sind hier jeweils obere Abschätzungen, Sheppardsche Korrektur wegen Forderung gleicher Klassenbreiten nur für 1.1.10 a) verwendbar, bringt dort jedoch keine Verbesserung.

1.1.12 c) $\bar{x}_M = 11.25$, $\tilde{x}_{0,5} = 11.41$, $x_{\text{mod}} = 12.5$.

d) $\bar{x}_M < \tilde{x}_{0.5} < x_{\text{mod}} \implies$ linksschief.

1.1.13 Gewogenes arithmetisches Mittel, $\bar{x}_w = 3.375$, Note 3.

1.1.14 $\bar{x}_g = \sqrt[5]{1.07 \cdot 1.02 \cdot 1.08 \cdot 1.11 \cdot 1.05} = \sqrt[5]{1.3737888} = 1.0656$, 6.56%.

1.1.15 $\frac{1}{10}(27000 + x) = 4000 \implies$ Chefgehalt 13 000 DM, $\tilde{x}_{0.5} = 3000$.

1.2.1 Häufigkeitstabelle:

$X \setminus Y$	1	2	3	4	$H_{i.}$	$h_{i.}$
1	8	1	1	0	10	0.25
2	4	4	0	0	8	0.20
3	0	1	4	7	12	0.30
4	1	1	1	7	10	0.25
$H_{.j}$	13	7	6	14	40	
$h_{.j}$	0.325	0.175	0.15	0.35		1

$h_2(b_2 \mid a_3) = \frac{1}{12} = 0.0833$, durchschnittliche Belegungen:
1–Raum–Wohnung 1.3 Personen, 2–Raum–Wohnung 1.5 Personen,
3–Raum–Wohnung 3.5 Personen, 4–Raum–Wohnung 3.4 Personen.

1.2.2 $r_{XY} = -0.073$, sehr schwacher negativer Zusammenhang.

1.2.3 Rangzahlen:

	1	2	3	4	5	6	7	8	9	10	11	12
R_i	5	3	12	9	10	2	7	11	4	1	8	6
R_i'	3	9	11	5	8	7	2	12	6	1	10	4

$r_{\text{Sp}} = 0.566$, positiver Zusammenhang (wenn auch nicht sehr stark).

1.2.4 a) $r_{\text{Sp}} = 0.758$, stark positiver Zusammenhang.
b) $r_{\text{Sp}} = 0.418$, positiver Zusammenhang, nicht so stark wie in a).

1.2.5 $C = 0.12345$, $C_{\text{korr}} = 0.17458$, schwacher Zusammenhang.

1.2.6 $r_{XY} = -0.9273$, stark negativer Zusammenhang, $B_{XY} = 0.8599$,
$y = 1.2636 - 0.0224x$, $\hat{s}^2 = 0.00055$.

1.2.7 a) Regressionsparabel. b) $y = 3.4547105 + 0.1020700x + 0.0059398x^2$.
c) 44.5 m.

1.2.8 b) $y = 88.652923 \cdot e^{0.097932x}$. c) Ca. 214 Mio. DM.

1.2.9 b) $y = 44.002691 \cdot e^{-0.010014572x}$. c) Ca. 13 230 DM.

1.3.1 b) $n = 11$, $m = 4$, $\hat{T}_3 = 1.2875$, $\hat{T}_4 = 1.3250$, $\hat{T}_5 = \hat{T}_6 = 1.3625$,
$\hat{T}_7 = 1.3750$, $\hat{T}_8 = 1.4125$, $\hat{T}_9 = 1.4500$.
c) $y = 1.0545 + 0.05t$, Prognose: 1.65 Mio. DM.

1.3.2 a) Parabolischer Trend. b) $\hat{T}_i = 8.4089 - 1.8225t_i + 0.8047t_i^2$.

1.3.3 b) $j = 1, 2, \ldots, 12$:

$\hat{t}_{1j}$	y_{1j}^*	$y_{1j}^* - \hat{s}_j$	$y_{1j} - \hat{s}_j$	$\hat{t}_{2j}$	y_{2j}^*	$y_{2j}^* - \hat{s}_j$	$y_{2j} - \hat{s}_j$	$\hat{t}_{3j}$	y_{3j}^*	$y_{3j}^* - \hat{s}_j$	$y_{3j} - \hat{s}_j$
•	•	•	2.9066	3.1500	−1.7500	−0.0434	3.1066	2.9708	−1.6708	0.0358	3.0066
•	•	•	3.0066	3.1500	−2.4500	−0.1434	3.0066	2.9708	−2.1708	0.1358	3.1066
•	•	•	2.9921	3.1292	−0.9292	0.0629	3.1921	2.9625	−1.0625	−0.0704	2.8921
•	•	•	3.0274	3.1083	−0.8083	0.0191	3.1274	2.9542	−0.8542	−0.0268	2.9274
•	•	•	3.0232	3.1083	0.3917	0.2149	3.3232	2.9458	−0.0458	−0.2226	2.7232
•	•	•	3.2732	3.0833	−0.6833	−0.1101	2.9732	2.9708	−0.4708	0.1024	3.0732
3.1083	0.6917	−0.1351	2.9732	3.0458	0.9542	0.1274	3.1732	•	•	•	3.2732
3.1167	1.1833	0.0607	3.1774	3.0458	1.0542	−0.0684	2.9774	•	•	•	2.8774
3.1250	0.4750	0.1024	3.2274	3.0375	0.2625	−0.1101	2.9274	•	•	•	2.8274
3.1375	−0.2375	0.0358	3.1733	3.0167	−0.3167	−0.0434	2.9733	•	•	•	2.8733
3.1542	−0.2542	−0.1892	2.9650	2.9833	0.1157	0.1817	3.1650	•	•	•	3.0650
3.1542	4.5458	0.3004	3.4546	2.9625	3.9375	−0.3079	2.6546	•	•	•	3.3546

1.3.4 $\hat{T}(t) = 9.622 \cdot 0.868^t$, im 8. Jahr werden 3.1 l erreicht.

1.3.5 Prognose 1996: 112.8 TDM.

1.3.6 Prognose 1997: 178.9 kg.

2.1.1 a) $\Omega = \{(0,0,0),(0,0,1),(0,1,0),(1,0,0),(0,1,1),(1,0,1),(1,1,0),(1,1,1)\}$.
b) $A \cap B = \{(0,0,1),(0,1,0)\}$ (System I und genau ein weiteres System fallen aus.), $A \cup B = \{(0,0,1),(0,1,0),(1,0,0),(0,1,1),(0,0,0)\}$ (System I oder genau 2 Systeme fallen aus.),
$A \setminus B = \{(1,0,0)\}$ (Die Systeme II und III, aber nicht System I fallen aus.), $\bar{A} = \{(0,0,0),(0,1,1),(1,0,1),(1,1,0),(1,1,1)\}$ (Die Anzahl der ausgefallenen Systeme ist verschieden von 2.),
$\bar{B} = \{(1,0,0),(1,0,1),(1,1,0),(1,1,1)\}$ (System I fällt nicht aus.).
c) $C = \{(1,1,1)\}$, $D = \{(1,1,1),(1,1,0),(1,0,1),(0,1,1)\}$,
$E = \bar{C}$, $A \cap E = A$, $E \setminus B = \{(1,0,1),(1,1,0),(1,0,0)\}$,
$B \cap C = \emptyset$, $B \cap D = \{(0,1,1)\}$. d) Unvereinbare Ereignisse sind: A und C, B und C, C und E, A und D.

2.1.2 a) $A = \bigcap_{k=1}^{4} A_k$, $B = \bigcap_{k=1}^{4} \bar{A}_k$, $C = \bigcup_{k=1}^{4} \left(\bar{A}_k \cap \bigcap_{i \neq k} A_i\right)$,
$D = \bigcup_{k=1}^{4} A_k$, $E = \bigcup_{k=1}^{4} \bigcup_{\substack{i=1 \\ i \neq k}}^{4} \left(\bar{A}_k \cap \bar{A}_i \cap \bigcap_{\substack{j \neq i \\ j \neq k}} A_j\right)$.
b) A_k: 8 Elemente $(k = 1, \ldots, 4)$, A: 1 Element, B: 1 Element, C: 4 Elemente, D: 15 Elemente, E: 6 Elemente. c) Nein, B_i ... "Es werden genau i Fragen mit 'ja' beantwortet" $(i = 0, \ldots, 4)$.

2.1.3 $\Omega = \{(a_1, a_2, a_3, a_4, a_5) : a_k \in \{0,1\}, k = 1, \ldots, 5\}$, 32 Elemente (0 ... Ausfall, 1 ... kein Ausfall). a) $A = \bigcup_{k=1}^{5} A_k$, 31 Elemente.
b) $B = \bigcap_{k=1}^{5} A_k$, 1 Element. c) $C = A_1 \cup \left[(A_2 \cup A_3) \cap A_4\right] \cup A_5$, 27 Elemente. d) $D = \left[A_3 \cap (A_1 \cup A_2) \cap (A_4 \cup A_5)\right] \cup \left[\bar{A}_3 \cap \left((A_1 \cap A_4) \cup (A_2 \cap A_5)\right)\right]$, 16 Elemente.

2.1.6 $D = (\bigcap_{k=1}^{2} A_k) \cup (\bigcap_{k=1}^{3} B_k) \cup (\bigcap_{k=1}^{4} C_k)$,
$\bar{D} = (\bigcup_{k=1}^{2} \bar{A}_k) \cap (\bigcup_{k=1}^{3} \bar{B}_k) \cap (\bigcup_{k=1}^{4} \bar{C}_k)$.

2.1.7 a) $\mathcal{A}$ besteht aus $\emptyset$, den 4 disjunkten Mengen $A \cap B$, $A \cap \bar{B}$, $\bar{A} \cap B$, $\bar{A} \cap \bar{B}$ und allen Vereinigungen aus ihnen. $\mathcal{A}$ enthält 16 Elemente.
b) Ja. c) Nein.

2.1.8 $\Omega = \left\{(a_1, a_2) \mid a_1, a_2 \in \{1,2,3,4,5,6\}\right\}$,
$\mathcal{A}$ besteht aus $\emptyset$, den 4 Mengen $A \cap B$, $A \cap \bar{B}$, $\bar{A} \cap B$, $\bar{A} \cap \bar{B}$ und allen Vereinigungen aus ihnen. $\mathcal{A}$ enthält 16 Elemente.

2.2.1 360.

2.2.2 a) 24. b) 25 200.

2.2.3 126.

2.2.4 190.

2.2.5 $\binom{n}{2} - n = \frac{1}{2}(n^2 - 3n)$.

2.2.6 55.

2.2.7 $5.550997 \cdot 10^{12}$.

2.2.8 136 h 32 min.

2.2.9 0.0177.

2.2.10 a) 0.0439. b) 0.2461. c) 0.6230.

2.2.11 a) $\frac{6}{36}$. b) $\frac{25}{36}$. c) $\frac{30}{36}$.

2.2.12 a) $\frac{1}{6}$. b) $\frac{5}{33}$. c) $\frac{1}{16\,632}$. d) $\frac{1}{16\,632}$.

2.2.13 a) 0.4102. b) 0.0020. c) 0.0137.

2.2.14 0.4242.

2.2.15 a) 0.4385. b) 0.3728.

2.2.16 a) $\dfrac{1}{\binom{n}{k}}$. b) $\dfrac{\binom{n-(k-2)}{2}}{\binom{n}{k}}$. c) $\binom{6}{4} = 15,\ \binom{4}{2} = 6$.

2.2.17 a) $\frac{1}{4!}$. b) $\frac{1}{6}$. c) $\frac{1}{360}$.

2.2.18 a) $\left(\frac{4}{5}\right)^{10}$. b) 0.6242.

2.2.19 0.3469.

2.2.20 $\mathrm{P}(A) = \frac{9}{36}$, $\mathrm{P}(B) = \frac{5}{36}$, $\mathrm{P}(C) = \frac{16}{36}$, $\mathrm{P}(\bar{A}) = \frac{27}{36}$, $\mathrm{P}(A \cap B) = \frac{3}{36}$, $\mathrm{P}(A \cap C) = \frac{4}{36}$, $\mathrm{P}(B \cup C) = \frac{20}{36}$, $\mathrm{P}(A \cup B) = \frac{11}{36}$, $\mathrm{P}(\bar{A} \cap B) = \frac{2}{36}$, $\mathrm{P}(A \cap B \cap C) = \frac{1}{36}$, $\mathrm{P}(A \setminus B) = \frac{6}{36}$, $\mathrm{P}(B \setminus A) = \frac{2}{36}$, $\mathrm{P}(A \setminus C) = \frac{5}{36}$.

2.2.21 a) $\frac{5}{9}$. b) $\left(\frac{2}{3}\right)^3$. c) $\frac{20}{216}$. d) $\frac{1}{8}$. e) $\frac{75}{216}$.

2.2.22 α : a) 0.064. b) 0.2150. c) 0.1229.
β : a) 0.0522. b) 0.2435. c) 0.1217.

2.2.23 a) 0.5177. b) 0.4914.

2.2.24 0.1220.

2.2.25 0.4033.

2.2.26 a) $\frac{32}{110}$. b) $\frac{26}{110}$. c) $\frac{8}{110}$. d) $\frac{8}{26}$.

2.2.27 a) $\frac{1}{8}$. b) $\frac{3}{248}$. c) $\frac{1}{496}$. d) $1.2835 \cdot 10^{-5}$. e) $0.4278 \cdot 10^{-5}$. f) $\frac{1}{4}$.

2.3.1 0.6597.

2.3.2 0.406.

2.3.3 $\frac{1}{4}$.

2.3.4 0.24.

2.4.1 $\mathrm{P}(A) = \frac{6}{36}$, $\mathrm{P}(B) = \frac{9}{36}$, $\mathrm{P}(C) = \frac{25}{36}$, $\mathrm{P}(A \cap B) = 0$, $\mathrm{P}(A \cap C) = \frac{4}{36}$, $\mathrm{P}(A \cup C) = \frac{27}{36}$, $\mathrm{P}(A \setminus C) = \frac{2}{36}$.

2.4.2 $\mathrm{P}(A \cap B) = 0.25$, $\mathrm{P}(A) = 0.7$, $\mathrm{P}(A \setminus B) = 0.45$, $\mathrm{P}(B \setminus A) = 0.20$, $\mathrm{P}(\bar{A} \cap \bar{B}) = 0.10$.

2.4.3 a) 0.15. b) 0.10. c) 0.55.

2.4.4 $\frac{5}{8}$.

2.4.5 $\mathrm{P}(A \cup B) = 0.7$, $\mathrm{P}(\bar{A}) = 0.7$, $\mathrm{P}(\bar{B}) = 0.5$, $\mathrm{P}(A \cap \bar{B}) = 0.2$, $\mathrm{P}(\bar{A} \cap B) = 0.4$, $\mathrm{P}(\bar{A} \cap \bar{B}) = 0.3$, $\mathrm{P}(\bar{A} \cup \bar{B}) = 0.9$.

2.4.6 $\mathrm{P}(A) = r - q = 0.4$, $\mathrm{P}(A \cap B) = p - q = 0.1$, $\mathrm{P}(A \cap \bar{B}) = r - p = 0.3$, $\mathrm{P}(\bar{A} \cap \bar{B}) = 1 - r = 0.3$, $\mathrm{P}(\bar{A} \cup B) = 1 - r + p = 0.7$.

2.4.7 a) $A \cup B = A \cup (B \setminus A)$ ergibt mit Axiom 3: $\mathrm{P}(A \cup B) = \mathrm{P}(A) + \mathrm{P}(B \setminus A)$, $B = (B \setminus A) \cup (A \cap B)$ ergibt mit Axiom 3: $\mathrm{P}(B) = \mathrm{P}(B \setminus A) + \mathrm{P}(A \cap B)$, also $\mathrm{P}(B \setminus A) = \mathrm{P}(B) - \mathrm{P}(A \cap B)$.
b) $A \cup \bar{A} = \Omega$ ergibt mit Axiom 3: $\mathrm{P}(A) + \mathrm{P}(\bar{A}) = 1$.

2.5.1 a) $\frac{50}{80}$. b) $\frac{25}{80}$. c) $\frac{15}{80}$. d) $\frac{40}{65}$. e) $\frac{5}{30}$. f) 0.0122. g) 0.0127.

2.5.2 $\mathrm{P}(A) = \frac{6}{36}$, $\mathrm{P}(B) = \frac{16}{36}$, $\mathrm{P}(C) = \frac{18}{36}$, $\mathrm{P}(A \mid B) = \frac{1}{4}$,
$\mathrm{P}(B \mid A) = \frac{2}{3}$, $\mathrm{P}(A \mid C) = \frac{1}{3}$, $\mathrm{P}(C \mid A) = 1$, $\mathrm{P}(B \mid C) = \frac{4}{9}$,
$\mathrm{P}(C \mid B) = \frac{1}{2}$, $\mathrm{P}(A \mid B \cap C) = \frac{1}{2}$, $\mathrm{P}(B \mid A \cap C) = \frac{2}{3}$.

2.5.3 a) 0.4286. b) $0.66\bar{6}$.

2.5.4 a) 0.3143. b) 0.45. c) 0.7.

2.5.5 a) 0.1154. b) 0.3077. c) 0.4615.

2.5.6 a) $\frac{1}{9}$. b) $\frac{4}{21}$.

2.5.7 0.7412.

2.5.8 A_k ... erster Gewinn im k-ten Zug,
$\mathrm{P}(A_1) = \frac{3}{7}$, $\mathrm{P}(A_2) = \frac{2}{7}$, $\mathrm{P}(A_3) = \frac{6}{35}$, $\mathrm{P}(A_4) = \frac{3}{35}$, $\mathrm{P}(A_5) = \frac{1}{35}$.

2.5.9 $p < \frac{5}{8}$.

2.6.1 a) 0.036. b) 0.204. c) 0.796. d) 0.282.

2.6.2 a) 0.8341. b) $1 - 4 \cdot 10^{-9}$. c) 0.9695. d) 0.9991.

2.6.3 a) 0.0146. b) 3 Geräte vom Typ III parallel dazuschalten.

2.6.4 3 Glühlampen.

2.6.5 a) 0.8332. b) 0.1541.

2.6.6 a) $(1-p_1)(1-p_2)(1-p_3)$. b) $p_1 \cdot p_2 \cdot p_3$.
c) $p_1 \cdot p_2 \cdot p_3 + (1-p_1)p_2p_3 + p_1(1-p_2)p_3 + p_1p_2(1-p_3)$.
d) $(1-p_1)(1-p_2)(1-p_3)+(1-p_1)(1-p_2)p_3+(1-p_1)p_2(1-p_3)+p_1(1-p_2)(1-p_3)$.

2.7.1 a) 0.9634. b) 0.0698. c) 0.1082.

2.7.2 0.9091.

2.7.3 a) 0.2045. b) 0.7955. c) 0.956.

2.7.4 a) 0.1456. b) 1 schwarze, 2 weiße.

2.7.5 a) 0.65. b) 0.05. c) 0.33. d) $\frac{33}{35}$. e) 0.3474. f) 0.6.

2.7.6 0.0510.

3.1.1 a) $X_1(\omega) = \omega_1 \cdot \omega_2 \quad (\omega = (\omega_1, \omega_2))$.
b) $X_2(\omega) = \max(\omega_1, \omega_2) \quad (\omega = (\omega_1, \omega_2))$.
$F_{X_1}(x) = 0$ $(x < 1)$, $F_{X_1}(x) = \frac{1}{36}$ $(1 \le x < 2)$, $F_{X_1}(x) = \frac{3}{36}$ $(2 \le x < 3)$, ..., $F_{X_1}(x) = \frac{35}{36}$ $(30 \le x < 36)$, $F_{X_1}(x) = 1$ $(x \ge 36)$,
$F_{X_2}(x) = 0$ $(x < 1)$, $F_{X_2}(x) = \frac{1}{36}$ $(1 \le x < 2)$, ..., $F_{X_2}(x) = \frac{25}{36}$ $(5 \le x < 6)$, $F_{X_2}(x) = 1$ $(x \ge 6)$.

3.1.2 a) $p_5 = 1 - p_1 - p_2 - p_3 - p_4$, $F_X(x) = \sum\limits_{i: x \le x_i = i} p_i$. b) $p_5 = \frac{1}{4}$.

3.1.3 $\mathrm{P}(X=1) = 0.8$, $\mathrm{P}(X=2) = 0.16$, $\mathrm{P}(X=3) = 0.032$,
$\mathrm{P}(X=4) = 0.008$, $F_X(x) = \sum\limits_{i: i \le x} \mathrm{P}(X=x)$.

3.1.4 $a = \frac{1}{2}$, $b = \frac{\pi}{2}$.

3.2.1 a) $P(X = x_k) = \frac{1}{10}$ $(k = 1, \ldots, 10)$. b) $EX = 5.5$. c) $\operatorname{Var}(X) = 8.25$. d) $\nu_X = 1.9148$. e) $Y = \frac{X-5.5}{2.8723}$. f) $\mu_3 = 0$, $\mu_4 = 1208.6250$. g) $\gamma_1 = 0$, $\gamma_2 = 14.7576$.

3.2.2 a) $P(Y_1 = 0) = P(Y_2 = 0) = \frac{1}{2}$, $P(Y_1 = 1) = P(Y_2 = 1) = \frac{1}{2}$. b) $EY_1 = EY_2 = \frac{1}{2}$, $\operatorname{Var}(Y_1) = \operatorname{Var}(Y_2) = \frac{1}{4}$.

3.2.3 a) 15 000. b) 0.4226.

3.2.4 a) 0.9047. b) 0.9954. c) 0.0046.

3.2.5 a) 0.2384. b) $0.1882 \cdot 10^{-5}$. c) 0.0077. d) 0.8189.

3.2.6 a) 0.999924. b) $P(X = 1) = 0.85$, $P(X = 2) = 0.1275$, $P(X = 3) = 0.0191$, $P(X = 4) = 0.0029$, $P(X = 5) = 0.0005$, $F_X(x) = \sum_{k:k \leq x} P(X = k)$. c) $EX = 1.1764$, $\operatorname{Var}(X) = 0.2068$.

3.2.7 a) $0.1\bar{6}$. b) $0.\bar{3}$. c) $0.0\bar{3}$. d) 0.5. e) $0.0\bar{3}$. f) $0.03\bar{9}$.

3.2.8 a) 0.3641. b) 0.3516. c) 0.9.

3.2.9 $\tilde{p} = 0.7822$.

3.2.10 a) 0.0183. b) 0.4335. c) 0.1953. d) 0.3712. e) 0.0733. f) 0.0747. g) 0.1492. h) 0.5771. i) 0.0003.

3.2.11 a) $\alpha = 10$. b) 0.4422.

3.2.12 $\tilde{\lambda} = 1.37$,

k	0	1	2	3	4	5	6
beob. rel. Häufigkeit	0.25	0.35	0.24	0.11	0.04	0.01	0
$p_k = P(X = k) = \dfrac{\tilde{\lambda}^k e^{-\tilde{\lambda}}}{k!}$	0.2541	0.3481	0.2384	0.1089	0.0373	0.0102	0.0023

3.2.13 a) 0.1849. b) 0.4312. c) 0.3839.

3.2.14 a) 0.1755 und $0.1968 \cdot 10^{-31}$. b) 0.3679, $0.1014 \cdot 10^{-6}$, 0.3679. c) 0.9704, 0.0291, 0.0005.

3.3.1 a) $\alpha = \frac{3}{4}$. b) $F_X(x) = \begin{cases} 0 & x < 0 \\ \frac{1}{2}(x^3 - \frac{3}{8}x^4) & 0 \leq x < 2, \\ 1 & x \geq 2 \end{cases}$ $EX = 1.2$, $\operatorname{Var}(X) = 0.16$. c) $P(X < 1) = 0.3125$, $P(X < EX) = 0.4752$.

d) $F_Y(x) = \begin{cases} 0 & x<0 \\ \frac{1}{2}(\sqrt{x^3} - \frac{3}{8}x^2) & 0 \leq x<4, \\ 1 & x \geq 4 \end{cases}$ $f_Y(x) = \begin{cases} 0 & x<0 \\ -\frac{3}{8}x + \frac{3}{4}\sqrt{x} & 0 \leq x<4, \\ 0 & x \geq 4 \end{cases}$

$EY = 1.6$, $\operatorname{Var}(Y) = 0.8686$.

e) $F_Y(x) = \begin{cases} 0 & x < -1 \\ -\frac{3}{16}\left(\frac{x+1}{2}\right)^4 + \frac{1}{2}\left(\frac{x+1}{2}\right)^3 & -1 \leq x < 3, \\ 1 & x \geq 3 \end{cases}$

$f_Y(x) = \begin{cases} 0 & x<-1 \\ -\frac{3}{8}\left(\frac{x+1}{2}\right)^3 + \frac{3}{4}\left(\frac{x+1}{2}\right)^2 & -1 \leq x<3, \\ 0 & x \geq 3 \end{cases}$ $EY = 1.4$, $\operatorname{Var}(Y) = 0.64$.

3.3.2 $x_{0.25} = -1 + \frac{1}{\sqrt{2}}$, $x_{0.5} = 0$, $x_{0.75} = 1 - \frac{1}{\sqrt{2}}$.

3.3.3 a) $F_X(x) = \begin{cases} 0 & x < -\frac{\pi}{2} \\ \frac{1}{\pi}(x + \frac{\pi}{2}) & -\frac{\pi}{2} \leq x < \frac{\pi}{2} \\ 1 & x \geq \frac{\pi}{2} \end{cases}$.
b) $\mathrm{Var}\,(X) = \frac{\pi^2}{12}$. c) $\gamma_1 = 0$. d) $\gamma_2 = -\frac{7}{5}$.
e) $F_Y(x) = \begin{cases} 0 & x<-1 \\ \frac{1}{\pi}(\arcsin x + \frac{\pi}{2}) & -1 \leq x < 1 \\ 1 & x \geq 1 \end{cases}$, $f_Y(x) = \begin{cases} 0 & x<-1 \\ \frac{1}{\pi}\frac{1}{\sqrt{1-x^2}} & -1 \leq x < 1 \\ 0 & x \geq 1 \end{cases}$.

3.3.4 a) 0.0228. b) 0.0228.

3.3.5 a) 0.5. b) 0.0730. c) 0.0027. d) 0.6915. e) 0.3830. f) 0.6247.
g) $\alpha = 1$. h) $\alpha = 4.2$. i) $\alpha = 3.92$.

3.3.6 $\mu = 4$, $\sigma^2 = 4$.

3.3.7 2.3934.

3.3.8 a) 0.6205. b) 0.2208. c) 1. d) $\sqrt{\mathrm{e} - 1}$.

3.3.9 $\lambda = 0.0021$, $\mathrm{E}T = 474$ (Std.).

3.3.10 a) 0.6703. b) 0.1813. c) 0.1215. d) 0.8187.

3.3.11 a) 0.0498. b) $0.4540 \cdot 10^{-4}$, $\beta = 0.2996$.

3.3.12 a) 0.6988. b) 0.1813. c) 0.3012. d) 0.1481. e) 0.6703. f) 0.3297.
g) 0.6900. h) $1 - \mathrm{e}^{-0.4(x+1)}$.

3.3.13 a) 204.89. b) 0.002898.

3.3.14 a) $p \geq 1$, $q \geq 1$ und $pq > 1$. b) $\frac{1-p}{2-p-q}$. c) 1 bzw. 0.

3.3.15 $b = 0.0091$, $p = 2$.

3.3.16 a) $\gamma_1 = \sqrt{2}$, $\gamma_2 = 3$. b) $\gamma_1 = 2$, $\gamma_2 = 6$.

3.3.17 a) $f_X(x) = \begin{cases} 0 & x < 0 \\ \frac{3}{2}\left(\frac{x}{2}\right)^2 \mathrm{e}^{-\left(\frac{x}{2}\right)^3} & x \geq 0 \end{cases}$.
b) $2\sqrt[3]{\ln 2} = 1.7700$. c) $2\left(\frac{2}{3}\right)^{\frac{1}{3}} = 1.7472$.

3.3.18 a) $b > 0 : F_Y(x) = \begin{cases} 0 & x < a - b \\ \frac{1}{2}(1 + \frac{x-a}{b}) & a - b \leq x < a + b \\ 1 & x \geq a + b \end{cases}$,
$b < 0 : F_Y(x) = \begin{cases} 0 & x < a + b \\ \frac{1}{2}(1 + \frac{a-x}{b}) & a + b \leq x < a - b \\ 1 & x \geq a - b \end{cases}$.
b) $b > 0 : F_Y(x) = \begin{cases} 0 & x < a \\ 1 - \mathrm{e}^{-\lambda\left(\frac{x-a}{b}\right)} & x \geq a \end{cases}$,
$b < 0 : F_Y(x) = \begin{cases} \mathrm{e}^{-\lambda\left(\frac{x-a}{b}\right)} & x < a \\ 1 & x \geq a \end{cases}$, $f_Y(x) = F'_Y(x)$.
c) $b > 0 : F_Y(x) = \Phi\left(\frac{x-a}{b}; \mu, \sigma^2\right)$, $f_Y(x) = \frac{1}{b}\,\varphi\left(\frac{x-a}{b}; \mu, \sigma^2\right)$,
$b < 0 : F_Y(x) = 1 - \Phi\left(\frac{x-a}{b}; \mu, \sigma^2\right)$, $f_Y(x) = -\frac{1}{b}\,\varphi\left(\frac{x-a}{b}; \mu, \sigma^2\right)$.

3.3.19 a) $F_Y(x) = \begin{cases} 0 & x < \frac{1}{e} \\ \frac{e - x^{-1}}{e-1} & \frac{1}{e} \le x < 1. \\ 1 & x \ge 1 \end{cases}$ b) $f_Y(x) = \begin{cases} 0 & x < \frac{1}{e} \\ \frac{1}{(e-1)x^2} & \frac{1}{e} \le x < 1. \\ 0 & x \ge 1 \end{cases}$

c) $EY = 0.5820$, $\text{Var}(Y) = 0.0292$.

3.3.20 a) $EY = \frac{3}{4}$, $\text{Var}(Y) = \frac{3}{80}$. b) $EY = \frac{2}{3}$, $\text{Var}(Y) = \frac{4}{9}$. c) 0.4560.

3.4.1 $Y_{10} = \min(X_1, \dots, X_{10})$, X_i – Ergebnis beim i–ten Versuch,
$P(Y_{10} = 1) = 0.8385$, $P(Y_{10} = 2) = 0.1442$, $P(Y_{10} = 3) = 0.0164$,
$\lim_{n\to\infty} P(Y_n = i) = \begin{cases} 1 & i = 1 \\ 0 & i = 2, \dots, 6. \end{cases}$

3.4.2 a) $0.1 \le p \le 0.2$. b) $\frac{p - 0.18}{0.12}$. c) $p = 0.18$.

3.4.3 $P(X = -1) = P(Y = -1) = \frac{2}{5}$, $P(X = 0) = P(Y = 0) = \frac{1}{5}$,
$P(X = 1) = P(Y = 1) = \frac{2}{5}$, $EX = EY = 0$, $\text{Var}(X) = \text{Var}(Y) = \frac{4}{5}$,
$\text{cov}(X, Y) = 0$, $\varrho_{XY} = 0$, X und Y sind nicht unabhängig.

3.4.4 a) $P(X = 0, Y = 0, Z = 1) = \frac{1}{3}$, $P(X = 0, Y = 1, Z = 0) = \frac{7}{15}$,
$P(X = 1, Y = 0, Z = 0) = \frac{1}{5}$. b) $EX = \frac{1}{5}$, $EY = \frac{7}{15}$, $EZ = \frac{1}{3}$.
c) $\text{Var}(X) = \frac{4}{25}$, $\text{Var}(Y) = \frac{56}{225}$, $\text{Var}(Z) = \frac{2}{9}$.
d) $\text{cov}(X, Y) = -\frac{7}{75}$, $\text{cov}(X, Z) = -\frac{1}{15}$, $\text{cov}(Y, Z) = -\frac{7}{45}$.
e) $\varrho_{XY} = -0.4677$, $\varrho_{XZ} = -0.3536$, $\varrho_{YZ} = -0.6614$.

3.4.5 a) $F_{(X,Y)}(x, y) = \begin{cases} 0 & x < 1 \\ \frac{1}{2}\,\Phi(y; 1, \sigma) & 1 \le x < 2. \\ \frac{1}{2}\,\Phi(y; 1, \sigma) + \frac{1}{2}\,\Phi(y; 2, \sigma) & x \ge 2 \end{cases}$

b) $f_Y(y) = \frac{1}{2}\,\varphi(y; 1, \sigma) + \frac{1}{2}\,\varphi(y; 2, \sigma)$.

3.4.6 a) Ja.

3.4.7 a) Ja. b) Nein.

3.4.8 a)

$X \backslash Y$	1	2	3	
1	0.35	0.14	0.01	0.5
2	0.15	0.06	0.09	0.3
3	0.20	0	0	0.2
	0.7	0.2	0.1	

b) Nein.

c) $EX = 1.7$, $EY = 1.4$, $\text{Var}(X) = 0.61$, $\text{Var}(Y) = 0.44$,
$\varrho_{XY} = -0.077$.

3.4.9 a) $F_R(r) = \begin{cases} 0 & r \le 0 \\ \frac{r^2}{r_0^2} & 0 < r \le r_0. \\ 1 & r > r_0 \end{cases}$ b) $f_{(X,Y)}(x, y) = \begin{cases} \frac{1}{\pi r_0^2} & x^2 + y^2 \le r_0^2 \\ 0 & x^2 + y^2 > r_0^2 \end{cases}$.

c) $f_X(x) = \begin{cases} \frac{2}{\pi r_0^2}\sqrt{r_0^2 - x^2} & |x| \le r_0 \\ 0 & |x| > r_0 \end{cases}$, $f_Y(y) = \begin{cases} \frac{2}{\pi r_0^2}\sqrt{r_0^2 - y^2} & |y| \le r_0 \\ 0 & |y| > r_0 \end{cases}$.

d) 0.6090 und 0.2910, X und Y sind abhängig.

3.5.1 Binomialverteilung mit $n = n_1 + n_2$ und p.

3.5.2 0.8076.

3.5.3 $EZ_1 = 5.9$, $EZ_2 = 2.1$, $\text{Var}(Z_1) = 4.33$, $\text{Var}(Z_2) = 10.25$.

3.5.4 $\tilde{\mu} = 27.72$.

3.5.5 a) 13. b) -4. c) 14. d) 98. e) 39.

3.5.6 Vgl. Tafeln.

3.5.7 a) > 24. b) > 25. c) > 25. d) 0.9751. e) 0.9928. f) > 0.9999.
g) > 23 (a), > 23 (b), > 23 (c), 0.5 (d), ≈ 1 (e).

3.5.8 $f_Z(z) = \begin{cases} 0 & z < -2 \\ \frac{1}{4}(z+2) & -2 \leq z \leq 0 \\ \frac{1}{4}(2-z) & 0 < z \leq 2 \\ 0 & z > 2 \end{cases}$, $F_Z(z) = \begin{cases} 0 & z < -2 \\ \frac{z^2}{8} + \frac{z}{2} + \frac{1}{2} & -2 \leq z \leq 0 \\ -\frac{z^2}{8} + \frac{z}{2} + \frac{1}{2} & 0 \leq z \leq 2 \\ 0 & z > 2 \end{cases}$.

3.5.9 $\mathrm{P}(Z = k) = \frac{(p\lambda)^k}{k!} \mathrm{e}^{-p\lambda}$ $(k = 0, 1, 2, \ldots)$.

3.6.1 a) 0.9951. b) 133.

3.6.2 a) 0.8860. b) 27.

3.6.3 a) 111. b) 31.

3.6.4 a) σ^2, $\frac{2\sigma^4}{n-1}$.

3.6.5 a) $\mathrm{E}U_n = \sigma^2$, $\mathrm{Var}\,(U_n) = \frac{2}{n}\sigma^4$.

3.6.6 0.4530.

3.6.7 21 172.

4.2.1 a) $\mathrm{E}T_1 = \frac{1}{\lambda}$, $\mathrm{Var}\,(T_1) = \frac{1}{n\lambda^2} \to 0$ für $n \to \infty$, d. h., T_1 erwartungstreu und konsistent, Z gammaverteilt mit $b = \lambda$ und $p = n$.
b) T_2 exponentialverteilt mit Parameter $n\lambda$, $\mathrm{B}(T_2) = \frac{1-n}{n\lambda}$, $T_3 = nT_2$, nein. c) $\eta = \frac{1}{n}$. d) $\mathrm{E}T_4 = \frac{n}{n-1}\lambda$, T_4 asymptotisch erwartungstreu, $T_5 = \frac{n-1}{n}T_4$ erwartungstreu. e) $t_1 = 4.7225$, $t_2 = 0.24$, $t_3 = 2.88$, $\hat{\lambda}_1 = 0.212$, $\hat{\lambda}_2 = 4.167$, $\hat{\lambda}_3 = 0.347$, $t_5 = 0.194$.

4.2.2 a) $T_1^* = T_1 - 100$, ja, $T_2^* = T_2 - \frac{100}{n}$, ja. b) $n = 461$.

4.2.3 a) Ja, $\mathrm{Var}\,(T_n) = \frac{2\sigma^4}{n}$, ja. b) $t_n = 8.202$.

4.2.4 $\mathrm{E}T_n = \sigma$, $\mathrm{Var}\,(T_n) = \frac{1}{n}(\frac{\pi}{2} - 1)\sigma^2$, T_n erwartungstreu und konsistent.

4.2.5 a) T_1, T_2 ja, $T_4 = \frac{n+1}{n}T_3$. b) $\mathrm{Var}\,(T_1) = \frac{\theta^2}{3n}$, $\mathrm{Var}\,(T_2) = \frac{\theta^2}{3(n-1)}$, $\mathrm{Var}\,(T_3) = \frac{n\theta^2}{(n+2)(n+1)^2}$, alle konsistent. c) $\eta = \frac{3}{n+2}$.

4.2.6 Ja, $\mathrm{Var}\left(\frac{X}{n}\right) = \frac{1}{n}p(1-p)$, ja.

4.2.7 a) $\mathrm{E}\left(\frac{M_x}{n}\right) = F_X$, $\mathrm{Var}\left(\frac{M_x}{n}\right) = \frac{1}{n}F_X[1 - F_X]$, ja. b) -, $\frac{16}{30} = 0.53$.

4.2.8 a) $p = p_1\frac{1200}{2700} + p_2\frac{1500}{2700}$, $\mathrm{E}\hat{p} = p$ mit $\mathrm{E}\hat{p}_i = p_i$. b) $\hat{p} = 61.1\%$.
c) $n_1 = n_2$ für $p_1 \neq p_2$.

4.2.9 a) $\hat{p}_{\mathrm{ML}} = \frac{1}{1+\bar{x}} = 0.027$. b) $\hat{p}_{\mathrm{Mo}} = \hat{p}_{\mathrm{ML}}$.

4.2.10 $\hat{p} = \frac{\bar{x}}{m}$, ja, ja.

4.2.11 $\hat{p} = \frac{1}{n}\sum_{i=1}^{n} x_i$, $x_i = \begin{cases} 1, & \text{falls Ausschuß} \\ 0, & \text{falls kein Ausschuß} \end{cases}$, erwartungstreu, konsistent, $\hat{p} = 7.5\%$.

4.2.12 a) $\hat{p} = \sqrt[m]{\frac{k}{n}}$. b) $\hat{p} = 0.8513$.

4.2.13 a) $\hat{\lambda} = \frac{1}{\bar{x}}$. b) $\widehat{g(\lambda)} = \bar{x}$. c) $x_{0.5} = \frac{\ln 2}{\lambda}$, $\hat{x}_{0.5} = \bar{x} \cdot \ln 2$.

4.2.14 a) $\hat{\theta} = \max(x_1, \ldots, x_n)$. b) $\hat{\theta} = 2\bar{x}$.

4.2.15 a) $\hat{b} = \frac{\hat{p}}{\bar{x}}$, $\hat{p}$ Lösung von $n \cdot \ln \frac{\hat{p}}{\bar{x}} - n\frac{\Gamma'(\hat{p})}{\Gamma(\hat{p})} + \sum_{i=1}^{n} \ln x_i = 0$.

b) $\hat{p} = \frac{\hat{m}_1^2}{\hat{m}_2 - \hat{m}_1^2}$, $\hat{b} = \frac{\hat{m}_1}{\hat{m}_2 - \hat{m}_1^2} = \frac{\hat{p}}{\hat{m}_1}$ mit $\hat{m}_r = \frac{1}{n}\sum_{i=1}^{n} x_i^r$, $r = 1, 2$.

c) $\hat{p} = 1.8468$, $\hat{b} = 0.5338$.

4.2.16 a) $\hat{\theta}_{\text{ML}} = \min(x_1, \ldots, x_n)$. b) $\hat{\theta}_{\text{Mo}} = \bar{x} - 100$, $\text{MSE}(\hat{\theta}_{\text{Mo}}) > \text{MSE}(\hat{\theta}_{\text{ML}})$ für $n > 2$.

4.2.17 a) $\hat{\mu} = \frac{1}{n}\sum_{i=1}^{n} \ln x_i$, $\hat{\sigma} = \sqrt{\frac{1}{n}\sum_{i=1}^{n}(\ln x_i - \hat{\mu})^2}$.

b) $\hat{\mu} = 2.2798$, $\hat{\sigma} = 0.1060$, $\widehat{\text{E}X} = 9.8300$, $\widehat{\text{Var}\,(X)} = 1.0916$, $\bar{x} = 9.8288$, $s^2 = 1.1636$.

4.2.18 a) $\hat{a}_{\text{Mo}} = \frac{\bar{x}}{\Gamma\left(1 + \frac{1}{\hat{b}}\right)}$, $\hat{b}_{\text{Mo}} = \hat{b} = v^{-1}\left(\frac{s}{\bar{x}}\right)$ mit $v(\hat{b}) = \frac{\sqrt{\Gamma\left(1 + \frac{2}{\hat{b}}\right) - \Gamma^2\left(1 + \frac{1}{\hat{b}}\right)}}{\Gamma\left(1 + \frac{1}{\hat{b}}\right)} = \frac{s}{\bar{x}}$.

b) $\hat{a}_{\text{ML}} = \sqrt[\hat{b}]{\frac{1}{n}\sum_{i=1}^{n} x_i^{\hat{b}}}$. c) $\hat{a}_{\text{Mo}} = 96.24 : \widehat{\text{E}X} = 85.29$, $\widehat{\text{Var}\,(X)} = 1987.62$,

$\hat{a}_{\text{ML}} = 95.72 : \widehat{\text{E}X} = 84.83$, $\widehat{\text{Var}\,(X)} = 1966.20$.

4.3.1 a) $[341.15; 353.85]$. b) $[340.02; 354.98]$. c) $[51.86; 365.33]$. d) $n = 26$.

4.3.2 $\mu : [170.20; 175.19]$, $\sigma^2 : [27.44; 78.17]$.

4.3.3 a) $g_0 = 999.54$, nein. b) $g_0 = 2.04$.

4.3.4 $[4.48; 20.82]$.

4.3.5 $L_1 = 2 \cdot 1.96 \cdot \frac{1}{\sqrt{n}} < L_2 = 2 \cdot 2.576 \cdot \frac{1}{\sqrt{n}}$.

4.3.6

ν%	5	10	15	20	25	30
n	1	4	9	16	25	35

, Faktor 4.

4.3.7 $n = 42$.

4.3.8 $[70.09; 82.29]$.

4.3.9 a) $[13\,813.16; 16\,186.84]$. b) $[94.43 \cdot 10^6; 130.24 \cdot 10^6]$.

4.3.10 $[0.0980; 0.2691]$, $[0.0829; 0.3067]$.

4.3.11 a) $\hat{p} = 0.15$, $[0.1375; 0.1635]$. b) $[0.1410; 0.1594]$.
c) I: 66 358, II: 33 843.

4.3.12 a) $[0.3094; 0.4980]$. b) $[0.3701; 0.4306]$. c) $[0.3904; 0.4096]$. d) 9220.

4.3.13 $[0.0434; 0.1265]$, $d = 0.0416$.

4.3.14 $[0.6452; 0.8319]$.

4.3.15 $[1.76; 2.70]$, $[1.67; 2.73]$, $[0.0875; 0.3195]$.

4.3.16 $[0.67; 1.17]$, $[0.64; 1.16]$.

4.3.17 a) $\left[\frac{1}{2n\bar{x}}\chi^2_{2n;\frac{\alpha}{2}}; \frac{1}{2n\bar{x}}\chi^2_{2n;1-\frac{\alpha}{2}}\right]$. b) $[0.1094; 0.3473]$, $[2.880; 9.140]$.
c) $[0.0919; 0.3316]$.

5.2.1 a) H_0 wird abgelehnt. b) $\beta(10.15) = 0.149$. c) $n = 145$.
5.2.2 a) Nein. b) $\beta(\mu) = \phi(z_{1-\alpha} - \delta)$, $\delta = \frac{\mu-6}{0.3}\sqrt{20}$. c) $\bar{x} \geq 6.156$.
5.2.3 a) H_0 wird abgelehnt. b) I: 0.603, II: 0.001.
5.2.4 $H_0 : \mu = \mu_0$ wird nicht abgelehnt.
5.2.5 $H_0 : \mu = 78$ wird abgelehnt.
5.2.6 $H_0 : \mu = 1000$ wird abgelehnt.
5.2.7 a) Ja. b) Nein.
5.2.8 a) $H_0 : \mu \geq 175$ wird abgelehnt.
b) Es ist nichts gegen $H_0 : \sigma^2 = 40$ einzuwenden.
5.2.9 a) $H_0 : \mu = 14$ wird nicht abgelehnt.
b) $H_0 : \sigma^2 \leq 25$ wird nicht abgelehnt.
5.2.10 Es ist nichts gegen H_0 einzuwenden.
5.2.11 $H_0 : \sigma^2 = 4$ wird abgelehnt.
5.2.12 a) Nein. b) Ja.
5.2.13 a) H_0 wird nicht abgelehnt. b) $[10.54; 13.46]$.
5.2.14 Gegen "$\sigma_1^2 = \sigma_2^2$" besteht kein Einwand, H_0 wird abgelehnt.
5.2.15 Gegen "$\sigma_1^2 = \sigma_2^2$" und $H_0 : \mu_1 = \mu_2$ besteht kein Einwand.
5.2.16 Ja.
5.2.17 $H_0 : \sigma_1^2 = \sigma_2^2$ wird abgelehnt,
gegen $H_0 : \mu_1 = \mu_2$ ist nichts einzuwenden.
5.2.18 Gegen "$\sigma_1^2 = \sigma_2^2$" und $H_0 : \mu_1 = \mu_2$ besteht kein Einwand.
5.2.19 Signifikanter Unterschied hinsichtlich der mittleren Rindendicke.
5.2.20 a) $[0.264; 1.861]$, $[0.287; 2.022]$. b) $H_0 : \sigma_1^2 = \sigma_2^2$ wird nicht abgelehnt.
c) $H_0 : \mu_1 = \mu_2$ wird abgelehnt.
5.2.21 s_1^2 signifikant größer als s_2^2.
5.2.22 Ja.
5.2.23 Kein wesentlicher Unterschied zwischen den Verfahren.
5.2.24 Kein wesentlicher Unterschied zwischen den Verfahren.
5.3.1 Gegen "$\sigma_1^2 = \sigma_2^2$" besteht kein Einwand,
Ertrag wird wesentlich erhöht.
5.3.2 a) $H_0 : p = 0.2$ wird nicht abgelehnt. b) 0.0008.
5.3.3 Ja.
5.3.4 Ja.
5.3.5 a) Nein. b) Ja.
5.3.6 Nein.
5.3.7 Behauptung kann nicht bestätigt werden.
5.3.8 a) Nein. b) 93.
5.3.9 Kein signifikanter Unterschied.
5.3.10 a) Die Behauptung wird abgelehnt.
b) Kein Einwand gegen die Behauptung.
5.3.11 a) Ja. b) Nein.

5.3.12 Kein signifikanter Unterschied.
5.4.1 Der Würfel ist nicht ideal.
5.4.2 Gegen die gleichmäßige Verteilung besteht kein Einwand.
5.4.3 Gegen die Poisson–Verteilung ist nichts einzuwenden.
5.4.4 Gegen die Poisson–Verteilung ist nichts einzuwenden.
5.4.5 Gegen die Poisson–Verteilung ist nichts einzuwenden, $\bar{x} \approx s^2$.
5.4.6 Ablehnung der Binomialverteilung mit $p = 0.93$,
keine Unabhängigkeit.
5.4.7 Kein Einwand gegen die Poisson–Verteilung.
5.4.8 In beiden Fällen keine Ablehnung der Binomialverteilung.
5.4.9 a) und b) kein Einwand gegen die Normalverteilung.
5.4.10 Gegen die Normalverteilung ist nichts einzuwenden.
5.4.11 Die Hypothese wird nicht abgelehnt.
5.4.12 Die Exponentialverteilung wird abgelehnt.
5.4.13 b) Die Normalverteilung wird abgelehnt.
5.4.14 Keine Ablehnung der gleichmäßigen Verteilung.
5.4.15 Es ist nichts gegen die Normalverteilung einzuwenden.
5.4.16 In beiden Fällen keine Ablehnung der Exponentialverteilung.
5.4.17 Die Weibull–Verteilung wird nicht abgelehnt.
5.5.1 $H_0 : p^+ = 0.5$ wird nicht abgelehnt,
Bremsweg mit A wesentlich größer als mit B.
5.5.2 Gegen H_0 ist nichts einzuwenden.
5.5.3 Ja.
5.5.4 Kein Einwand gegen die Gleichwertigkeit.
5.5.5 Gegen $H_0 : F = G$ ist nichts einzuwenden.
5.5.6 $H_0 : F = G$ wird abgelehnt.
5.5.7 Ja.
5.5.8 Ja.
5.5.9 Nein.
5.5.10 Kein signifikanter Unterschied.
5.5.11 a) Kein signifikanter Unterschied. b) Sorte A nicht besser als Sorte B.
5.6.1 Nein.
5.6.2 Keine Abhängigkeit zwischen Qualität und Maschinentyp.
5.6.3 Zusammenhang statistisch gesichert.
5.6.4 a) Ja. b) Abhängigkeit statistisch gesichert.
5.6.5 a) Keine Unabhängigkeit.
5.6.6 Die Hypothese wird abgelehnt.

TAFEL I a Verteilungsfunktion $\Phi(x)$ der standardisierten Normalverteilung

x	0.00	0.01	0.02	0.03	0.04	0.05	0.06	0.07	0.08	0.09
0.0	.500000	.503989	.507978	.511966	.515953	.519938	.523922	.527903	.531881	.535856
0.1	.539828	.543795	.547758	.551717	.555670	.559618	.563560	.567495	.571424	.575345
0.2	.579260	.583166	.587064	.590954	.594835	.598706	.602568	.606420	.610261	.614092
0.3	.617911	.621720	.625516	.629300	.633072	.636831	.640576	.644309	.648027	.651732
0.4	.655422	.659097	.662757	.666402	.670031	.673645	.677242	.680822	.684386	.687933
0.5	.691462	.694974	.698468	.701944	.705402	.708840	.712260	.715661	.719043	.722405
0.6	.725747	.729069	.732371	.735653	.738914	.742154	.745373	.748571	.751748	.754903
0.7	.758036	.761148	.764238	.767305	.770350	.773373	.776373	.779350	.782305	.785236
0.8	.788145	.791030	.793892	.796731	.799546	.802338	.805106	.807850	.810570	.813267
0.9	.815940	.818589	.821214	.823814	.826391	.828944	.831472	.833977	.836457	.838913
1.0	.841345	.843752	.846136	.848495	.850830	.853141	.855428	.857690	.859929	.862143
1.1	.864334	.866500	.868643	.870762	.872857	.874928	.876976	.879000	.881000	.882977
1.2	.884930	.886861	.888768	.890651	.892512	.894350	.896165	.897958	.899727	.901475
1.3	.903200	.904902	.906582	.908241	.909877	.911492	.913085	.914656	.916207	.917736
1.4	.919243	.920730	.922196	.923642	.925066	.926471	.927855	.929219	.930563	.931889
1.5	.933193	.934478	.935744	.936992	.938220	.939429	.940620	.941792	.942947	.944083
1.6	.945201	.946301	.947384	.948449	.949497	.950528	.951543	.952540	.953521	.954486
1.7	.955434	.956367	.957284	.958185	.959070	.959941	.960796	.961636	.962462	.963273
1.8	.964070	.964852	.965620	.966375	.967116	.967843	.968557	.969258	.969946	.970621
1.9	.971283	.971933	.972571	.973197	.973810	.974412	.975002	.975581	.976148	.976704

Fortsetzung TAFEL I a Verteilungsfunktion $\Phi(x)$ der standardisierten Normalverteilung

x	0.00	0.01	0.02	0.03	0.04	0.05	0.06	0.07	0.08	0.09
2.0	.977250	.977784	.978308	.978822	.979325	.979818	.980301	.980774	.981237	.981691
2.1	.982136	.982571	.982997	.983414	.983823	.984222	.984614	.984997	.985371	.985738
2.2	.986097	.986447	.986791	.987126	.987454	.987776	.988089	.988396	.988696	.988989
2.3	.989276	.989556	.989830	.990097	.990358	.990613	.990862	.991106	.991344	.991576
2.4	.991802	.992024	.992240	.992451	.992656	.992857	.993053	.993244	.993431	.993613
2.5	.993790	.993963	.994132	.994297	.994457	.994614	.994766	.994915	.995060	.995201
2.6	.995339	.995473	.995604	.995731	.995855	.995975	.996093	.996207	.996319	.996427
2.7	.996533	.996636	.996736	.996833	.996928	.997020	.997110	.997197	.997282	.997365
2.8	.997445	.997523	.997599	.997673	.997744	.997814	.997882	.997948	.998012	.998074
2.9	.998134	.998193	.998250	.998305	.998359	.998411	.998462	.998511	.998559	.998605

x	0.0	0.1	0.2	0.3	0.4	0.5	0.6	0.7	0.8	0.9
3.0	.998650	.999032	.999313	.999517	.999663	.999767	.999841	.999892	.999928	.999952

TAFEL I b Quantile z_q der standardisierten Normalverteilung

q	z_q	q	z_q	q	z_q
0.5	0	0.91	1.34076	**0.975**	**1.95997**
0.55	0.12566	0.92	1.40507	0.98	2.05375
0.6	0.25335	0.93	1.47579	0.985	2.17009
0.65	0.38532	0.94	1.55478	**0.99**	**2.32635**
0.7	0.52440	**0.95**	**1.64486**	**0.995**	**2.57583**
0.75	0.67449	0.955	1.69540	0.99865	3.00000
0.8	0.84162	0.96	1.75069	**0.999**	**3.09024**
0.85	1.03644	0.965	1.81191	**0.9995**	**3.29053**
0.9	**1.28155**	0.97	1.88080		

TAFEL II Quantile der $t_{m;q}$ der t - Verteilung

m	q 0.9	0.95	0.975	0.99	0.995	0.999	0.9995
1	3.08	6.31	12.70	31.82	63.7	318.3	636.6
2	1.89	2.92	4.30	6.97	9.92	22.33	31.6
3	1.64	2.35	3.18	4.54	5.84	10.22	12.9
4	1.53	2.13	2.78	3.75	4.60	7.17	8.61
5	1.48	2.01	2.57	3.37	4.03	5.89	6.86
6	1.44	1.94	2.45	3.14	3.71	5.21	5.96
7	1.42	1.89	2.36	3.00	3.50	4.79	5.40
8	1.40	1.86	2.31	2.90	3.36	4.50	5.04
9	1.38	1.83	2.26	2.82	3.25	4.30	4.78
10	1.37	1.81	2.23	2.76	3.17	4.14	4.59
11	1.36	1.80	2.20	2.72	3.11	4.03	4.44
12	1.36	1.78	2.18	2.68	3.05	3.93	4.32
13	1.35	1.77	2.16	2.65	3.01	3.85	4.22
14	1.35	1.76	2.14	2.62	2.98	3.79	4.14
15	1.34	1.75	2.13	2.60	2.95	3.73	4.07
16	1.34	1.75	2.12	2.58	2.92	3.69	4.01
17	1.33	1.74	2.11	2.57	2.90	3.65	3.96
18	1.33	1.73	2.10	2.55	2.88	3.61	3.92
19	1.33	1.73	2.09	2.54	2.86	3.58	3.88
20	1.33	1.73	2.09	2.53	2.85	3.55	3.85
21	1.32	1.72	2.08	2.52	2.83	3.53	3.82
22	1.32	1.72	2.07	2.51	2.82	3.51	3.79
23	1.32	1.71	2.07	2.50	2.81	3.49	3.77
24	1.32	1.71	2.06	2.49	2.80	3.47	3.74
25	1.32	1.71	2.06	2.49	2.79	3.45	3.72
26	1.32	1.71	2.06	2.48	2.78	3.44	3.71
27	1.31	1.71	2.05	2.47	2.77	3.42	3.69
28	1.31	1.70	2.05	2.46	2.76	3.40	3.66
29	1.31	1.70	2.05	2.46	2.76	3.40	3.66
30	1.31	1.70	2.04	2.46	2.75	3.39	3.65
40	1.30	1.68	2.02	2.42	2.70	3.31	3.55
60	1.30	1.67	2.00	2.39	2.66	3.23	3.46
120	1.29	1.66	1.98	2.36	2.62	3.17	3.37
∞	1.28	1.64	1.96	2.33	2.58	3.09	3.29

TAFEL III Quantile $\chi^2_{m;\,q}$ der χ^2- Verteilung

	q									
m	0.005	0.01	0.025	0.05	0.1	0.9	0.95	0.975	0.99	0.995
1	0.00004	0.00016	0.00098	0.0039	0.0158	2.71	3.84	5.02	6.63	7.88
2	0.0100	0.020	0.051	0.103	0.21	4.61	5.99	7.38	9.21	10.60
3	0.0717	0.115	0.216	0.352	0.58	6.25	7.81	9.53	11.35	12.84
4	0.207	0.297	0.484	0.711	1.06	7.78	9.49	11.14	13.28	14.86
5	0.412	0.554	0.831	1.15	1.61	9.24	11.07	12.83	15.08	16.75
6	0.676	0.872	1.24	1.64	2.20	10.64	12.59	14.45	16.81	18.55
7	0.989	1.24	1.69	2.17	2.83	12.02	14.07	16.01	18.47	20.28
8	1.34	1.65	2.18	2.73	3.49	13.36	15.51	17.53	20.09	22.96
9	1.73	2.09	2.70	3.33	4.17	14.68	16.92	19.02	21.67	23.59
10	2.16	2.56	3.25	3.94	4.87	15.99	18.31	20.48	23.21	25.19
11	2.60	3.05	3.82	4.57	5.58	17.28	19.68	21.92	24.72	26.76
12	3.07	3.57	4.40	5.23	6.30	18.55	21.03	23.34	26.22	28.30
13	3.57	4.11	5.01	5.89	7.04	19.81	22.36	24.74	27.69	29.82
14	4.07	4.66	5.63	6.57	7.79	21.06	23.68	26.12	29.14	31.32
15	4.60	5.23	6.26	7.26	8.55	22.31	25.00	27.49	30.58	32.80
16	5.14	5.81	6.91	7.96	9.31	23.54	26.30	28.85	32.00	34.27
17	5.70	6.41	7.56	8.67	10.09	24.77	27.59	30.19	33.41	35.72
18	6.26	7.01	8.23	9.39	10.86	25.99	28.87	31.53	34.81	37.16
19	6.84	7.63	8.91	10.12	11.65	27.20	30.14	32.85	36.19	38.58
20	7.43	8.26	9.59	10.85	12.44	28.41	31.41	34.17	37.57	40.00
21	8.03	8.90	10.28	11.59	13.24	29.62	32.67	35.48	38.93	41.40
22	8.64	9.54	10.98	12.34	14.04	30.81	33.92	36.78	40.29	42.80
23	9.26	10.20	11.69	13.09	14.85	32.01	35.17	38.08	41.64	44.18
24	9.89	10.86	12.40	13.85	15.66	33.20	36.42	39.36	42.98	45.56
25	10.52	11.52	13.12	14.61	16.47	34.38	37.65	40.65	44.31	46.93
26	11.16	12.20	13.84	15.38	17.29	35.56	38.89	41.92	45.64	48.29
27	11.81	12.88	14.57	16.15	18.11	36.74	40.11	43.19	47.96	49.64
28	12.46	13.56	15.31	16.93	18.94	37.92	41.34	44.46	48.28	50.99
29	13.12	14.26	16.05	17.71	19.77	39.09	42.56	45.72	49.59	52.34
30	13.79	14.95	16.79	18.49	20.60	40.26	43.77	46.98	50.89	53.67
40	20.71	22.16	24.43	26.51	29.05	51.81	55.76	59.34	63.69	66.77
50	27.99	29.71	32.36	34.76	37.69	63.17	67.51	71.42	76.15	79.49
60	35.53	37.48	40.48	43.19	46.46	74.40	79.08	83.30	88.38	91.95
70	43.28	45.44	48.76	51.74	55.33	85.53	90.53	95.02	100.42	104.21
80	51.17	53.54	57.15	60.39	64.28	96.58	101.88	106.63	112.33	116.32
90	59.20	61.75	65.65	69.13	73.29	107.57	113.15	118.14	124.12	128.30
100	67.33	70.06	74.22	77.93	82.36	118.50	124.34	129.56	135.81	140.17

TAFEL IVa Quantile $F_{m_1,m_2;q}$ der F - Verteilung für $q = 0.95$

m_2 \ m_1	1	2	3	4	5	6	7	8	9	10	11	12	14	16	20	30	50	75	100	500	∞
1	161	200	216	225	230	234	237	239	241	242	243	244	245	246	248	250	252	253	253	254	254
2	19.0	19.0	19.2	19.2	19.3	19.3	19.4	19.4	19.4	19.4	19.4	19.4	19.4	19.4	19.4	19.5	19.5	19.5	19.5	19.5	19.5
3	10.1	9.55	9.28	9.12	9.01	8.94	8.89	8.85	8.81	8.79	8.76	8.74	8.71	8.69	8.66	8.62	8.58	8.57	8.55	8.53	8.53
4	7.71	6.94	6.59	6.39	6.26	6.16	6.09	6.04	6.00	5.96	5.94	5.91	5.87	5.84	5.80	5.75	5.70	5.68	5.66	5.64	5.63
5	6.61	5.79	5.41	5.19	5.05	4.95	4.88	4.82	4.77	4.74	4.70	4.68	4.64	4.60	4.56	4.50	4.44	4.42	4.41	4.37	4.36
6	5.99	5.14	4.76	4.53	4.39	4.28	4.21	4.15	4.10	4.06	4.03	4.00	3.96	3.92	3.87	3.81	3.75	3.72	3.71	3.68	3.67
7	5.59	4.74	4.35	4.12	3.97	3.87	3.79	3.73	3.68	3.64	3.60	3.57	3.53	3.49	3.44	3.38	3.32	3.29	3.27	3.24	3.23
8	5.32	4.46	4.07	3.84	3.69	3.58	3.50	3.44	3.39	3.35	3.31	3.28	3.24	3.20	3.15	3.08	3.02	3.00	2.97	2.94	2.93
9	5.12	4.26	3.86	3.63	3.48	3.37	3.29	3.23	3.18	3.14	3.10	3.07	3.03	2.99	2.93	2.86	2.80	2.77	2.76	2.72	2.71
10	4.96	4.10	3.71	3.48	3.33	3.22	3.14	3.07	3.02	2.98	2.94	2.91	2.86	2.83	2.77	2.70	2.64	2.61	2.59	2.55	2.54
11	4.84	3.98	3.59	3.36	3.20	3.09	3.01	2.95	2.90	2.85	2.82	2.79	2.74	2.70	2.65	2.57	2.51	2.47	2.46	2.42	2.40
12	4.75	3.89	3.49	3.26	3.11	3.00	2.91	2.85	2.80	2.75	2.72	2.69	2.64	2.60	2.54	2.47	2.40	2.36	2.35	2.31	2.30
13	4.67	3.81	3.41	3.18	3.03	2.92	2.83	2.77	2.71	2.67	2.63	2.60	2.55	2.51	2.46	2.38	2.31	2.28	2.26	2.22	2.21
14	4.60	3.74	3.34	3.11	2.96	2.85	2.76	2.70	2.65	2.60	2.57	2.53	2.48	2.44	2.39	2.31	2.24	2.21	2.19	2.14	2.13
15	4.54	3.68	3.29	3.06	2.90	2.79	2.71	2.64	2.59	2.54	2.51	2.48	2.42	2.38	2.33	2.25	2.18	2.15	2.12	2.08	2.07
16	4.49	3.63	3.24	3.01	2.85	2.74	2.66	2.59	2.54	2.49	2.46	2.42	2.37	2.33	2.28	2.19	2.12	2.09	2.07	2.02	2.01
17	4.45	3.59	3.20	2.96	2.81	2.70	2.61	2.55	2.49	2.45	2.41	2.38	2.33	2.29	2.23	2.15	2.08	2.04	2.02	1.97	1.96
18	4.41	3.55	3.16	2.93	2.77	2.66	2.58	2.51	2.46	2.41	2.37	2.34	2.29	2.25	2.19	2.11	2.04	2.00	1.98	1.93	1.92
19	4.38	3.52	3.13	2.90	2.74	2.63	2.54	2.48	2.42	2.38	2.34	2.31	2.26	2.21	2.15	2.07	2.00	1.96	1.94	1.90	1.88
20	4.35	3.49	3.10	2.87	2.71	2.60	2.51	2.45	2.39	2.35	2.31	2.28	2.22	2.18	2.12	2.04	1.97	1.92	1.91	1.86	1.84
21	4.32	3.47	3.07	2.84	2.68	2.57	2.49	2.42	2.37	2.32	2.28	2.25	2.20	2.16	2.10	2.01	1.94	1.89	1.88	1.82	1.81
22	4.30	3.44	3.05	2.82	2.66	2.55	2.46	2.40	2.34	2.30	2.26	2.23	2.17	2.13	2.07	1.98	1.91	1.87	1.85	1.80	1.78
23	4.28	3.42	3.03	2.80	2.64	2.53	2.44	2.37	2.32	2.27	2.24	2.20	2.15	2.11	2.05	1.96	1.88	1.84	1.82	1.77	1.76
24	4.26	3.40	3.01	2.78	2.62	2.51	2.42	2.36	2.30	2.25	2.22	2.18	2.13	2.09	2.03	1.94	1.86	1.82	1.80	1.75	1.73
25	4.24	3.39	2.99	2.76	2.60	2.49	2.40	2.34	2.28	2.24	2.20	2.16	2.11	2.07	2.01	1.92	1.84	1.80	1.78	1.73	1.71

Fortsetzung TAFEL IVa Quantile $F_{m_1,m_2;q}$ der F - Verteilung für $q = 0.95$

m_2 \ m_1	1	2	3	4	5	6	7	8	9	10	11	12	14	16	20	30	50	75	100	500	∞
26	4.23	3.37	2.98	2.74	2.59	2.47	2.39	2.32	2.27	2.22	2.18	2.15	2.10	2.05	1.99	1.90	1.82	1.78	1.76	1.70	1.69
27	4.21	3.35	2.96	2.73	2.57	2.46	2.37	2.31	2.25	2.20	2.16	2.13	2.08	2.04	1.97	1.88	1.81	1.76	1.74	1.68	1.67
28	4.20	3.34	2.95	2.71	2.56	2.45	2.36	2.29	2.24	2.19	2.15	2.12	2.06	2.02	1.96	1.87	1.79	1.75	1.73	1.67	1.65
29	4.18	3.33	2.93	2.70	2.55	2.43	2.35	2.28	2.22	2.18	2.14	2.10	2.05	2.01	1.94	1.85	1.77	1.73	1.71	1.65	1.64
30	4.17	3.32	2.92	2.69	2.53	2.42	2.33	2.27	2.21	2.16	2.13	2.09	2.04	1.99	1.93	1.84	1.76	1.72	1.70	1.64	1.62
32	4.15	3.29	2.90	2.67	2.51	2.40	2.31	2.24	2.19	2.14	2.10	2.07	2.01	1.97	1.91	1.82	1.74	1.69	1.67	1.61	1.59
34	4.13	3.28	2.88	2.65	2.49	2.38	2.29	2.23	2.17	2.12	2.08	2.05	1.99	1.95	1.89	1.80	1.71	1.67	1.65	1.59	1.57
36	4.11	3.26	2.87	2.63	2.48	2.36	2.28	2.21	2.15	2.11	2.07	2.03	1.98	1.93	1.87	1.78	1.69	1.65	1.62	1.56	1.55
38	4.10	3.24	2.85	2.62	2.46	2.35	2.26	2.19	2.14	2.09	2.05	2.02	1.96	1.92	1.85	1.76	1.68	1.63	1.61	1.54	1.53
40	4.08	3.23	2.84	2.61	2.45	2.34	2.25	2.18	2.12	2.08	2.04	2.00	1.95	1.90	1.84	1.74	1.66	1.61	1.59	1.53	1.51
42	4.07	3.22	2.83	2.59	2.44	2.32	2.24	2.17	2.11	2.06	2.03	1.99	1.93	1.89	1.83	1.73	1.65	1.60	1.57	1.51	1.49
44	4.06	3.21	2.82	2.58	2.43	2.31	2.23	2.16	2.10	2.05	2.01	1.98	1.92	1.88	1.81	1.72	1.63	1.58	1.56	1.49	1.48
46	4.05	3.20	2.81	2.57	2.42	2.30	2.22	2.15	2.09	2.04	2.00	1.97	1.91	1.87	1.80	1.71	1.62	1.57	1.55	1.48	1.46
48	4.04	3.19	2.80	2.57	2.41	2.30	2.21	2.14	2.08	2.03	1.99	1.96	1.90	1.86	1.79	1.70	1.61	1.56	1.54	1.47	1.45
50	4.03	3.18	2.79	2.56	2.40	2.29	2.20	2.13	2.07	2.03	1.99	1.95	1.89	1.85	1.78	1.69	1.60	1.55	1.52	1.46	1.44
55	4.02	3.16	2.78	2.54	2.38	2.27	2.18	2.11	2.06	2.01	1.97	1.93	1.88	1.83	1.76	1.67	1.58	1.52	1.50	1.43	1.41
60	4.00	3.15	2.76	2.53	2.37	2.25	2.17	2.10	2.04	1.99	1.95	1.92	1.86	1.82	1.75	1.65	1.56	1.50	1.48	1.41	1.39
65	3.99	3.14	2.75	2.51	2.36	2.24	2.15	2.08	2.03	1.98	1.94	1.90	1.85	1.80	1.73	1.63	1.54	1.49	1.46	1.39	1.37
70	3.98	3.13	2.74	2.50	2.35	2.23	2.14	2.07	2.02	1.97	1.93	1.89	1.84	1.79	1.72	1.62	1.53	1.47	1.45	1.37	1.35
80	3.96	3.11	2.72	2.49	2.33	2.21	2.13	2.06	2.00	1.95	1.91	1.88	1.82	1.77	1.70	1.60	1.51	1.45	1.43	1.35	1.32
100	3.94	3.09	2.70	2.46	2.31	2.19	2.10	2.03	1.97	1.93	1.89	1.85	1.79	1.75	1.68	1.57	1.48	1.42	1.39	1.31	1.28
125	3.92	3.07	2.68	2.44	2.29	2.17	2.08	2.01	1.96	1.91	1.87	1.83	1.77	1.72	1.65	1.55	1.45	1.39	1.36	1.27	1.25
150	3.90	3.06	2.66	2.43	2.27	2.16	2.07	2.00	1.94	1.89	1.85	1.82	1.76	1.71	1.64	1.53	1.44	1.37	1.34	1.25	1.22
200	3.89	3.04	2.65	2.42	2.26	2.14	2.06	1.98	1.93	1.88	1.84	1.80	1.74	1.69	1.62	1.52	1.41	1.35	1.32	1.22	1.19
400	3.86	3.02	2.62	2.39	2.23	2.12	2.03	1.96	1.90	1.85	1.81	1.78	1.72	1.67	1.60	1.49	1.38	1.32	1.28	1.16	1.13
1000	3.85	3.00	2.61	2.38	2.22	2.11	2.02	1.95	1.89	1.84	1.80	1.76	1.70	1.65	1.58	1.47	1.36	1.30	1.26	1.13	1.08
∞	3.84	3.00	2.60	2.37	2.21	2.10	2.01	1.94	1.88	1.83	1.79	1.75	1.69	1.64	1.57	1.46	1.35	1.28	1.24	1.11	1.00

TAFEL IVb Quantile $F_{m_1,m_2;q}$ der F - Verteilung für $q = 0.99$

m_2 \ m_1	1	2	3	4	5	6	7	8	9	10	11	12	14	16	20	30	50	75	100	500	∞
1	4052	4999	5403	5625	5764	5859	5928	5981	6022	6056	6083	6106	6143	6169	6209	6261	6302	6323	6334	6361	6366
2	98.5	99.0	99.2	99.2	99.3	99.3	99.4	99.4	99.4	99.4	99.4	99.4	99.4	99.4	99.4	99.5	99.5	99.5	99.5	99.5	99.5
3	34.1	30.8	29.5	28.7	28.2	27.9	27.7	27.5	27.3	27.2	27.1	27.1	26.9	26.8	26.7	26.5	26.4	26.3	26.2	26.1	26.1
4	21.2	18.0	16.7	16.0	15.5	15.2	15.0	14.8	14.7	14.6	14.5	14.4	14.3	14.2	14.0	13.8	13.7	13.6	13.6	13.5	13.5
5	16.3	13.3	12.1	11.4	11.0	10.7	10.5	10.3	10.2	10.1	9.96	9.89	9.77	9.68	9.55	9.38	9.24	9.17	9.13	9.04	9.02
6	13.7	10.9	9.78	9.15	8.75	8.47	8.26	8.10	7.98	7.87	7.79	7.72	7.60	7.52	7.39	7.23	7.09	7.02	6.99	6.90	6.88
7	12.2	9.55	8.45	7.85	7.46	7.19	7.00	6.84	6.72	6.62	6.54	6.47	6.36	6.27	6.16	5.99	5.86	5.78	5.75	5.67	5.65
8	11.3	8.65	7.59	7.01	6.63	6.37	6.18	6.03	5.91	5.81	5.73	5.67	5.56	5.48	5.36	5.20	5.07	5.00	4.96	4.88	4.86
9	10.6	8.02	6.99	6.42	6.06	5.80	5.61	5.47	5.35	5.26	5.18	5.11	5.00	4.92	4.81	4.65	4.52	4.45	4.42	4.33	4.31
10	10.0	7.56	6.55	5.99	5.64	5.39	5.20	5.06	4.94	4.85	4.77	4.71	4.60	4.52	4.41	4.25	4.12	4.05	4.01	3.93	3.91
11	9.65	7.21	6.22	5.67	5.32	5.07	4.89	4.74	4.63	4.54	4.46	4.40	4.29	4.21	4.10	3.94	3.81	3.74	3.71	3.62	3.60
12	9.33	6.93	5.95	5.41	5.06	4.82	4.64	4.50	4.39	4.30	4.22	4.16	4.05	3.97	3.86	3.70	3.57	3.49	3.47	3.38	3.36
13	9.07	6.70	5.74	5.21	4.86	4.62	4.44	4.30	4.19	4.10	4.02	3.96	3.86	3.78	3.66	3.51	3.38	3.30	3.27	3.19	3.17
14	8.86	6.51	5.56	5.04	4.70	4.46	4.28	4.14	4.03	3.94	3.86	3.80	3.70	3.62	3.51	3.35	3.22	3.14	3.11	3.03	3.00
15	8.68	6.36	5.42	4.89	4.56	4.32	4.14	4.00	3.89	3.80	3.73	3.67	3.56	3.49	3.37	3.21	3.08	3.00	2.98	2.89	2.87
16	8.53	6.23	5.29	4.77	4.44	4.20	4.03	3.89	3.78	3.69	3.62	3.55	3.45	3.37	3.26	3.10	2.97	2.89	2.86	2.78	2.75
17	8.40	6.11	5.18	4.67	4.34	4.10	3.93	3.79	3.68	3.59	3.52	3.46	3.35	3.27	3.16	3.00	2.87	2.79	2.76	2.68	2.65
18	8.29	6.01	5.09	4.58	4.25	4.01	3.84	3.71	3.60	3.51	3.43	3.37	3.27	3.19	3.08	2.92	2.78	2.71	2.68	2.59	2.57
19	8.18	5.93	5.01	4.50	4.17	3.94	3.77	3.63	3.52	3.43	3.36	3.30	3.19	3.12	3.00	2.84	2.71	2.63	2.60	2.51	2.49
20	8.10	5.85	4.94	4.43	4.10	3.87	3.70	3.56	3.46	3.37	3.29	3.23	3.13	3.05	2.94	2.78	2.64	2.56	2.54	2.44	2.42
21	8.02	5.78	4.87	4.37	4.04	3.81	3.64	3.51	3.40	3.31	3.24	3.17	3.07	2.99	2.88	2.72	2.58	2.51	2.48	2.38	2.36
22	7.95	5.72	4.82	4.31	3.99	3.76	3.59	3.45	3.35	3.26	3.18	3.12	3.02	2.94	2.83	2.67	2.53	2.46	2.42	2.33	2.31
23	7.88	5.66	4.76	4.26	3.94	3.71	3.54	3.41	3.30	3.21	3.14	3.07	2.97	2.89	2.78	2.62	2.48	2.41	2.37	2.28	2.26
24	7.82	5.61	4.72	4.22	3.90	3.67	3.50	3.36	3.26	3.17	3.09	3.03	2.93	2.85	2.74	2.58	2.44	2.36	2.33	2.24	2.21
25	7.77	5.57	4.68	4.18	3.86	3.63	3.46	3.32	3.22	3.13	3.06	2.99	2.89	2.81	2.70	2.54	2.40	2.32	2.29	2.19	2.17

Fortsetzung TAFEL IVb Quantile $F_{m_1,m_2;q}$ der F - Verteilung für $q = 0.99$

m_2 \ m_1	1	2	3	4	5	6	7	8	9	10	11	12	14	16	20	30	50	75	100	500	∞
26	7.72	5.53	4.64	4.14	3.82	3.59	3.42	3.29	3.18	3.09	3.02	2.96	2.86	2.78	2.66	2.50	2.36	2.28	2.25	2.16	2.13
27	7.68	5.49	4.60	4.11	3.78	3.56	3.39	3.26	3.15	3.06	2.99	2.93	2.82	2.75	2.63	2.47	2.33	2.25	2.22	2.12	2.10
28	7.64	5.45	4.57	4.07	3.76	3.53	3.36	3.23	3.12	3.03	2.96	2.90	2.80	2.71	2.60	2.44	2.30	2.22	2.19	2.09	2.06
29	7.60	5.42	4.54	4.04	3.73	3.50	3.33	3.20	3.09	3.00	2.93	2.87	2.77	2.69	2.57	2.41	2.27	2.19	2.16	2.06	2.03
30	7.56	5.39	4.51	4.02	3.70	3.47	3.30	3.17	3.07	2.98	2.90	2.84	2.74	2.66	2.55	2.38	2.25	2.16	2.13	2.03	2.01
32	7.50	5.34	4.46	3.97	3.65	3.43	3.25	3.13	3.02	2.93	2.86	2.80	2.70	2.62	2.50	2.34	2.20	2.12	2.08	1.98	1.96
34	7.44	5.29	4.42	3.93	3.61	3.39	3.22	3.09	2.98	2.89	2.78	2.76	2.66	2.58	2.46	2.30	2.16	2.08	2.04	1.94	1.91
36	7.40	5.25	4.38	3.89	3.57	3.35	3.18	3.05	2.95	2.86	2.76	2.72	2.62	2.54	2.43	2.26	2.12	2.04	2.00	1.90	1.87
38	7.35	5.21	4.34	3.86	3.54	3.32	3.15	3.02	2.91	2.82	2.75	2.69	2.59	2.51	2.40	2.23	2.09	2.00	1.97	1.86	1.84
40	7.31	5.18	4.31	3.83	3.51	3.29	3.12	2.99	2.89	2.80	2.73	2.66	2.56	2.48	2.37	2.20	2.06	1.97	1.94	1.83	1.80
42	7.28	5.15	4.29	3.80	3.49	3.27	3.10	2.97	2.86	2.78	2.70	2.64	2.54	2.46	2.34	2.18	2.03	1.94	1.91	1.80	1.78
44	7.25	5.12	4.26	3.78	3.47	3.24	3.08	2.95	2.84	2.75	2.68	2.62	2.52	2.44	2.32	2.15	2.01	1.92	1.89	1.78	1.75
46	7.22	5.10	4.24	3.76	3.44	3.22	3.06	2.93	2.82	2.73	2.66	2.60	2.50	2.42	2.30	2.13	1.99	1.90	1.86	1.75	1.73
48	7.20	5.08	4.22	3.74	3.43	3.20	3.04	2.91	2.80	2.72	2.64	2.58	2.48	2.40	2.28	2.12	1.97	1.88	1.84	1.73	1.70
50	7.17	5.06	4.20	3.72	3.41	3.19	3.02	2.89	2.79	2.70	2.63	2.56	2.46	2.38	2.26	2.10	1.95	1.86	1.82	1.71	1.68
55	7.12	5.01	4.16	3.68	3.37	3.15	2.98	2.85	2.75	2.66	2.59	2.53	2.43	2.34	2.23	2.06	1.91	1.82	1.78	1.67	1.64
60	7.08	4.98	4.13	3.65	3.34	3.12	2.95	2.82	2.72	2.63	2.56	2.50	2.39	2.31	2.20	2.03	1.88	1.79	1.75	1.63	1.60
65	7.04	4.95	4.10	3.62	3.31	3.09	2.93	2.80	2.69	2.61	2.53	2.47	2.37	2.29	2.18	2.00	1.85	1.76	1.72	1.60	1.56
70	7.01	4.92	4.08	3.60	3.29	3.07	2.91	2.78	2.67	2.59	2.51	2.45	2.35	2.27	2.15	1.98	1.83	1.74	1.70	1.57	1.53
80	6.96	4.88	4.04	3.56	3.26	3.04	2.87	2.74	2.64	2.55	2.48	2.42	2.31	2.23	2.12	1.94	1.79	1.70	1.66	1.53	1.49
100	6.90	4.82	3.98	3.51	3.21	2.99	2.82	2.69	2.59	2.50	2.43	2.37	2.26	2.19	2.06	1.89	1.73	1.64	1.60	1.47	1.43
125	6.84	4.78	3.94	3.47	3.17	2.95	2.79	2.66	2.55	2.47	2.40	2.33	2.23	2.15	2.03	1.85	1.69	1.59	1.55	1.41	1.37
150	6.81	4.75	3.92	3.45	3.14	2.92	2.76	2.63	2.53	2.44	2.37	2.31	2.20	2.12	2.00	1.83	1.66	1.56	1.52	1.38	1.33
200	6.76	4.71	3.88	3.41	3.11	2.89	2.73	2.60	2.50	2.41	2.34	2.27	2.17	2.09	1.97	1.79	1.63	1.53	1.48	1.33	1.28
400	6.70	4.66	3.83	3.36	3.06	2.85	2.69	2.55	2.46	2.37	2.29	2.23	2.12	2.04	1.92	1.74	1.57	1.47	1.42	1.24	1.19
1000	6.66	4.63	3.80	3.34	3.04	2.82	2.66	2.53	2.43	2.34	2.27	2.20	2.09	2.02	1.89	1.71	1.54	1.44	1.38	1.19	1.11
∞	6.63	4.61	3.78	3.32	3.02	2.80	2.64	2.51	2.41	2.32	2.25	2.18	2.08	2.00	1.88	1.70	1.52	1.41	1.36	1.15	1.00

TAFEL V Kritische Werte $K_{n;1-\alpha}$ für den Kolmogoroff-Test

Stichprobenumfang n	Signifikanzniveau α		
	0.10	0.05	0.01
1	0.950	0.975	0.995
2	0.776	0.842	0.929
3	0.636	0.708	0.829
4	0.565	0.624	0.734
5	0.509	0.563	0.669
6	0.468	0.519	0.617
7	0.436	0.483	0.576
8	0.410	0.454	0.542
9	0.387	0.430	0.513
10	0.369	0.409	0.486
11	0.352	0.391	0.468
12	0.338	0.375	0.449
13	0.325	0.361	0.432
14	0.314	0.349	0.418
15	0.304	0.338	0.404
16	0.295	0.327	0.392
17	0.286	0.318	0.381
18	0.279	0.309	0.371
19	0.271	0.301	0.361
20	0.265	0.294	0.352
21	0.259	0.287	0.344
22	0.253	0.281	0.337
23	0.247	0.275	0.330
24	0.242	0.269	0.323
25	0.238	0.264	0.317
26	0.233	0.259	0.311
27	0.229	0.254	0.305
28	0.225	0.250	0.300
29	0.221	0.246	0.295
30	0.218	0.242	0.290
40	0.189	0.210	0.252
50	0.170	0.188	0.226
60	0.155	0.172	0.207
70	0.144	0.160	0.192
80	0.135	0.150	0.179
90	0.127	0.141	0.169
100	0.121	0.134	0.161
Näherung für große n	$\frac{1.22}{\sqrt{n}}$	$\frac{1.36}{\sqrt{n}}$	$\frac{1.63}{\sqrt{n}}$

Literaturverzeichnis

[1] **Beyer, O., Hackel, H., Pieper, V., Tiedge, J.**: Wahrscheinlichkeitsrechnung und mathematische Statistik. 7. Aufl. Leipzig: Teubner-Verlag 1995.

[2] **Clauß, G., Finze, F.-R., Partzsch, L.**: Statistik für Soziologen, Pädagogen, Psychologen und Mediziner. 2. Aufl. Thun u. Frankfurt a. M.: Harri Deutsch 1995.

[3] **Gillert, H., Nollau, V.**: Übungsaufgaben zur Wahrscheinlichkeitsrechnung und mathematischen Statistik. 4. Aufl. Leipzig: Teubner-Verlag 1990.

[4] **Hübner, G.**: Stochastik. Braunschweig: Vieweg & Sohn 1996.

[5] **Lehn, J., Wegmann, H.**: Einführung in die Statistik. 2. Aufl. Stuttgart: Teubner-Verlag 1992.

[6] **Lehn, J., Wegmann, H., Rettig, S.**: Aufgabensammlung zur Einführung in die Statistik. 2. Aufl. Stuttgart: Teubner-Verlag 1994.

[7] **Maibaum, G.**: Wahrscheinlichkeitstheorie und mathematische Statistik. 2. Aufl. Berlin: Deutscher Verlag der Wissenschaften 1980.

[8] **Müller, P. H.** (Hrsg.): Lexikon der Stochastik. Wahrscheinlichkeitsrechnung und Mathematische Statistik. 5. Aufl. Berlin: Akademie-Verlag 1991.

[9] **Müller, P. H., Neumann, P., Storm, R.**: Tafeln der mathematischen Statistik. 3. Aufl. Leipzig: Fachbuchverlag 1979.

[10] **Nollau, V.**: Mathematik für Wirtschaftswissenschaftler. 2. Aufl. Leipzig: Teubner-Verlag 1995.

[11] **Storm, R.**: Wahrscheinlichkeitsrechnung, mathematische Statistik und statistische Qualitätskontrolle. 10. Aufl. Leipzig: Fachbuchverlag 1995.

[12] **Stoyan, D.**: Stochastik für Ingenieure und Naturwissenschaftler. Berlin: Akademie-Verlag 1993.

Stichwortverzeichnis